植物学实验教程

ZHIWUXUE SHIYAN JIAOCHENG

主 编 邓洪平 孙 敏 张家辉

西南师范大学出版社
国家一级出版社　全国百佳图书出版单位

编委会 / BIAN WEI HUI

主　编：邓洪平　孙　敏　张家辉
副主编：甘小洪　肖宜安　孙　军
参编人员（排名不分先后）：

王晓宇	陈晓鳞	陈坤浩	王明书
林长松	罗安才	张　来	张仁波
余顺慧	李先源	蒋洁云	江　波
罗　涛	叶大进	孙一铭	文海军

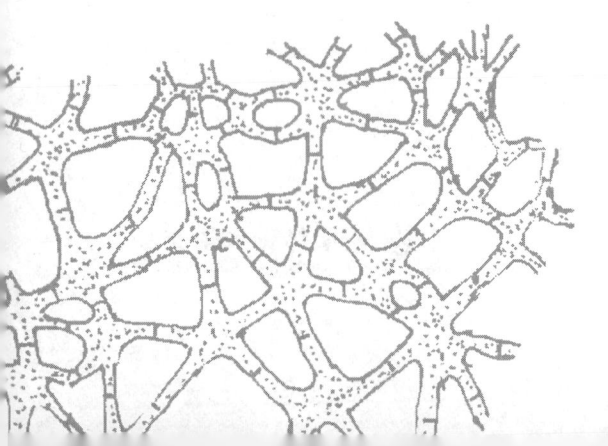

前 言

本书是高等学校生命科学专业基础课程《植物学》的配套实验教材。植物学实验包含了植物学领域的重要基础性实验,是学习和掌握生物学基本技能的课程;是复习、巩固和验证理论知识,联系实际的极为重要的一环;同时也是培养学生自主学习能力、科学研究能力及实践创新能力必不可少的重要环节。

随着高校实验教学改革不断深化,在加强专业技能训练的基础上,适当减少验证性实验,进一步增加综合性、设计性实验,可使学生从实验现象、过程上深化对课程理论知识的理解,从而激发学生对科学实验的兴趣,指导学生进行独立思考,切实提高学生独立解决问题的能力和创新能力。为此,本教程通过创新体例、丰富内容,以适应高校实验教学改革的需要。

体例上,第一部分为基本技能训练实验,指导学生学习使用植物学实验所需要的实验器材以及掌握描述植物和绘图的基本方法、植物检索表的编制与应用、标本的采集制作等基本实验技能;第二部分为验证性实验,选择了植物学中最基础的实验,包括解剖结构和系统分类两大部分,有助于学生掌握植物学基本知识和实验技能,是要求学生必须掌握的;第三部分为探究性实验,是在开展植物学基础实验的基础上从形态、生理、生态、系统等角度开设的综合性、探究性实验,有较强的可操作性,可在教师的指导下分小组开展探究,是考察学生综合学习能力、实践创新能力及独立从事科学研究能力的实验。内容上,紧密结合教材理论知识,摒弃了一些陈旧的、重复性实验内容,并注重在实验中选择多种活体材料备用,方便各地区因地制宜、因时制宜地进行选择,极大地丰富了实验教学的内容,能有效地增强实验教学的生动性和更好地激发学生的学习兴趣。

本教材适宜师范院校、农林院校、综合性大学等院校本科、专科、函授、自考等相关专业,也可作为中学生物教师以及植物爱好者的自学参考书。

限于时间和编者的水平,错漏及不足之处在所难免,敬请专家和读者们指正!

本书编写组
2012 年 1 月

目 录
CONTENTS

第一部分 植物学实验基本技能 ·········· 001
第一章 光学显微镜的构造及使用方法 ·········· 003
第二章 徒手切片的制作方法 ·········· 011
第三章 植物标本的采集与制作 ·········· 013
第四章 描述植物及绘图的基本方法 ·········· 018
第五章 植物检索表的编制与应用 ·········· 020

第二部分 验证性实验 ·········· 023
第六章 植物细胞和组织 ·········· 025
第七章 根的形态与结构 ·········· 033
第八章 茎的形态与结构 ·········· 039
第九章 叶的形态与结构 ·········· 046
第十章 花的形态结构和花序的类型 ·········· 053
第十一章 胚囊和胚的发育与结构 ·········· 058
第十二章 植物种子的结构和果实类型 ·········· 062
第十三章 藻类植物 ·········· 067
第十四章 真菌和地衣 ·········· 072
第十五章 苔藓植物 ·········· 076
第十六章 蕨类植物 ·········· 080
第十七章 裸子植物 ·········· 086
第十八章 被子植物 ·········· 092

第三部分 探究性实验 ………………………………… 119

第十九章 叶脉书签的制作 ………………………………… 121
第二十章 植物叶片形态结构对环境的响应观察 …………… 123
第二十一章 变态营养器官的调查与鉴别 …………………… 124
第二十二章 虫媒花的结构与传粉过程的观察 ……………… 126
第二十三章 藻类植物的采集和观察 ………………………… 127
第二十四章 大型真菌的采集与鉴定 ………………………… 130
第二十五章 蕨类植物原叶体的培养和观察 ………………… 133
第二十六章 植物物候期的观察 ……………………………… 135
第二十七章 野生资源植物的调查与分类 …………………… 138
第二十八章 入侵植物的调查与评价 ………………………… 141

附录一：裸子植物分科检索表 …………………………… 142

附录二：被子植物分科检索表 …………………………… 144

参考文献 …………………………………………………… 176

第一部分
植物学实验基本技能

第一章 光学显微镜的构造及使用方法

光学显微镜是学习和研究生物形态结构最基本的仪器之一。光学显微镜是利用光学原理,把人眼不能分辨的物体放大成像以供人们提取微细结构信息的光学仪器。光学显微镜包括单式显微镜和复式显微镜。单式显微镜结构简单,一般由一个透镜组成,放大倍数在10倍以下,如放大镜;结构稍复杂的单式显微镜为解剖显微镜,也称实体显微镜或体视显微镜,由几个透镜组成,放大倍数在200倍以下。复式显微镜结构比较复杂,由两组以上透镜组成,放大倍数较高,是研究植物的细胞结构、组织特征等最常用的显微镜。了解了显微镜的构造,知道其各部分的作用,才能正确地使用和充分发挥它的性能,否则会因使用不当严重影响观察效果、增大误差,甚至对显微镜造成损坏,缩短显微镜的使用寿命。

一、复式显微镜的构造及使用方法

1. 复式显微镜的构造

复式显微镜(以下简称显微镜)的构造可分为光学系统和机械装置两大部分,如图1-1所示。

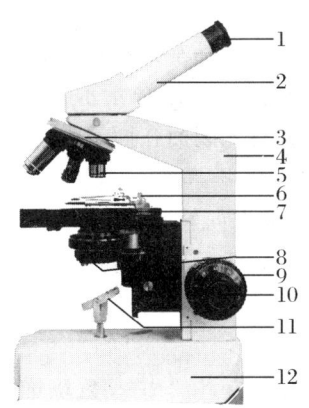

图1-1 显微镜各部分结构
1.目镜;2.镜筒;3.转换器;4.镜臂;5.物镜;6.推进器;7.载物台;8.聚光器;
9.粗调焦器;10.细调焦器;11.反光镜;12.镜座

(1)光学系统部分

显微镜的光学系统部分主要包括接物镜、接目镜、反光镜和聚光器4个部件。

①接物镜

简称物镜,它是在成像中起最重要作用的光学部分。物镜由嵌于金属筒中的几组透镜组成,普通显微镜通常有3~4个不同倍数的物镜,金属筒上刻有放大倍数。放大倍数为10倍以下的物镜称为低倍镜;40或45倍的物镜称高倍镜,介于两者之间的为中倍镜。使用显微镜观察时,这些物镜的透镜与盖玻片之间为空气,不加任何介质,称干物镜。另有放大倍数为90或100倍的物镜,用它进行观察时,透镜与盖玻片之间需用香柏油为介质,称油浸物镜,简称油镜。

物镜的金属筒上刻有N.A.0.25、0.3、0.5、0.65或1.25的标记,这是镜口率或称数值孔径,是指光线经过盖玻片引起折射后成光锥底面的口径数值,此数值越大被吸收的光量就越多,观察起来也越清楚。

物镜的前端透镜与物体之间的距离称为工作距离。物镜的工作距离与物镜的焦距有关,物镜的焦距越长,放大倍数越低,其工作距离就越长;反之,物镜的焦距越短,放大倍数越高,其工作距离就越短。

放大倍数、数值孔径和工作距离是物镜的主要参数。例如10倍的物镜上可标出10/0.25和160/0.17。此处10为物镜的放大倍数(或写为10×);0.25为数值孔径(或写成N.A.0.25);160为镜筒长度(或机械筒),单位为mm;0.17为所要求的盖玻片厚度,单位为mm。盖玻片过厚,超过高倍镜或油镜的工作距离,就观察不到标本。

②接目镜

简称目镜,安装在镜筒上端,它是由两组透镜组成的。各种目镜的口径是统一的,根据需要可以互换使用。目镜的放大倍数也刻在目镜的金属筒上,常有5倍、10倍、15倍(5×、10×、15×)等。

目镜的作用是把已经被物镜放大了的实像进一步放大,并把物像映入观察者的眼中,它相当于一个放大镜。由于目镜只起放大镜的作用,并不增加显微镜的分辨力,因此倍数不能过大。目镜的镜筒越长,放大的倍数就越小;这和物镜正好相反,在使用中要注意。

目镜的镜筒内有一个光阑,它可以阻挡透镜周围的光线,以减少强差,规定了视野的范围,故称视野光阑。光阑的位置正是标本由物镜所成实像的位置。所以,根据需要,可在光阑上粘一段眼睫毛或头发作为指针,用来指示某个特定的目标,以方便初学者。为了同时看到标本和指针,应使指针与光阑面在同一水平面上。

③反光镜

即显微镜下的圆镜。它可向各方向转动,用镜面收集光线,并通过聚光器将光线反射到物镜中。反光镜有平凹两个面,凹面聚光力强,适合于光线较弱或无聚光器时使用;平面镜光线均匀,多在光线较强或有聚光器时使用。使用电源灯泡的显微镜无反光镜。

④聚光器

聚光器位于载物台通光孔的下方,由2块或数块透镜组成,作用是聚集反光镜反射来的光线,并将其射入接物镜和接目镜中,以增强标本的亮度。聚光器可通过螺旋进行上下调节,以获得适宜光度。向下降落亮度降低,向上提升亮度则加强。

聚光器下面附有虹彩光圈,也称可变光阑,由10多张金属薄片组成。中心部分形成圆孔,推动其把手,可以随意调节圆孔大小。推动调节把手时,不要用力过猛,也不要用手指触摸光圈的薄片,以免造成损坏。光圈的作用是调节光的强弱,光强时缩小光圈,光弱时放大光圈。

(2)机械装置部分

显微镜的机械装置是显微镜的重要组成部分。机械装置的作用是固定与调节光学镜头、固定与移动标本等。只有机械装置保持良好状态,显微镜才能充分发挥作用。

显微镜的机械装置由各种精密零件组成,主要有镜座、镜臂、载物台、推进器、镜筒、物镜转换器和调焦装置等。

①镜座

镜座是显微镜的底座(老式的镜座常为马蹄形),它的作用是支持和稳定整个显微镜。

②镜柱

有的显微镜,在镜座上有一短柱叫镜柱,上连镜臂。

③倾斜关节

有的显微镜在镜柱与镜臂连接处有活动关节,可调节显微镜的倾斜度以便于观察,故称倾斜关节。具倾斜关节的显微镜,若使镜臂倾斜,其倾斜度不能大于30°,否则,易使显微镜重心偏移,发生倾倒的危险。

④镜臂

镜臂是取放显微镜时手把握之处,一般呈弓形。有的镜臂是固定的,无倾斜关节;有的可向后方倾斜。现在用的显微镜,已无镜柱和倾斜关节了。镜臂直接与镜座连在一起。

⑤载物台

载物台也叫工作台,有倾斜关节的显微镜其载物台能与镜臂一起倾斜。载物台中心有一圆孔或近椭圆形的孔称通光孔。台上两侧有固定玻片标本的压片夹或装有移动标本的推进器。

⑥镜筒

镜筒是金属制成的圆筒,上端放置目镜,下端连接物镜。

安装目镜的镜筒部分,有单筒和双筒两种。单筒又可分为直立式和倾斜式两种。双筒则都是倾斜式的,直立式的目镜和物镜的中心线在同一直线上。倾斜式的较先进,使用较方便,它的目镜和物镜中心线互成45°角,在筒的转折处装有棱镜使光线转折45°。有的显微镜的镜筒可上下调节,而多数显微镜采用固定式镜筒。

⑦物镜转换器

在实验中常常需要根据标本的大小和观察要求更换物镜,更换物镜时要利用物镜转换器。

物镜转换器固定在镜筒下端,它有3~4个物镜螺旋口。物镜按放大倍数高低顺序排列。每台显微镜在制造时还根据每个物镜的工作距离来确定物镜的高度,使物镜转换器上各个不同倍数的物镜基本上处于同一平面上。

旋转物镜转换器时,不要用手指直接推动物镜,这样时间一长就容易使光轴歪斜,破坏物镜与目镜的合轴,使成像质量变差。所以,旋转物镜转换器时,应该用手指捏住旋转碟旋转。

⑧调焦装置

为了得到清晰的物像,必须调节物镜和标本之间的距离,使其与物镜的工作距离相当,确定合适的焦距,这种操作叫做调焦。显微镜上装有粗调焦螺旋和细调焦螺旋。用粗调焦螺旋调到基本可见为止,然后用细调焦螺旋作精确调焦,使观察的标本最清晰为止。粗调焦螺旋每旋转一周可使载物台或镜筒上升或下降 10mm,细调焦螺旋每旋转一周可使载物台或镜筒上升或下降 0.1mm。使用细调焦螺旋时,调节范围只限于一周内的幅度,绝不能大于一周。

显微镜调焦主要有两种方式。一种是通过镜筒的升降,即借助调焦螺旋使镜筒作上下移动;另一种是镜筒本身固定不动,而借助调焦螺旋使载物台作上下移动。

2. 显微镜的放大倍数

所谓放大倍数是指眼睛所看到的物像的大小与对应的标本的大小之比值。理论上光学显微镜的最大放大倍数可以达到 2000 多倍,但是由于受分辨率的限制,有效放大倍数只能达到 1400 倍左右。如放大倍数再增大,其清晰度就不能保证了。

显微镜的总放大倍数等于物镜和目镜放大倍数的乘积。

3. 显微测微尺的使用

显微测微尺是在显微镜下测量物体的长度、宽度、数量、面积和位置的测微工具。如测量某种植物细胞的大小和长度,某些小型单细胞藻类的长度和宽度等。

常见的显微测微尺包括镜台测微尺(也称物镜测微尺或台式测微尺)和目镜测微尺。但事实上,显微镜载物台上的纵、横标尺和细调焦器上的标尺也属于显微测微尺。

镜台测微尺是一种特制的载玻片,其中央位置有一圆形的有刻度的标尺,全长 1mm,划分为 10 大格,100 小格,每一小格长 $10\mu m$。

目镜测微尺为一圆形的玻璃片,是放在目镜内的一种标尺。可分为测量物体长度的直线式和测量面积及计算数目的网格式两种类型。直线式测微尺长 10mm(或长 5mm),分为 10 大格,100 小格。

最常用的是用显微测微尺测量物体的长度和宽度。其方法是:先在显微镜的目镜内放置好目镜测微尺,再将镜台测微尺置于载物台上。在镜下观察,使上述两种测微尺的刻度重合,选取成整数重合的那一段,计算出目镜测微尺每小格的长度。例如:

把两种测微尺从刻度"0"处开始,在镜下观察,假如镜台测微尺的 90 格恰好与目镜测微尺的 60 格处重合,那么目镜测微尺的每一小格的长度为:镜台测微尺的格数×$10\mu m$/目镜测微尺的格数,即 $90\times10/60=15\mu m$。知道了目镜测微尺每一小格的长度值后,移去镜台测微尺,就可直接用目镜测微尺来测量物体的大小了。如梨果肉的石细胞在目镜测微尺下测量时长为 18 小格,那么这个石细胞长为 $18\times15\mu m=270\mu m$。

不同倍数的目镜和物镜,每一小格的长度值是不同的。需要使用时,必须重新计算出目镜测微尺每一小格的值。在工作中,如需经常使用目镜测微尺。就应事先计算出各种不同倍数下目镜测微尺从 1~100 格的值,并列成一个表格,使用起来一查就清楚了。

4.显微镜的使用与保护

(1)显微镜的使用

①从显微镜柜或显微镜箱内取出显微镜时,要用右手握紧镜臂,把显微镜轻轻拿出,接着用左手托住镜座,才能做较远距离的搬动。不能用一只手倾斜提着显微镜走,这样目镜容易摔落。

②将显微镜置于实验桌上时,应放在自己座位的左前方,离实验桌边缘约10cm的距离,右侧用于放记录本或绘图纸等。

③使用显微镜前,首先要正确对光。在实验中可利用灯光或自然光,但不能用直射的阳光,以免损伤眼睛。对光时,要用低倍物镜,把聚光器提上,光圈开到最大位置。在用眼睛观察镜中视野的同时,转动反光镜,使视野的光线调节到最明亮最均匀为止。如果靠近光源,就用平面反光镜;远离光源,则用凹面反光镜。

④观察标本时,应先用低倍物镜。因为低倍镜容易发现标本或容易找到需要观察的部位。其方法是首先旋转物镜转换器,使低倍物镜和镜筒成一直线,再把要观察的载玻片标本置于载物台上,并使标本正对通光孔,用推进器或压片夹固定载玻片,这时就转动粗调焦器。逐渐使载物台上升,直到接近盖玻片为止。然后用左眼观察目镜视野,右眼要自然睁开。慢慢转动细调焦器,直到看清制片中的标本为止,并在低倍镜下观察标本的结构。

如果所要观察的部分位于视野的一侧时,则要移动制片或使用推进器。使要观察的部位移到视野中央。但要记住,视野中的物像是倒像。因此,要改变物像在视野中的位置时,需向相反的方向移动制片或使用推进器。初学显微镜者,先可借助"上"字标本作观察练习。

⑤观察制片中的细微结构时,必须用高倍镜才能观察清楚。首先在低倍物镜下找到需要观察的部位,移至视野正中央,然后转动物镜转换器,换上高倍物镜。当换上高倍物镜后,应该看到制片中的物像。如果物像不清楚,就顺时针或逆时针方向慢慢转动细调焦器,直到物像清晰为止。如果转换高倍镜后看不到物像,可能所观察的部位没有在视野中央的位置,需要转换到低倍镜,重新调整制片位置。

在使用高倍镜观察对,还要注意光圈的调节,根据标本透明程度的不同来调节所需的光量,以达到最好的观察效果。在调节光圈时,不要触动反光镜,以免改变光线的折射方向。

在高倍镜下观察完毕后,要转换至低倍镜下才能将制片取出,这样可避免损坏玻片标本和镜头,也便于换新的玻片标本。

注意:细调焦器是显微镜上最易损坏的部件之一,要尽量保护。一般用低倍镜观察时,用粗调节器就可以调好焦距,因此可不用或少用细调焦器。使用高倍物镜需要用细调焦器调节时,其旋钮转动不要大于一圈。

⑥油镜的使用方法。在使用油镜之前,必须先经低、高倍镜观察,然后将需进一步放大的部分移到视野的中心;同时将集光器上升到最高位置,光圈开到最大。

转动转换器,使高倍镜头离开通光孔,在需观察部位的玻片上滴加一滴香柏油,然后慢慢转动油镜,在转换油镜时,从侧面水平注视镜头与玻片的距离,使镜头浸入油中而又不压破载玻片为宜。

用左眼观察目镜，并慢慢转动细调节器至物像清晰为止。如果不出现物像或者目标不理想要重找，在加油区之外重找时应按"低倍→高倍→油镜"的程序，在加油区内重找应按"低倍→油镜"的程序，不得经高倍镜，以免油沾污镜头。

油镜使用完毕，先用擦镜纸蘸少许二甲苯将镜头上和标本上的香柏油擦去，然后再用干擦镜纸擦干净。

(2)显微镜的使用操作练习

按要求从镜箱中取出显微镜，首先熟悉显微镜各部分构造的名称和用途，然后进行操作练习。

先用低倍镜进行对光练习，注意光源、虹彩光圈、聚光镜的配合使用。换至高倍镜，注意其视野亮度与低倍镜下的区别，思考如何调整其亮度。

取"上"字片，倒置于显微镜下，在低倍镜下注意观察字体是正立的还是倒立的，领会显微镜的成像原理；同时体会要使字体前后左右移动，应如何操作平台推动器。

取红绸片，先用低倍镜调焦，再换高倍镜观察，注意比较高、低倍镜下视野范围和焦点深度的差异。

(3)显微镜的保护

①显微镜是精密、贵重的仪器，应特别细心爱护，不可任意拆卸。遇有零件失灵或阻滞现象，不得强力钮动，应及时报告指导老师，以便检查修理。

②显微镜应经常保持清洁，严防潮湿。在使用中要注意避免水滴、试剂、染液等污损物镜和镜台，如不慎被玷污时，应立即擦拭干净。

③镜体小机械部分沾染的污物与灰尘要用软布擦拭干净。而目镜、物镜和聚光器中的透镜，只能用专门的擦镜纸擦，切忌用指头、纱布、手帕等擦拭。

擦拭镜头时，先将一小块擦镜纸折叠起来，先沿透镜直径方向擦，再折叠后，沿透镜周围轻轻擦。如灰尘较多，应先用洗耳球吹掉，不能随便蛮擦。如有擦不掉的油污、指印，可用脱脂棉或擦镜纸蘸少许纯二甲苯擦洗。如镜头表面发霉时，可蘸点酒精乙醚混合液擦洗。但这种混合液用量不能过多，擦洗时间要短，以免漫入透镜组内，造成胶合的透镜松散(酒精乙醚混合液的配制比例：纯酒精15%，乙醚85%)。

④显微镜使用完毕后，必须复原才能放回镜箱内，其步骤是：取下标本片，转动旋转器使镜头离开通光孔，下降镜台，平放反光镜，下降集光器(但不要接触反光镜)，关闭光圈，推片器回位，盖上绸布和外罩，放回实验台柜内。最后填写使用登记表。

⑤存放显微镜的地方，要严格防潮、防尘、防腐蚀和防热。

二、体视显微镜的构造及使用方法

1.体视显微镜的构造

体视显微镜形式多种多样，但结构基本一致，其构造包括机械装置和光学系统2部分，如图1-2所示。

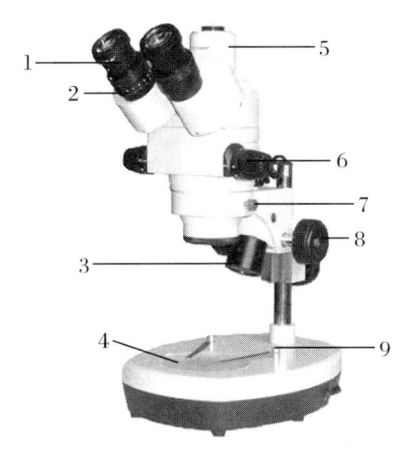

图 1-2 体视显微镜各部分结构

1.目镜;2.视度调节圈;3.侧照明;4.玻璃工作板;5.CCD适配镜;6.变倍调焦手轮;
7.头部固紧螺钉;8.调焦手轮;9.压物片

(1)机械装置部分

①底座:镜体的最下面部分。在底座的中央有1个可活动的圆盘,即载物盘;载物盘通常一面为白色,一面为黑色,也有的为透明玻璃制成。在底座的中后部有1对压脚,用以压虫体和其他易动物体。

②镜柱:是支持镜体的部件,也是焦距的粗调装置,可使镜体上下移动,左右旋转。

③调焦装置:支柱上有粗调和微调手轮,用以调节焦距。粗调是由一个制紧螺钮来控制的,放松螺钮可大幅度升降镜体,并可使镜体绕镜柱旋转一周;镜体上的调焦手轮可使镜体小距离的升降,改变物镜与标本间的距离。

④倍率盘:镜体中央的1个可转动的圆盘,用以改变放大倍率。现有的解剖镜的倍率盘改进为左右相对的调焦旋钮(变倍手轮),它的倍率变化是由改变中间镜组之间的距离而获得的,可以实现连续变倍。

(2)光学系统部分

①物镜:在镜体下,安装有大物镜(有的镜体内部还有变倍物镜)。

②目镜:镜体的上端安装着双目镜筒,用以承放目镜。目镜上有目镜调节圈,用以调节两眼的不同视力。有的目镜上设有眼罩,可防止外来光线的干扰。有些型号的解剖镜带有防尘罩,使用前后盖在目镜管上端。

③棱镜:镜体下端的密封金属壳中安装着五组棱镜组,内部为五棱镜;物体经物镜作第一次放大后,由五角棱镜使物像正转,再经目镜作第二次放大,使在目镜中观察到正立的物像。

2.体视显微镜的使用

(1)黑白板的选用:根据被观察的标本的颜色来选用黑白板。一般而言,标本的颜色与载物盘的颜色反差越大越好。

(2)目镜的选用:根据标本的大小,选用适当的目镜,要注意低倍目镜与高倍物镜配合使用。

(3)照明灯的使用:一般情况下可用自然光;若室内光线较暗,则可利用日光灯照明。现在,有的体视显微镜上配有照明装置,打开电源开关即可。

(4)观察时的操作:先将倍率盘置于最低倍数,然后将标本放在载物盘的中心,放松制动螺钮,调整镜体在物镜距标本约10cm处固定;观察物镜,旋动变倍手轮,使低倍镜进入光轴中,调整焦距至标本清晰;旋动倍率盘,将高倍物镜旋入光轴中,再微调调焦手轮使物像清晰。体视显微镜放大倍数的计算方法同显微镜,即放大倍数=物镜倍数×目镜倍数。

(5)体视显微镜的使用操作练习:按要求从镜箱中取出体视显微镜,首先熟悉各部分构造的名称和用途,然后进行操作练习。任取一实验材料,置于载物盘上,按操作方法先在低倍镜下找到实验材料;然后将需要重点观察的部位移至载物盘的中心,换至高倍镜,微调调焦手轮使物像清晰。然后换一材料反复进行操作练习。

3.体视显微镜使用注意事项

(1)取用解剖镜时,必须用右手握持镜柱,左手托住底座,小心平稳地取出或移动。取用(或放回)时,若需要连镜箱搬动,应将镜箱锁好,以免零件倾出而损坏。

(2)使用前必须检查附件是否缺少及镜体各部分有无损坏,转动升降螺丝有无故障,若有问题及时报告。

(3)调节焦距时,转动升降螺丝应适度,不要用力过猛,以免滑丝。

(4)目镜或物镜上有异物时,可用擦镜纸轻轻擦拭。

(5)使用完毕,清理载物盘,松开制紧螺钮将镜体放下,并锁紧。用布把镜身擦干净,放入镜箱内。

思考题

(1)在复式显微镜和体视显微镜下看到的物体与标本有什么关系?

(2)把复式显微镜的物镜从低倍镜换成高倍镜时,应注意哪些问题?

(3)显微镜测微尺由哪几部分组成,各部分怎样使用?

第二章　徒手切片的制作方法

以植物材料(如根、茎等)为对象,采用一定的方法将其切成极薄的薄片,再经过处理就可以用于研究植物的微观结构的技术,就是植物组织切片技术,方法有徒手切片法、石蜡切片法、冷冻切片法等。徒手切片法是指用刀片或剃刀将新鲜的或固定的植物材料切成薄片,制成装片的方法,可制成临时装片,也可通过脱水与染色制成永久装片,其优点是简单、方便、节省时间和资金,而且保留了植物活体的状态和色彩,很有实用价值。因此熟练掌握此种方法,对教学和科研都很重要。

一、徒手切片的制作方法

(1)取材

为便于手持和切片,选取实验材料中软硬适中的部分,一般以长 2~3cm、切片断面不超过 3~5mm^2 为宜。具体操作前,也可将马铃薯块茎切成适合的条状进行练习。

(2)切片

用左手拇指、食指和中指拿住材料,拇指略低于食指与中指,并使材料略为突出在指尖上面。右手持刀,将刀片平稳地放在左手食指前面,与材料切面平行,然后以均匀的动作,自左前方向右后方,斜着向后拉切,切时用臂力而不用腕力,材料应一次性切下,最忌拉锯式切割。切下许多薄片后,用湿毛笔(或润湿的手指头)将这些薄片放入培养皿中。

(3)选片与固定

用毛笔挑选透明的薄片,放在载玻片上,排列成 2 行,依次在低倍镜下进行观察。凡厚薄均匀、切面完整、各组织结构能分辨清楚的切片,就可以选用。选定的切片移入盛有 70%酒精的培养皿中固定。固定好的材料既可作为临时装片观察,也可制作成永久切片。

(4)制作永久切片

将选好并固定的切片,经染色、脱水、透明和封片,就可以制作成永久切片。

①染色:倾去固定切片的固定液,加入番红酒精液,将切片染色 1.5h 以上。

②清洗:用 50%酒精洗去过多的染料,时间 5min。

③脱水:经 75%、85%、95%梯度酒精脱去材料中的水分,每级时间在 5min。

④复染:用固绿酒精液进行复染,时间 1~2min,然后用 95%酒精洗去过多的染料。

⑤脱水:用纯酒精连续脱水 2 次,使材料绝对无水,每次 5min。

⑥透明:用 1/2 无水酒精+1/2 二甲苯,透明 5min;再用纯二甲苯透明两次,各 5min。

⑦封片:将已透明的切片,迅速放到无水的载玻片中央,立即滴上一滴加拿大树胶(或光学树脂),盖上盖玻片(注意不要产生气泡),平置 1d 使其自然封固(也可置于 30~35℃恒温箱中烘干)。

（5）观察

待装片封固完成后在显微镜下进行观察。此种方法染色的结果是木质化的细胞壁及细胞核染成红色，韧皮部和其他纤维素细胞染成绿色或蓝绿色。

二、操作练习

取不同的材料如牛膝 *Achyranthes bidentata* Blume. 或空心莲子草 *Alternanthera philoxeroides*(Mart.)Griseb. 的茎进行练习，尤其是切片的操作。

注：如果条件许可的，也可学习如何利用滑动切片机进行制片。

思考题

观察和对照不同材料制成的切片，归纳和总结植物组织的结构特点。

第三章　植物标本的采集与制作

俗话说"没有植物标本,也就没有植物分类学",由此可见植物标本是进行教学和科研工作的重要材料,掌握植物标本的采集、制作和保存的一整套工作方法,对一个植物学工作者和教师来讲是极为重要的。植物标本主要分为腊叶标本和浸制标本等。

一、植物标本的采集

1. 采集标本所需要的器具

(1)标本夹:用板条钉成长约43cm,宽约30cm的两块夹板。

(2)吸水纸:易于吸水的草纸或旧报纸。

(3)采集袋(采集箱):过去是用铁皮制成的采集箱。但由于使用不便,且易压坏,现在多采用70cm×50cm的塑料袋。采用塑料背包则更为理想。

(4)镐(小铲):用来挖掘草本植物的根,以保证能采到带根的完整标本。

(5)枝剪和高枝剪:用以剪枝条;高枝剪是用于剪高大树上的枝条。

(6)锯:采集木材标本时需用锯,刀锯和弯把锯携带起来方便。

(7)号签、野外记录签和定名签:号签是用较硬的纸,剪成4cm×2cm,一端穿孔,以便穿线,作用是在采集标本时,编好采集号后,系在标本上。野外记录签大小约为7cm×18cm,用以在野外采集时记录植物的产地、生境和特征。定名签的大小约为10cm×7cm,是经过正式鉴定后,用来定名的标签。

(8)放大镜:观察植物的特征。

(9)空盒气压计(测高表):测量山的海拔高度。

(10)方位盘:观测方向和坡向。

(11)钢卷尺:量植物的高度和胸径。

(12)照相机和望远镜:拍摄植物的全形、生态等照片,以补野外记录的不足;望远镜用以观察远处的植物或高大树木顶端的特征。

(13)小纸袋:保存标本上落下来的花、果、叶等。

(14)其他:如塑料的广口瓶、酒精、福尔马林(甲醛)、地图等。

2. 植物标本的采集方法

(1)采集的时间和地点

各种植物生长发育的时期有长有短,因此必须在不同的季节和不同的时间进行采集,才可能得到各类不同时期的标本。有些早春开花植物,在北方冰雪开始融化的时候就开花了,如百合科的顶冰花;而菊科、伞形科的有些植物到深秋才开花结果。因此必须根据要采集的植物,决定外出采集的时间,否则过了季节,有些种类就无法采集到了。

采集的地点也很重要。因为在不同的环境里,生长着不同的植物:在向阳山坡上见到的植物,阴坡上一般是见不到的;生长在林下的植物是不会在空旷的原野上见到的;水里则生长着独特适应水生环境的植物。在低山和平原,由于环境比较简单,因而植物的种类也比较简单;但随着海拔高度的增加,地形变化的复杂,植物的种类也就比平原要丰富得多。因此,我们在采集植物标本时,必须根据采集的目的和要求,确定采集的地点,这样才可能采集到需要的和不同类群的植物标本。

(2)采集标本时应注意的几点

①必须采集完整的标本。除采集植物的营养器官外,还必须具有花或果,因为花、果是鉴别植物的重要依据,如伞形科、十字花科等,如没有花、果,是难以鉴定的。

②对一些具有地下茎(如鳞茎、块茎、根状茎等)的科属,如百合科、石蒜科、天南星科等,在没有采到地下茎的情况下是很难鉴定的,因此应特别注意采集这些植物的地下部分。

③雌、雄异株的植物,应分别采集雌株和雄株的材料,以便研究时鉴定。

④采集草本植物,应采带根的全草。如发现基生叶和茎生叶不同时,要注意采基生叶。高大的草本植物,采下后可折成"V"或"N"字形,然后再压入标本夹内;也可选其形态上有代表性的部分剪成上、中、下三段,分别压在标本夹内,但要注意编同一的采集号,以备鉴定时查对。

⑤乔木、灌木或特别高大的草本植物,只能采取其植物体的一部分,但必须注意采集的标本应尽量能代表该植物的一般情况。如可能,最好拍摄该植物的全形照片,以补标本的不足。

⑥水生草本植物,提出水面后,很容易缠成一团,不易分开,如金鱼藻、水毛茛、狸藻等。遇此情况,可用硬纸板从水中将其托出,连同纸板一起压入标本夹内。这样,就可保持其形态特征的完整性。

⑦有些植物,一年生新枝上的叶形和老枝上的叶形不同,或者新生的叶有毛茸或叶背具白粉,而老叶则无毛,如毛白杨的幼叶和老叶。因此,幼叶和老叶都要采。对一些先叶开花的植物,采花枝后,待出叶时应在同株上采其带叶和结果的标本,如山桃。由于很多木本植物的树皮颜色和剥裂情况是鉴别植物种类的依据,因此,应剥取一块树皮附在标本上。如桦木属的一些种类。

⑧对寄生植物的采集,应注意连同寄主一起采下,并要分别注明寄生或附生植物及寄主植物,如桑寄生等标本的采集。

⑨采集标本的份数一般为2~3份,给以同一编号,每个标本上都要系上号签。标本除自己保存外,对一些疑难的种类,可将其中同号的一份送研究机构,请代为鉴定。他们可根据号签送给你一个鉴定名单,告诉你这些植物的学名。如遇稀少或奇异的或有重要经济价值的植物,还需多采。

(3)认真做好野外记录

关于植物的产地、生长环境、性状、花的颜色和采集日期等,对于标本的鉴定和研究有很大的帮助。一张标本价值的大小,常以野外记录详细与否为标准。因此,在野外采集标本时,应尽可能地随采、随记录并都编号,以免过后忘记或错号等。野外记录的编号和号签上的编号要一致。回来应根据野外记录签上的记录,如实地抄在固定的记录本上,作为长期的保存和备用。在野外编的号应一贯连续,不要因为改变地点或年月,就另起号头。

此外,在野外工作中,对有关人员的调查访问工作,也是很重要的。如对当地植物的土名、利用情况和有毒植物的情况的调查访问。对这些实际资料应认真记录和整理。

(4)植物标本的压制和整理方法

在标本采来后,当天晚上就应以干纸更换一次,借此要对标本进行整理。第一次整理最为重要,由于在标本夹内压了一段时间,植物基本被压软了,这时你想如何整理都行,如果等标本快干时再去整理就容易折断。整理时要注意不使多数叶片重叠,叶子要正面和反面的都有,以便观察叶的正、反面上的特征;落下来的花、果和叶要用纸袋装起来,和标本放在一起。标本中间隔的纸多一些,就压得平整,而且干得也快,头3天每天应换2次干纸,后2天每天换1次即可,直至标本完全干为止。

在换纸或压标本时,植物的根部或粗大的部分要经常掉换位置,不可集中在一端,致使高低不均,同时要注意尽量把标本向四周放,绝不能都集中在中央,否则也会形成边空而中央突起很高,致使标本压不好。在压标本或换纸时,各标本要力争按编号顺序排列,换完一夹,应在夹上注明是几号到几号的标本;采集的日期和地点。这样做既有利于将来查找,又可以及时发现在换纸过程中丢失的标本。

换纸时还应注意,一定要换干燥而无褶皱的纸。纸不干吸水力就差,有褶皱会影响标本的平整。对体积较小的标本可以数份压在一起(同一号的),但不能把不同种类(不同号)放在一张纸上,以免混乱。

对一些肉质植物如景天科的一些植物,在压制时,需要先放入沸水中煮3~5min,然后再照一般的方法压制,这样处理可以防止落叶。换纸时最好把含水多的植物分开压,并增加换纸的次数。

二、腊叶标本的制作和保存

1.消毒

植物标本在上台纸前,还应进行消毒。方法是把标本放进消毒室和消毒箱内,将敌敌畏或四氯化碳、二硫化碳混合液置于玻皿内,利用气熏法杀死标本上的虫子或虫卵,约3天后即可取出上台纸。

2.上台纸

用白色台纸(白板纸或卡片纸8开,约39cm×27cm),平整地放在桌面上,然后把消毒好的标本放在台纸上,摆好位置,右下角和左上角都要留出贴定名签和野外记录签的位置。这时,便可用小刀沿标本的各部的适当位置上切出数个小纵口,再用具有韧性的白纸条,由纵口穿入,从背面拉紧,并用胶水在背面贴牢(也可用棉线系住)。这种上台纸的方法,既美观又牢固,比在正面贴的方法要好得多。上台纸时最好不用浆糊,因为浆糊容易生虫,损坏标本。对体积过小的标本,如浮萍,不使用纸条固定时,可将标本放在一个折皱的纸袋内,再把纸袋贴在台纸的中央,这样在观察时可随时打开纸袋。

3.腊叶标本的保存和入柜

凡经上台纸和装入纸袋的高等植物标本,经正式定名后,都应放进标本柜中保存。

标本柜的规格以铁制的最好,可以防火,但由于价格昂贵,现在一般多用木制标本柜。通常采用二节四门的标本柜,柜分上下二节,这样搬运起来方便。每节的大小约为高80cm、宽75cm、深50cm,每节分成两大格,每格再以活板隔成几格,上节的底部左右各装活动板一块,用时可以拉出,供临时放置标本用。每格内可放樟脑防虫剂,以防虫蛀。

腊叶标本在标本柜内的排列方式主要有以下几种:

(1)按系统排列:各科的排列顺序可按现在一般较为完善的系统,如恩格勒系统、哈钦松系统等,在属、种的排列上,对一些专门研究某科的人,按系统排列是方便的。这样整理和查找起来比较方便。目前一般较大的标本室各科的排列都是按照系统排列的。还可以按各科排列好的顺序,编拟一个固定的号,如蔷薇科70号、蝶形花科72号、菊科194号、禾本科206号……,这些科号可以代替科名使用,则前后的顺序较以系统排列容易掌握。如分一批标本时,先在每种标本上写明号数,再依号码的顺序排列起来,放入标本柜中,此号码使用日久,不甚费力就能完全记住,用这种方法去整理标本,可以省去很多时间。

(2)按地区排列:把同一地区采来的标本放在一起,或按同省市的排在一起,如河北省植物、广东省植物,这样在研究地区植物时比较方便。

(3)按拉丁字母的顺序排列:即科、属、种的顺序全按拉丁文的字母顺序来排列,这种排列方式,对于熟悉科、属、种的拉丁学名的人,查找标本极为方便。但若不熟悉拉丁学名,是很困难的。故也有在标本不太多的情况下,采用中文笔划的顺序排列,这对不熟悉拉丁学名的人,使用是方便的。

以上各种排列的方法,应根据不同情况、不同需要以及标本的多少,采取不同的排列方式。

三、浸制标本的制作方法

植物的花、果或地下部分(如鳞茎、球茎等),为了教学、陈列和科研之用,必须把它们浸泡在药液中,才能长期保存。浸泡药液可分为一般溶液和保色溶液两种。

(1)一般溶液:有些植物的花和果是用于实验的材料,可浸泡在4%的福尔马林溶液中,也可浸泡在70%的酒精溶液中。后者配法简单,价格便宜,但易于脱色,前者脱色虽比前法慢一点,但价格较贵。

若浸泡的材料是为做切片之用,可使用F.A.A固定液。F.A.A固定液又称标准固定液或万能固定液,配方是:福尔马林20mL+50%酒精90mL+冰醋酸5mL混合。

(2)保色溶液:保色溶液的配方很多,但到目前为止,只有绿色较易保存,其余的颜色都不很稳定。这里简单地介绍几种保色溶液的配方,仅供参考。

①绿色果实的保存配方:

配方1:硫酸铜饱和水溶液75mL+福尔马林50mL+水250mL。浸泡时,将材料在配方1中浸泡10~20d,取出洗净后,再浸入4%的福尔马林中长期保存。

配方 2:亚硫酸 1mL+甘油 3mL+水 100mL。浸泡时,先将果实浸在饱和硫酸铜溶液中 1~3d,取出洗净后再浸入 0.5%亚硫酸中 1~3d,最后于配方 2 中长期保存。

②黄色果实的保存配方:

6%亚硫酸 268mL+80%~90%酒精 568mL+水 450mL。浸泡时,直接把材料浸于此混合液中,便可长期保存。

③黄绿色果实的保存配方:

先用 20%酒精浸泡果实 4~5d,当出现斑点后,再加亚硫酸 15%,浸泡 1d,取出洗净,再浸入 20%酒精中硬化,漂白,直到斑点消失后,再加入 2%~3%亚硫酸和 2%甘油,即可长期保存。

④红色果实保存的配方:

配方 1:福尔马林 4mL+硼酸 3g+水 400mL。

配方 2:福尔马林 25mL+甘油 25mL+水 1000mL。

配方 3:亚硫酸 3mL+冰醋酸 1mL+甘油 3mL+氯化钠 50g+水 100mL。

配方 4:硼酸 30g+酒精 132mL+福尔马林 20mL+水 1360mL。

先将洗净的果实浸泡在配方 1 或配方 2 的溶液中 24h,如不发生混浊现象,即可放在配方 3、配方 4 的混合溶液中长期保存。

不论采用哪一种配方,在浸泡果实时,药液不可过满,以能浸泡材料为原则。浸泡后应用凡士林、桃胶或聚氯乙烯粘合剂等封口,以防药液蒸发变干。

思考题

(1)采集标本需要哪些工具,它们各有什么用途?
(2)采集标本应注意哪些问题?
(3)腊叶标本保存方法有哪些,各有什么特点?

第四章 描述植物及绘图的基本方法

一、如何描述植物

目前,植物的分类及其鉴定仍以花的形态特征为主要依据,因而,必须对多种多样的植物认真进行内部和外部观察,然后运用已学过的形态术语加以描述。

描述植物的具体步骤如下:

(1)对所描述的植物进行认真细致的观察。如描述草本植物,应从根开始,看它是属于直根系还是须根系,有无地下茎等;其次是茎、叶。对花的基本构造更要细心地解剖观察。在观察花时,首先将花柄向上举,观察萼片结合与否,花萼裂片的数目、形状及附属物等,再观察花瓣结合与否,花冠类型、颜色、裂片数目及排列方式;剖开或除去花冠,置于解剖镜下,观察雄蕊,注意雄蕊的数目、排列方式、结合与否及其长短,并注意花药着生和开裂的方式等;最后观察雌蕊,先观察子房的位置,心皮的数目、心皮结合与否,然后横剖子房,观察胎座的类型,心皮结合形成的室数,以及胚珠的数目等。

(2)运用科学的形态术语,按根、茎、叶、花序、花的结构、果实、种子、花果期、产地、生境、分布、用途等顺序进行具体的文字描述。在描述的过程中要注意标点符号的应用。通常以","";""、""。"将描述植物的各部分内容分开,以表示前后的关系。

为了便于掌握,现举例说明描述的顺序和方法。

甜菜 *Beta vugaris* L. 二年生草本,根圆锥状或纺锤状,多汁。茎直立,多少有分枝,具条棱及色条。基生叶长圆形,长 20~30cm,宽 10~15cm,上面皱缩不平,略有光泽,下面有粗状凸出的叶脉,全缘或略成波状,先端钝,基部楔形、截形或略成心形;叶柄粗壮,下面凸,上面平或具槽;茎生叶互生,较小,卵形或披针状长圆形,先端渐尖,基部渐狭,具短柄。花2~3朵团集,果时花被基部彼此结合,花被裂片条形或狭长圆形,果时变为革质并向内拱曲。胞果下部陷在硬化的花被片内,下部稍肉质;种子双凸镜形,直径 2~3mm,红褐色,具光泽;胚环形,苍白色,外胚乳白色。花期 5~6 月,果期 7~8 月。本种广为栽培,变异很大,品种甚多。叶可作蔬菜,肥大的肉质根为我国北部地区主要的制糖原料。

二、绘图的要求和方法

生物绘图在生物学的形态、解剖及分类学的研究工作中都很重要。许多重要的形态特征,能通过绘图的方法,简单准确地表现出来,有些是文字描述所不能代替的。绘图技术对一个教学工作者来讲,也是极为重要的。

1. 绘图的要求

绘植物图主要目的是表现植物的形态特征,作为分类学研究的依据。绘植物图不同

于一般的美术创作,它必须具有高度的科学性,具体要求如下:

(1)描绘要如实。要把植物器官的外形或解剖构造正确而如实地描绘出来,并尽可能表现自然的生活状态,故在描绘时要注意线条的清晰准确,不要模糊,也不要求作阴影等。

(2)比例要正确。绘图时要按植物各器官或各部分构造的原有比例绘出,绘放大解剖图时,最好注明放大倍数(倍数以长度比例为准)。

(3)特征要突出。植物学绘图中允许重点描绘植物的重要形态特征,而其余部分可仅绘出轮廓,以表示其完整性。

2.绘图的方法

绘图的方法很多,为了描绘正确,要运用多种测量、描绘的仪器用具。但对一个普通的植物学教师或研究人员,只需掌握最简单的绘图技能,即用铅笔直接绘图。绘图方法各有不同,现提出几点供参考:

(1)先作好构图。按解剖材料的要求,计划好要作些什么图,如要绘几个外形图、几个解剖图等,它们各占多大画面及其位置,都应一一设计好,以免由于画面设计不合适而造成排列混乱,影响图的质量。

(2)先绘全形图,后绘部分的解剖图。解剖观察,随即描绘作图,严格地按一定次序解剖绘图。因材料放置的时间愈短,特征就愈明显,且不易遗漏,如绘豌豆的蝶形花冠图,应随解剖的顺序绘出。绘花的外形后,取出各花瓣依次摆在玻璃板上,一一绘出;然后绘雄蕊与雌蕊;雌蕊及其花柱、柱头等。

(3)绘轮廓时可采用各种辅助方法,如先用软铅笔(HB)点点画出轮廓,再用硬铅笔(3H~6H)画线,描绘成图、线条要均匀,最好一次绘出,不绘重线,以免模糊。如绘辐射对称的花时,可用圆的透视法描绘。

思考题

(1)描述植物的一般步骤有哪些?

(2)绘图时应注意的问题有哪些?

第五章 植物检索表的编制与应用

用什么方法能帮助我们认识常见的树木、花卉、杂草、作物等植物种类呢？要解决这个问题，必须学会和掌握鉴别植物种类的钥匙——检索表。

一、如何编制检索表

植物检索表是鉴定植物、认识植物种类的工具。用来查科的叫分科检索表；查属的叫分属检索表；查种的叫分种检索表。而检索表的编制，必须掌握植物的特征，并找出各科、各属或各种之间的共同特征和主要区别，才能进行编制。所以检索表的编制，通常不是按照什么亲缘关系，而是按照人为的方法进行编制的，只要能把各科、各属或各种准确地区别开就行。目前采用的有三种检索表，即定距检索表、平行检索表和连续平行检索表。现以植物界的分门的分类为例说明如下：

定距检索表：将每一对互相矛盾的特征分开间隔在一定的距离处，而注明同样号码如 1-1、2-2、3-3 等依次检索到所要鉴定的对象（科、属、种）。

1. 植物体无真正的世代交替，没有胚胎（低等植物）。
  2. 植物体不为藻类和菌类所组成的共生体。
    3. 植物体内有叶绿素或其他光合色素，为自养生活方式 …………… 藻类植物
    3. 植物体内无叶绿素或其他光合色素，为异养生活方式 …………… 菌类植物
  2. 植物体为藻类和菌类所组成的共生体 ………………………………… 地衣植物
1. 植物体有真正的世代交替，有胚胎（高等植物）。
  4. 植物体无维管束的出现，无真正的根、茎、叶 ……………………… 苔藓植物
  4. 植物体有维管束的分化，有真正的根、茎、叶。
    5. 不产生种子，用孢子繁殖 …………………………………………… 蕨类植物
    5. 产生种子，用种子繁殖 ……………………………………………… 种子植物

平行检索表：将每一对互相矛盾的特征紧紧并列，在相邻的两行中也给予一个号码，如 1·1、2·2、3·3 等，而每一项条文之后还注明下一步依次查阅的号码或所需要查到的对象。

1. 植物体无真正的世代交替，无胚胎（低等植物）………………………………… 2
1. 植物体有真正的世代交替，有胚胎（高等植物）………………………………… 4
2. 植物体为菌类和藻类所组成的共生体 ……………………………………… 地衣植物
2. 植物体不为菌类和藻类所组成的共生体 ………………………………………… 3
3. 植物体内含有叶绿素或其他光合色素，为自养生活方式 ………………… 藻类植物
3. 植物体内不含有叶绿素或其他光合色素，为异养生活方式 ……………… 菌类植物
4. 植物体无维管束的出现，无真正的根、茎、叶 ……………………………… 苔藓植物

4.植物体有维管束的分化,有真正的根、茎、叶 …………………………………………… 5
　　5.不产生种子,用孢子繁殖 …………………………………………………………… 蕨类植物
　　5.产生种子,用种子繁殖 ……………………………………………………………… 种子植物
　　连续平行检索表:将一对相互矛盾的特征用两个号码表示,如1(6)和6(1),查对时,若所要查对的植物性符合1时,就向下查2,若不符合时就查6,如此类推向下查对一直到所需要的对象。

　　1(6)植物体无真正的世代交替,无胚胎(低等植物)。
　　2(5)植物体不为藻类和菌类所组成的共生体。
　　3(4)植物体内有叶绿素或其他光合色素,为自养生活方式 ………………………… 藻类植物
　　4(3)植物体内无叶绿素或其他光合色素,为异养生活方式 ………………………… 菌类植物
　　5(2)植物体为藻类和菌类所组成的共生体 ………………………………………… 地衣植物
　　6(1)植物体有真正的世代交替,有胚胎(高等植物)。
　　7(8)植物体无维管束的出现,无真正的根、茎、叶 …………………………………… 苔藓植物
　　8(7)植物体有维管束的分化,有真正的根、茎、叶。
　　9(10)不产生种子,用孢子繁殖 ……………………………………………………… 蕨类植物
　　10(9)产生种子,用种子繁殖 ………………………………………………………… 种子植物

　　从上面的例子可以看出,三种检索表采用的特征是相同的,其不同之处就是编排的方式。这三种检索表在应用上各有其优缺点,目前采用最多的还是定距检索表。

　　实践证明,要想编制一个好用的检索表,必须注意以下几点:

　　(1)首先要决定做分科、分属、还是分种的检索表并认真地观察和记录,在掌握各种植物特征的基础上,列出相似特征和区别特征的比较表,同时要找出各种植物之间的突出区别,才有可能进行编制。

　　(2)在选用区别特征时,最好选用相反的特征,如单叶或复叶;木本或草本,或采用易于区别的特征。千万不能采用似是而非,或肯定的特征,如叶较大和叶较小。

　　(3)采用的特征要明显,最好选利用手持放大镜就能看到的特征,防止采用难看到的特征。

　　(4)检索表的编排号码,只能用两个相同的号码,不能用三个甚至四个相同的号码并排。

　　(5)有时同一种植物由于生长的环境不同,既有乔木,也有灌木,遇到这种情况时,在乔木和灌木的各项中都可编进去,这样就保证可以查到。

　　(6)为了证明你编制的检索表是否实用,还应到实践中去验证。如果在实践中可用,而且选用的特征也都准确无误,那么,此项工作就算完成了。

二、怎样利用检索表鉴定植物

　　全国植物志和地方植物志的陆续出版,为我们在鉴别植物种类时提供了很大的方便。因为检索表所包括的范围各有不同,所以,有全国检索表,也有观赏植物检索表等,在使用时,应根据不同的需要,利用不同的检索表,绝不能在鉴定木本植物时用草本植物检索表去查。如果要鉴定的植物是从北京地区采来的,那么,利用北京植物检索表或北京植物志,就可以帮助你解决问题。

鉴定植物的关键，是应懂得用科学的形态术语来描述植物的特征。特别对花的各部分构造，要作认真细致的解剖观察，如子房的位置、心皮和胚珠的数目等，都要搞清楚，一旦描述错了、就会错上加错，即使鉴定出来，肯定也是错误的。如：白菜（*Brassiea pekinensis* Rupr.）为二年生草本；单叶互生；基生叶的柄，具由叶片下延的翅；总状花序，花黄色；萼片4；花瓣4；呈1十字形花冠；雄蕊6；成四强雄蕊（4长2短），雌蕊由2个合生心皮组成，子房上位；长角果具喙，成熟时裂成两瓣，中间具假隔膜，内含有多数种子。下面根据这些特征利用定距式检索表从头按次序逐项往下查，在两个"1"项中，白菜的特征符合"1.植物体有真正的世代交替，有胚胎（高等植物）"，所以选择第二个"1"项；接下来看"4"项，白菜的特征符合"4.植物体有维管束的分化，有真正的根、茎、叶"，选择第二个"4"项；接下来看"5"项，白菜的特征符合"5.产生种子，用种子繁殖"，选择第二个"5"项，就到了检索结果"被子植物"。同样的，利用分科检索表查出白菜所属的科，再用该科的分属检索表查出它所属的属，最后利用该属的分种检索表查出它所属的种。根据上述特征，利用各类植物检索表鉴定的结果，证明该种植物是属于十字花科（Cruciferae）芸苔属白菜。

三、鉴定植物时应注意的问题

为了保证鉴定的正确，一定要防止先入为主、主观臆测和倒查的倾向，要遵照以下几点去做。

（1）标本要完整。除营养体外，要有花、有果；特别对花的各部分特征一定要看清楚。

（2）鉴定时，要根据观察到的特征，从头按次序逐项往下查。在看相对的二项特征时，要看到底哪一项符合你要鉴定的植物特征，要顺着符合的一项查下去，直到查出为止。因此，在鉴定的过程中，不允许跳过一项而去查另一项，因为这样特别容易发生错误。

（3）检索表的结构都是以两个相对的特征编写的，而两项号码是相同的，排列的位置也是相对称的。故每查一项，必须对另一项也要看看，然后再根据植物的特征确定符合哪一项，假若只看一项就加以肯定，极易发生错误。只要查错一项，将会导致整个鉴定工作的错误。

（4）为了证明鉴定的结果是否正确，还应找有关专著或有关的资料进行核对，看是否完全符合该科、该属、该种的特征，植物标本上的形态特征是否和书上的图、文一致。如果全部符合，证明鉴定的结论是正确的，否则还需再加以研究，直至完全正确为止。

思考题

（1）定距检索表与平行检索表和连续平行检索表有何不同？
（2）怎样才能编制出一个好用的检索表，应注意哪些问题？
（3）鉴定植物时应注意的问题有哪些？

第二部分
验证性实验

第六章　植物细胞和组织

【知识回顾】

　　有机体除了最低等的类型(病毒)以外,都是由细胞构成的。单细胞有机体的个体就是一个细胞,一切生命活动都由这一个细胞来承担;多细胞有机体是由许多形态和功能不同的细胞组成的,各个细胞有着分工、各自行使特定的功能,同时细胞间又存在着结构和功能上的密切联系,它们相互依存,彼此协作,保证着整个有机体正常生活的进行。在同一植物体内,不同部位细胞的体积有明显的差异。一般来说,生理活跃的细胞往往较小,而代谢活动弱的细胞,则往往较大。

　　植物细胞由原生质体和细胞壁两部分组成。原生质体是细胞各类代谢活动进行的主要场所,是细胞最重要的部分。细胞壁是包围在原生质体外面的坚韧外壳。细胞壁和原生质体有着结构和功能上的密切关系,两者是一个有机的整体。原生质体由细胞核和细胞质构成。细胞核由核膜、核仁和核质组成,是遗传信息的储存场所。细胞质由质膜、胞基质和各种细胞器构成,是细胞代谢的主要场所;其中,质膜具有选择透过性和胞饮、吞噬、胞吐作用,并参与细胞间信息传递和相互识别;细胞器则是完成细胞各种生理功能的场所;胞基质是物质运输的介质,是各种代谢活动的发生场所,为各种细胞器提供养料;在生活的细胞中,胞基质总是处于不断的运动状态。

　　在个体发育中,具有相同来源的同一类型或不同类型的细胞群组成的结构和功能单位,称为组织。由一种类型细胞构成的组织,称简单组织;由多种类型细胞构成的组织,称为复合组织。

　　植物每一类器官都包含有一定种类的组织,其中每一种组织具有一定的分布规律且行使一种主要的生理功能,这些组织的功能又是必须相互依赖和相互配合的,组成器官的不同组织,表现为整体条件下的分工合作;植物组织可分为分生组织和成熟组织两大类型。分生组织又可分为顶端分生组织、侧生分生组织和居间分生组织三种类型;成熟组织是指分生组织衍生的大部分细胞,逐渐丧失分裂的能力,进一步生长和分化,形成的其他各种组织,也可称之为永久组织;成熟组织按照功能又可分为保护组织、薄壁组织、机械组织、输导组织、分泌结构。

一、目的要求

(1)通过实验,了解植物细胞的基本结构,学习临时装片的制作。
(2)了解植物细胞的原生质体及后含物的种类和特点,了解后含物的显微化学鉴定方法。
(3)观察胞间连丝和纹孔的特征。
(4)了解植物细胞有丝分裂过程,明确各个时期的特征。
(5)通过对6大组织的观察,了解其结构特征及其在植物体内的位置分布,从而理解不同组织与其机能的适应关系。

二、材料准备

(1)新鲜材料:洋葱鳞茎、胡萝卜块根、马铃薯块茎、向日葵果实、曼陀罗叶片、黑藻叶片、无花果叶片、天竺葵叶片、美人蕉叶片、蓖麻茎解离材料、沙梨的果实、凤仙花茎、杉木茎解离材料、柑橘果皮。
(2)永久制片:小麦颖果纵切片、柿胚乳切片、洋葱根尖纵切片、黑藻茎尖纵切片、椴树茎横切片、石莲花叶切片、南瓜茎横切片、南瓜茎纵切片、马尾松茎横切片。
(3)用具和药品:显微镜、载玻片、盖玻片、解剖刀、镊子、培养皿、吸管、解剖针、滴瓶、小烧杯、擦镜纸、吸水纸、纱布、碘-碘化钾液、8%食盐水、苏丹Ⅲ等。

三、实验内容

1. 植物细胞基本结构的观察

洋葱 *Allium cepa* L.肉质鳞片的表皮细胞是观察植物细胞结构的理想材料,取材容易,制片方法简单,并易于成功。如无洋葱头,也可用大葱头代替。

将洋葱头纵切成数小块,取1小片肉质鳞片,在其内表面用解剖刀划若干小方格,再用尖嘴镊子轻轻刺入表皮层,然后捏紧镊子夹住表皮并轻轻撕下。将撕下的小块表皮迅速放在载玻片的水滴中。如表皮发生折叠,可用镊子或解剖针将其展平,然后盖上盖玻片。

加盖玻片时,先将盖玻片的一边与载玻片上的水滴边缘接触,然后向水滴一侧倾斜,并慢慢盖下。如果突然从上方放下盖玻片,就会产生气泡,影响观察效果。

将制好的临时水装片置载物台上,先在低倍镜下观察。组成洋葱表皮的细胞有几层,每个细胞大致是什么形状的?排列较疏松还是较紧密?认真观察每一个细胞,区分细胞壁、细胞质和液泡,细胞质与液泡的界限能不能分辨清楚?(图6-1)

注意:在观察水装片时,初学者常把气泡误认为是细胞结构。认真观察,气泡和细胞有何不同?如果制片上气泡过多,应将材料取出,重新制片。

通过低倍镜下的初步观察后,选择最清晰的部分移到视野中央,再换高倍镜对细胞的结构进行仔细观察。在高倍镜下注意下列结构:

(1)细胞壁 细胞壁在原生质体周围,是镜下最易识别的结构。细胞壁是无色透明的,上下两层壁在镜下不易观察到,而只能看到侧壁。侧壁由3层组成,即两层初生壁和中间的胞间层。在侧壁上还可观察到一些凹陷的区域,称为纹孔。

(2)细胞核　由于核沉没在细胞质中,细胞中央为大液泡,因此细胞核总是位于细胞的边缘,与薄层细胞质一起贴近细胞壁。注意观察细胞核的位置和形状,不同位置的细胞核在形状上有什么区别? 在高倍镜下仔细观察,能否观察到核仁?

(3)细胞质　细胞质是紧贴细胞壁的1层薄层,其中还可看到质体等一些细小颗粒。不经过染色处理,细胞质与液泡的界限是不易区分的。

(4)液泡　液泡是细胞质中充满细胞液的腔穴,在成熟细胞中常有1中央大液泡。细胞液是无色透明的,适当调光可大致判断液泡的范围。

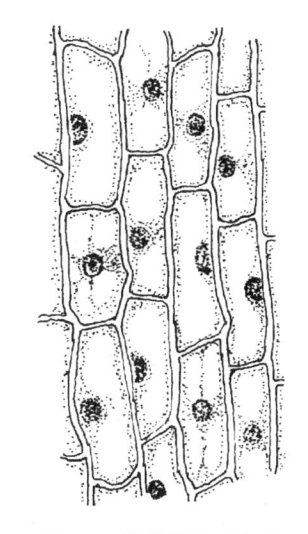

图 6-1　洋葱鳞片叶表皮细胞结构示意图

为了更好地观察细胞的结构,在用新鲜材料观察后,可用碘-碘化钾液染色。方法是:在盖玻片的一侧滴上1滴染料(注意不要滴在盖玻片上),然后用吸水纸从盖玻片的另一侧把水吸去,使染料慢慢进入,就可对材料进行染色。新鲜材料被染色后,细胞中的各结构就更清晰更易分辨。

另作一张洋葱表皮装片,置镜下观察,然后从盖玻片一侧加入一两滴8%的食盐水溶液,再从盖玻片的另一侧用吸水纸吸水,观察质壁分离过程。思考,质壁分离现象提示了细胞结构的什么特征?

2.有色体和胞间连丝的观察

将洗净的胡萝卜 *Dancus carota* L. var. *sativa* Hoffm. 切成条形小块,用徒手切片的方法切成薄片,置于装有清水的培养皿中,选出最薄的小片制成临时水封片。在低倍镜下观察,可看到细胞质内有橙黄色或橙红色的结构,即有色体。仔细观察,这些有色体的形态结构有何特点?

相邻的生活细胞之间都有胞间连丝联系,但一般在光学显微镜下都不易观察到。柿 *Diospyros kaki* Thunb. 的胚乳组织是观察胞间连丝的最好材料。取柿胚乳横切片(永久制片)在低倍镜下观察,可看到柿胚乳的细胞具有非常厚的细胞壁,细胞腔很小,原生质物质已干涸,被染上较深的颜色,有的已脱落,仅余空腔。然后选择细胞排列整齐的部分,移到视野中央,再转换高倍物镜仔细观察,在两细胞间的厚壁上可见成束的细丝,即胞间连丝(图 6-2)。

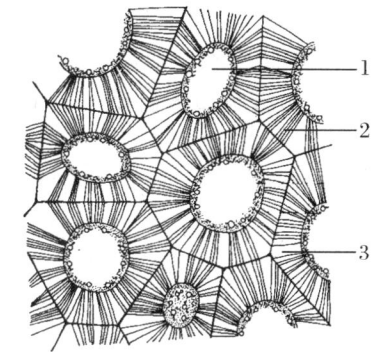

图 6-2　柿胚乳细胞(示胞间连丝)
1.细胞腔;2.胞间连丝;3.细胞壁

3. 叶绿体和胞质运动的观察

取新鲜的黑藻 Hydrilla verticillata (L. f.) Royle 幼叶洗净后,切成 0.5cm 左右的小方块,制成临时装片。先在低倍镜下看清整个结构,再换成高倍镜观察 1 个细胞。可见细胞内有许多绿色的球形颗粒,即叶绿体。再仔细观察,可见叶绿体一个接一个地沿着细胞壁的内侧缓缓移动。这就是胞质运动带动叶绿体移动的结果(图 6-3)。胞质运动十分缓慢,故要仔细观察。如气温较低,可用 30℃左右的热水处理叶片,使胞质运动加快。

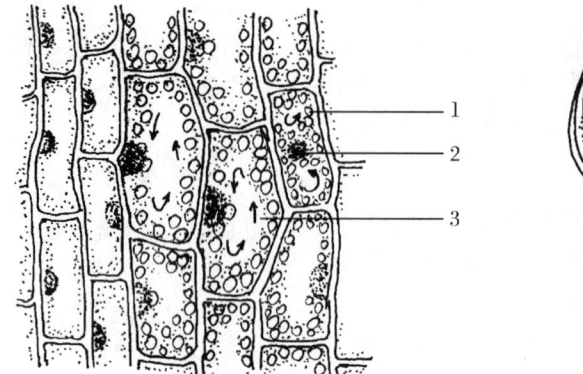

图 6-3 黑藻叶片细胞中的叶绿体及胞质运动
1.叶绿体;2.细胞核;3.胞质运动方向

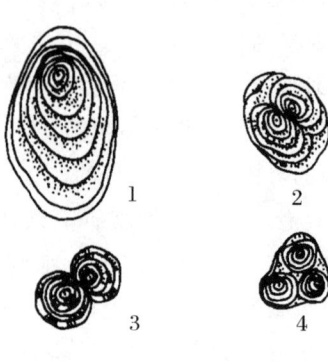

图 6-4 马铃薯淀粉粒形态图
1.单粒;2、3.半复粒;4.复粒

4. 植物细胞后含物的观察

(1)淀粉粒 将马铃薯 Solanum tuberosum L. 块茎切成小块,用镊子在块茎上轻轻地刮几下,挑取少许混浊的汁液置于载玻片中央,加一滴水调匀,盖上盖玻片,在显微镜下观察。先在低倍镜下观察,淀粉粒是什么形状?选择颗粒稀疏部位换至高倍镜下观察,注意观察脐点和轮纹,分辨出单粒、半复粒和复粒(图 6-4)。完成上述观察后,用稀碘液对淀粉进行染色,观察淀粉粒会被染成何种颜色?

(2)糊粉粒 将小麦 Triticum aestivum L. 颖果纵切片置于显微镜下观察,在胚乳外围有 1 层染色较深的组织,即糊粉层;组成糊粉层的细胞是什么形状的?换至高倍镜下观察 1 个糊粉层细胞,可见其中含有许多细小颗粒,即糊粉粒(图 6-5)。

(3)脂肪和蛋白质 取向日葵 Helianthus annuus L. 果实,剥去果皮,取出种子作徒手横切片,选取两片较薄的切片置于 2 张载玻片上,一张上加滴稀碘液,另一张上加滴苏丹Ⅲ,然后盖上盖玻片在显微镜下进行观察。在加滴碘液的载玻片上,可看到细胞中的颗粒状物被染成黄褐色,即蛋白质;在加滴苏丹Ⅲ的载玻片上,小心地用镊子压盖片,可看到切片边缘有橙红色的油滴聚集。也可用花生的果实进行观察。

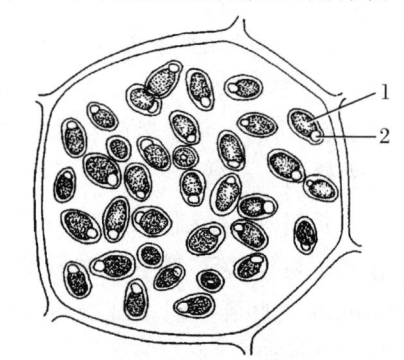

图 6-5 糊粉粒形态示意图
1.拟晶体;2.磷酸盐球形体

(4)晶体 将曼陀罗 Datura stramonium L. 叶片烘干后粉碎成粉末,取少许置于载玻片上,滴 1~2 滴水合氯醛试剂,在酒精灯上加热进行透化,待材料颜色变浅而透明时,再加1滴稀甘油,盖上盖玻片在显微镜下观察,其中含草酸钙结晶,其形态如何?

再取无花果 *Ficus carica* L. 叶片作徒手切片,选一薄片制成临时装片在显微镜下观察,可见其近叶表皮细胞的大型细胞内有碳酸钙结晶,其形态特征如何?

5. 植物细胞有丝分裂的观察

用洋葱根尖纵切片进行观察。先将切片置于低倍镜下,找到分生区,可见有的细胞正处于分裂过程中;换至高倍镜下,找出各个分裂时期的图像(图6-6)。根据观察,归纳总结植物细胞有丝分裂各时期的结构特征。

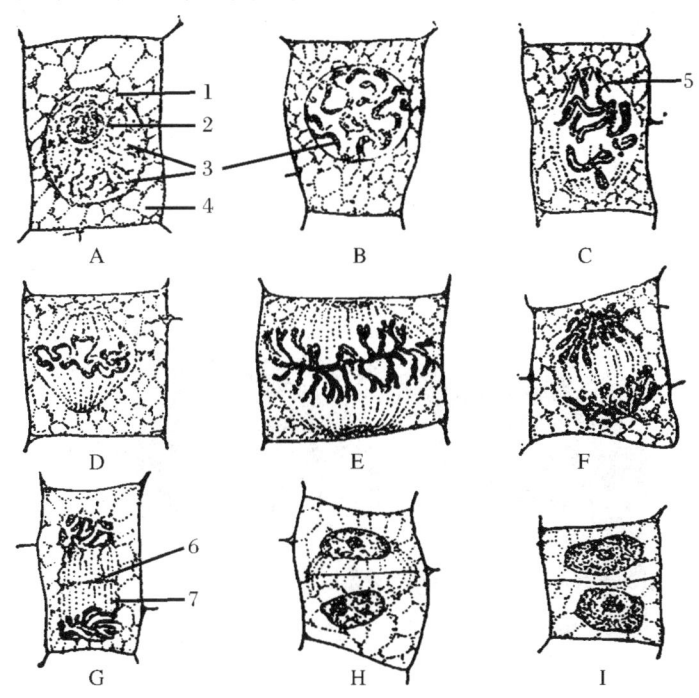

图 6-6　植物细胞有丝分裂示意图

A.早前期;B.中前期;C.晚前期;D.早中期;E.中期;F.后期;G.末期;H.后末期;I.两个子细胞
1.核膜;2.核仁;3.染色体;4.细胞质;5.纺锤丝;6.细胞板;7.成膜体

6. 植物组织的观察

(1) 分生组织

取黑藻茎尖纵切片置于低倍镜下观察,注意找到茎尖的生长点及其后侧的凸起。将生长点置于视野中央,转至高倍镜下观察,生长点的细胞在形态结构和排列上有何特点?在生长点后侧逐渐形成的凸起,为叶原基;叶原基以后的细胞出现分化,与生长点的细胞进行比较,此处的细胞又有何特点?

也可用洋葱根尖总切装片代替进行观察。

(2) 保护组织

① 初生保护组织(表皮)

取新鲜天竺葵 *Pelargonium hortorum* Bailey 叶子,用尖嘴镊子撕取小块叶表皮制水装片观察。撕片时,将镊子的一侧插入表皮内,再捏紧镊子,慢慢撕下,将无色透明的部分切下一小块，置于载玻片中央的水滴中，盖上盖玻片，至于显微镜下观察。注意观察表皮细胞的形态和排列特点，看清表皮细胞之间的气孔，并注意辨认表皮毛和腺毛的形态结构(图6-7)。

也可用牛皮菜、蚕豆及景天属植物的叶片代替进行观察。

② 次生保护组织(周皮)

取椴树 *Tilia tuan* Szyszyl. 茎横切片观察，最外层为残留表皮，里面几层为细胞壁栓化的死细胞，称为木栓层；木栓层内侧一至几层细胞，具有分裂能力，称为木栓形成层；木栓形成层内侧一至几层为栓内层；由木栓层、木栓形成层和栓内层共同构成周皮，在周皮上还可以看到裂成唇状突起，显出圆形、椭圆形轮廓的皮孔(图6-8)。在高倍镜下仔细观察，组成周皮的细胞的形态及其排列特点。

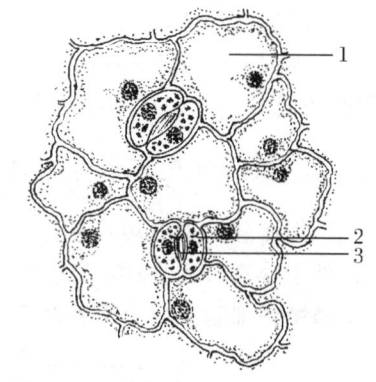

图6-7 天竺葵叶片表皮形态图
1.表皮细胞；2.保卫细胞；3.气孔

也可用梨茎横切片进行观察。

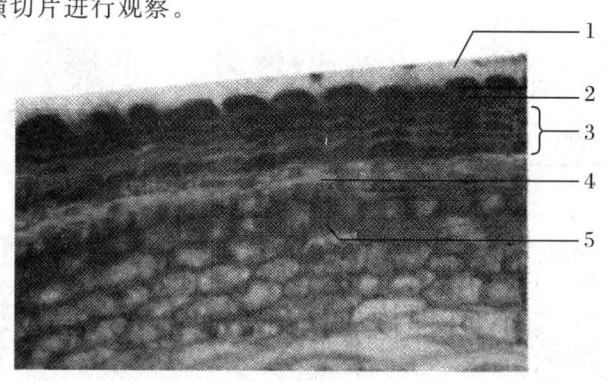

图6-8 椴树茎周皮形态图
1.角质层；2.表皮；3.木栓层；4.木栓形成层；5.栓内层

(3) 薄壁组织

薄壁组织广泛分布于植物体中，是构成植物体的最基本的一种组织，又可分为同化组织、贮藏组织、贮水组织、吸收组织、通气组织和传递细胞。

① 通气组织

取美人蕉 *Canna indica* L. 叶柄(或中脉)做徒手横切片，将切片放入盛水的培养皿中，选取最薄片制成水装片进行观察。先用低倍镜找到叶柄中具空隙的部分，再换至高倍镜下进行观察(图6-9)。根据观察，归纳总结通气组织的结构特点。

也可用眼子菜叶横切片进行观察。

② 贮水组织

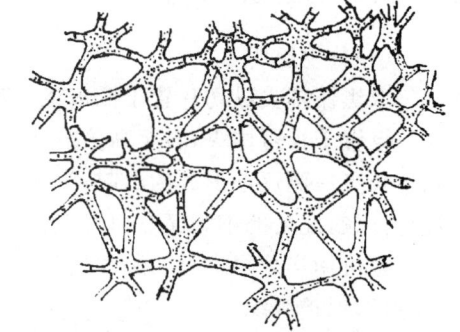

图6-9 美人蕉叶柄的通气组织形态图

取石莲花 *Graptopelaum paraguayense* 叶切片(或用新鲜叶做横切)，在显微镜下进行观察。其叶表皮下的细胞在生活时是富含水分和粘液的贮水组织，其显微结构特点如何？

(4) 机械组织

① 厚角组织

取南瓜 Cucurbita moschata (Duch. ex Lam.) Duch. ex Poiret 茎横切片在显微镜下进行观察，表皮以内几层细胞（含叶绿体）角隅处壁增厚，形成厚角组织（图6-10），通过观察，比较厚角组织和薄壁组织有何不同？也可用桑叶柄作横切片进行观察。

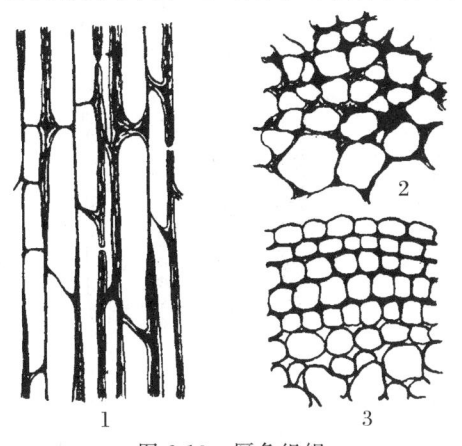

图 6-10　厚角组织

1.厚角组织的纵切面；2、3.厚角组织的横切面

② 厚壁组织

纤维　取蓖麻 Ricinus communis L. 茎的解离材料制片观察。制片时，取少许解离材料置于载玻片上的一滴水中，用解剖针将其拨匀，盖上盖玻片置于显微镜下进行观察，纤维细胞具有怎样的形态结构特征？（图 6-11）

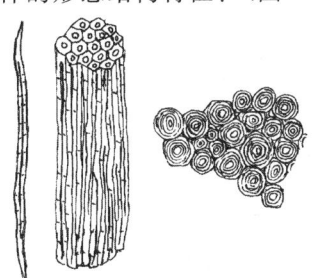

图 6-11　纤维细胞　　　　图 6-12　梨果肉的石细胞

石细胞　用镊子取少许沙梨 Pyrus pyrifolia (Burm. f.) Nakai 果肉中的"砂粒"，夹碎后置于载玻片上，做水装片观察，石细胞的结构特征如何？（图 6-12）

(5) 输导组织

① 导管　取南瓜茎纵切片观察，在木质部可见环纹导管、螺纹导管和网纹导管（图6-13）；取凤仙花 Impatiens balsamina L. 茎作徒手纵切片，观察梯纹导管；取蓖麻茎作徒手纵切片，观察孔纹导管。

② 管胞　取杉木 Cunninghamia lanceolata (Lamb.) Hook. 茎解离材料少许制片观察，一种两端斜尖、侧壁不同纹式增厚并木质化的细胞即为管胞（图6-14）。也可用马尾松茎的解离材料制片进行观察。

③ 筛管与伴胞　取南瓜茎纵切片观察，在韧皮部可见一种上下相连的管状结构即为筛管，筛管分子为薄壁细胞，无细胞核，两个筛管分子相连处为筛板，其上有许多筛孔，有

许多细胞质细丝穿过筛孔形成"莲蓬状"的联络索。在筛管一侧有一个两端尖的薄壁细胞,即为伴胞,它与筛管等长或稍短,具细胞核,细胞质浓(图 6-15)。

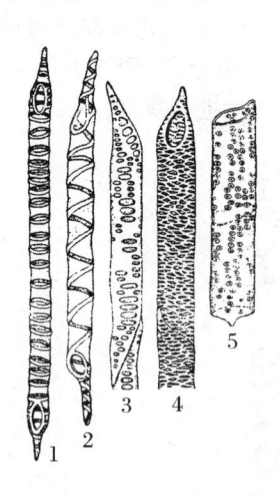

图 6-13 导管分子类型
1.环纹导管;2.螺纹导管;3.梯纹导管;4.网纹导管;5.孔纹导管

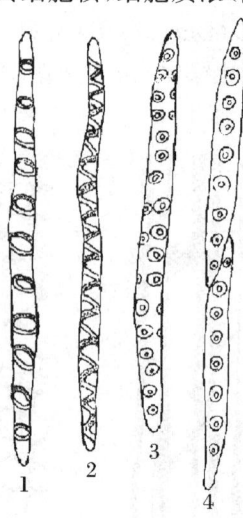

图 6-14 管胞的类型
1.环纹管胞;2.螺纹管胞;3.梯纹管胞;4.孔纹管胞

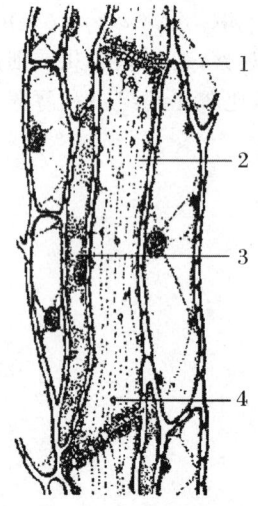

图 6-15 筛管与伴胞
1.筛板;2.筛管;3.伴胞;4.筛管质体

(6)分泌组织

①树脂道 取马尾松 Pinus massoniana Lamb.茎横切片观察,可见茎各部组织中分布有许多明显的、由分泌细胞围成的管道,称为树脂道。

②分泌腔 取柑橘 Citrus reticulate Blanco 果皮通过肉眼可见的发亮小点做徒手切片,观察分泌腔,大量的分泌物(精油)贮藏在腔穴中。

③腺毛 撕取天竺葵叶表皮制片观察,可见表皮毛和腺毛。

思考题

(1)绘洋葱鳞片表皮细胞,示各部分。
(2)绘马铃薯的淀粉粒形态图,包括单粒、半复粒和复粒。
(3)绘天竺葵叶表皮的部分并注明结构名称。
(4)绘黑藻茎尖纵切图,示各部分。
(5)绘各种类型的导管分子形态图。
(6)绘各种类型的管胞形态图。
(7)绘厚角组织部分横切面结构。
(8)洋葱鳞叶的红色与红辣椒的红色其显色原理是否一样?
(9)所做的洋葱鳞叶内表皮临时装片,每个细胞是否都能看到细胞核,为什么?
(10)植物细胞有丝分裂可分为哪几个时期,各时期的主要特征是什么?
(11)厚角组织与厚壁组织有何不同?
(12)植物的分生组织有哪几种类型,它们在植物体内的分布位置如何?
(13)薄壁组织有什么特点,它对植物的生活有什么意义?
(14)各种成熟组织都来自于分生组织,为什么它们之间存在如此大的差异?

第七章　根的形态与结构

【知识回顾】

植物的根,除少数气生者外,一般是植物体生长在地面下的营养器官,土壤中的水、矿物质通过根进入植株的各个部分。根的顶端能无限地向下生长,并能发生侧向的支根,从而形成庞大的根系。

根具有吸收、固着、输导、合成、贮藏和繁殖等功能。其中吸收作用是根的主要功能,植物体内所需要的物质,除一部分由叶和幼嫩的茎自空气中吸收外,大部分都是由根自土壤中取得。根的另一重要功能是固着和支持作用,植物之所以能在外界复杂环境(风、雨、冰、雪等侵袭)中屹立不倒,与其庞大的根系是密不可分的。

根有主根和不定根之分,由胚根细胞的分裂和伸长所形成的向下垂直生长的根(植物体上最早出现的根)称为主根,在主根或主根产生的侧根以外的部分上生出的根称为不定根。

一株植物地下部分的根的总和,称为根系。根系有直根系和须根系之分,有明显的主根和侧根区别的根系,称为直根系,如松、柏、油菜等植物的根系;无明显的主根和侧根区分的根系称为须根系,如水稻、玉米、韭、百合等。

无论主根、侧根还是不定根都具有根尖,它是根中生命活动最为旺盛、最为重要的部分。根尖可分为4个部分:根冠、分生区、伸长区和成熟区。

根的初生结构由表皮、皮层和维管柱组成;根的次生结构由外向内依次为周皮、初生韧皮部和次生韧皮部、形成层、次生木质部、初生木质部。

一、目的要求

(1)通过观察根尖的外形结构、根的初生结构和侧根的发生,理解根的形态结构与其固着、吸收机能的适应关系。

(2)了解双子叶植物根的次生生长和次生结构。

(3)了解根瘤及菌根的形态。

(4)掌握被子植物根的外形结构特征,为学好被子植物分类学打好基础。

二、材料准备

(1)新鲜材料:小麦幼根、玉米幼根、蚕豆幼根、白车轴草的根系、马尾松的菌根。根的形态可在野外进行观察,也可采集不同类型根的标本进行室内观察。

(2)永久制片：玉米根尖纵切片、小麦根尖纵切片、洋葱根尖纵切片、毛茛根横切片、小麦根横切片、鸢尾根横切片、水稻根横切片、蚕豆根具侧根的横切片、油菜老根横切片、马尾松的菌根切片。

(3)用具和药品：解剖镜、显微镜、载玻片、盖玻片、解剖刀、镊子、擦镜纸、吸水纸、番红等。

三、实验内容

1. 根尖的外形与结构

(1)根尖的外形与分区

选择经吸涨萌发5～7天的小麦或玉米 Zea mays L. 的幼苗，取其直而生长良好的幼根置于载玻片上，在解剖镜下进行观察。幼根上有一区域密布白色绒毛，为根毛区，根尖的最先端微黄而略带透明的部分是根冠，呈帽状罩在分生区外面。紧接其后的是分生区，在分生区与根毛区之间是伸长区。

(2)根尖的内部结构

取玉米、小麦或洋葱根尖纵切永久制片，置于显微镜下，由根的最先端逐渐向上观察根尖的各区（图7-1），注意结合外形特点把握分区的界限，仔细观察并归纳总结各分区细胞的特点。在伸长区如何区分原表皮、基本分生组织和原形成层？在制片上常可见到宽大的成串长细胞，思考这些细胞将来会分化成根的什么结构？通过根毛区的观察，思考根毛的起源。

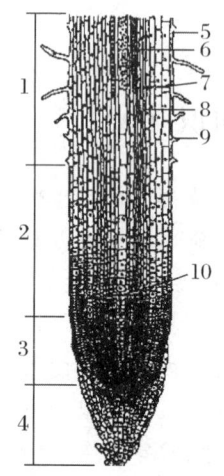

图7-1 根尖的分区图
1.根毛区；2.伸长区；
3.分生区；4.根冠；
5.表皮；6.导管；
7.皮层；8.中柱鞘；
9.根毛；10.原形成层

2. 双子叶植物根的初生结构

取毛茛 Ranunculus japonicas Thunb. 根横切片在低倍镜下观察，从横切面上可分为表皮、表层、维管柱三部分。然后用高倍镜仔细观察各部分的详细结构（图7-2）。

最外一层排列整齐的薄壁细胞是表皮，有的表皮细胞向外突起形成根毛。皮层是表皮以内的数层细胞，占幼根横切面的大部分，可分为外皮层、中皮层和内皮层三部分，通过观察，比较组成三皮层的细胞有何不同？内皮层细胞六面壁全部增厚形成凯氏带，通过观察理解凯氏带的结构特点。

维管柱由四部分构成，紧贴内皮层的一层薄壁细胞构成中柱鞘，细胞较小，排列整齐；初生木质部位于根的中央部分，具有4～5个辐射角，尖端为原生木质部，中央为后生木质部；初生韧皮部位于初生木质部辐射角之间，原生韧皮部在外，后生韧皮部在内；位于

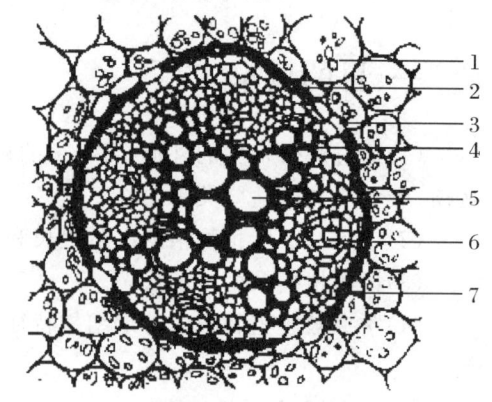

图7-2 毛茛根横切（维管柱细胞）
1.皮层 2.内皮层 3.通道细胞 4.原生木质部 5.后生木质部 6.韧皮部 7.中柱鞘

初生木质部与初生韧皮部之间的一层薄壁细胞是维管形成层产生的主要来源。

用徒手切片法自制蚕豆幼根横切面水装片,加一滴番红染色后进行观察,注意与毛茛根加以比较,二者有何区别?

3. 单子叶植物根的初生结构

取小麦根横切片观察,可以分为表皮、皮层、维管柱三部分(图7-3)。小麦根的结构与毛茛的相似,表皮是最外一层排列紧密的细胞,皮层也分为外皮层、中皮层、内皮层三部分,维管柱包括中柱鞘、初生木质部、初生韧皮部、髓等结构;通过观察,比较单子叶植物和双子叶植物在根的初生结构上有哪些异同点。

取水稻 *Oriza sativa* L. 和鸢尾 *Iris tectorum* Maxim. 根横切片观察,并与小麦根进行比较。

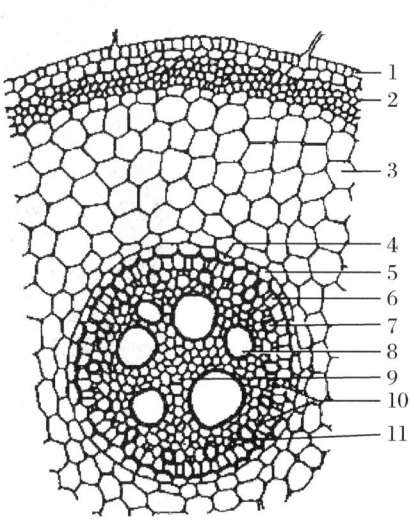

图7-3 小麦根横切面

1.表皮;2.厚壁细胞;3.皮层薄壁细胞;4.内皮层;5.通道细胞;6.中柱鞘;7.原生木质部;8.后生木质部;9.髓;10.原生韧皮部;11.后生韧皮部

4. 侧根的发生

取蚕豆(*Vicia faba* L.)侧根切片观察,可见侧根起源于中柱鞘一些细胞(图7-4)。当侧根发生时,这些细胞恢复分裂能力,经过平周分裂增加细胞层数,并向外形成突起,然后进行平周与垂周分裂形成侧根原基、生长穿过皮层,突破表皮伸进土壤。注意观察蚕豆侧根产生于木射角对着的中柱鞘细胞。

也可用棉花 *Gossypium hirsutum* L. 根横切面的制片进行观察。

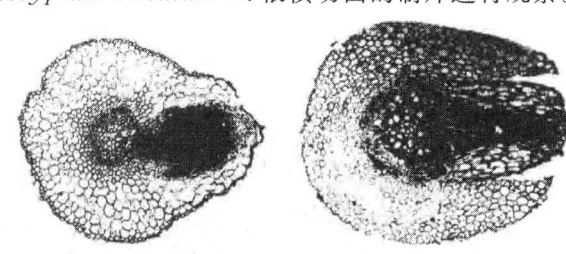

图7-4 蚕豆侧根的发育(显微照片)

5. 双子叶植物根的次生结构

(1)形成层的发生

取蚕豆根横切永久制片,观察形成层的发生(图7-5)。首先在初生木质部和初生韧皮部之间出现形成层,呈圆弧形(观察其数目与木质部脊的数目是否一致,想想它们起源于什么细胞?),以后这些圆弧形的形成层向两侧扩展,同时在木质部脊的中柱鞘细胞也恢复分裂的能力,两者互相连接形成一个波浪状的形成层环,其形状与木质部脊相似。形成层细胞进行切向分裂,在初生木质部和初生韧皮部之间的形成层细胞分裂较多,最终形成层环呈圆形。

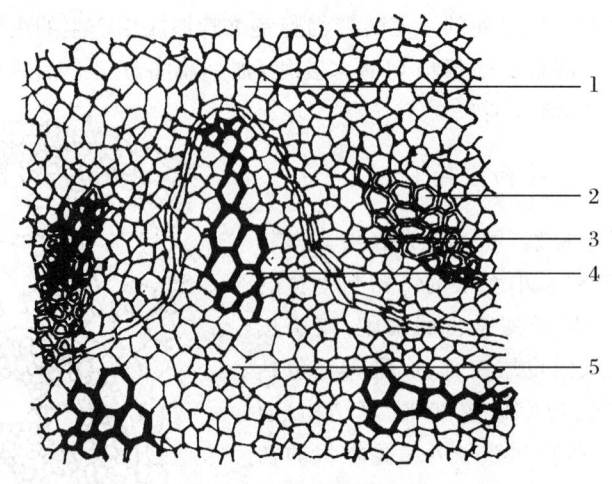

图 7-5 蚕豆根形成层的发生
1.内皮层;2.初生韧皮部;3.形成层;4.初生木质部;5.髓

(2)根的次生结构

取油菜 Brassica campestris L.或棉花老根横切片在显微镜下仔细观察(图 7-6)。在横切面上,最外一层是残留的表皮(表皮是否完整,为什么会这样?),周皮为几层细胞构成,细胞形态如何?

次生韧皮部位于周皮与形成层之间,主要由韧皮纤维、筛管、伴胞和韧皮薄壁细胞构成;形成层是次生韧皮部与次生木质部之间的几层扁平的薄壁细胞,细胞排列的特点是什么?在根的中心处是初生木质部,次生木质部位于初生木质部之外、形成层以内的大部分,由导管、管胞、薄壁细胞和纤维组成;在次生木质部和次生韧皮部内都有一些径向排列的薄壁细胞,位于木质部中的称为木射线,位于韧皮部中的称为韧皮射线。

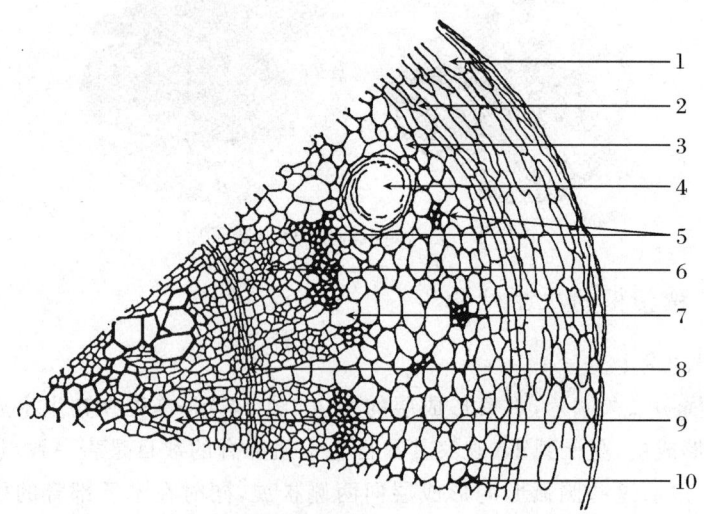

图 7-6 棉花老根横切面(示次生结构)
1.挤毁的表皮及皮层;2.周皮;3.薄壁组织细胞;4.腺体;5.韧型纤维;6.韧皮部;
7.射线;8.微管形成层;9.木质部;10.韧型纤维

6. 根瘤与菌根

(1)根瘤

豆目植物的根上常有瘤状的结构,叫做根瘤。用镊子取白车轴草 *Trifolium repens* L. 根上的瘤状突起物,在载玻片上捣碎后制成水装片,用高倍镜观察,可见许多短杆菌,这就是根瘤菌。思考,根瘤的形成过程是怎样的?

(2)菌根

真菌的菌丝侵入根的幼嫩部分或在根的表面群聚形成共生关系的共合休,叫做菌根。取马尾松的侧根观察外部形态,在根尖看不到根毛,根的前端变成"Y"形的钝圆的短柱,好似一个小短棒,许多菌丝包在根的外面。取切片观察,可看到菌根内真菌的菌丝侵入皮层细胞的间隙,但不侵入细胞内部。

7. 根的形态

(1)主根、侧根和不定根:观察蚕豆的根,分清主根和侧根;以常春藤 *Hdeera nepalensis* K. Koch var. *sinensis*(Tobl.)Rehd. 为代表观察茎上的不定根。

(2)直根系和须根系:大多数双子叶植物的根有明显的主根和侧根之分称直根系;大多数单子叶植物的主根不发达,根系全部由不定根及其分枝组成的,粗细相差不多的均匀根系,称须根系。以蚕豆和小麦为代表观察其根系外形特征(图7-7)。

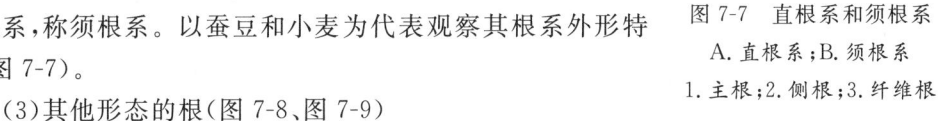

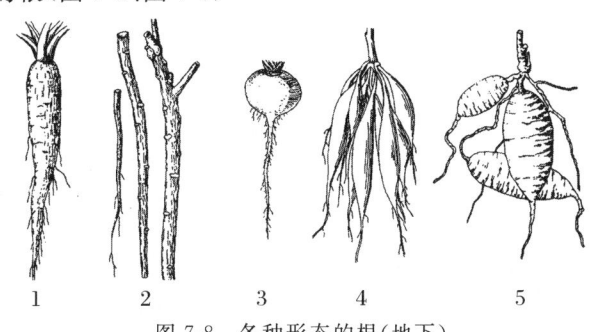

图7-7 直根系和须根系
A.直根系;B.须根系
1.主根;2.侧根;3.纤维根

(3)其他形态的根(图7-8、图7-9)

图7-8 各种形态的根(地下)
1.圆锥根;2.圆柱根;3.圆球根;4.块根(纺锤状);5.块根(块状)

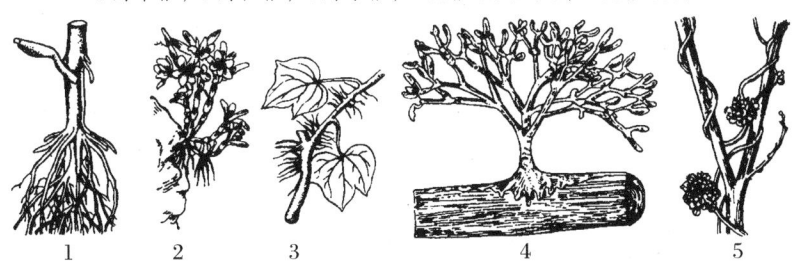

图7-9 各种形态的根(地上)
1.支持根;2.气生根;3.攀援根;4.寄生根;5.寄生根

①肉质直根：以萝卜 *Raphanus sativus* L.、桔梗 *Platycodon grandiflorum*（Jacq.）A. DC. 等为材料进行观察。

②块根：以甘薯 *Ipomoea batatas*（L.）Lam.、何首乌 *Polygonum multiflorum* Thunb. 等为材料进行观察。

③攀援根：以常春藤等为材料进行观察。

④呼吸根：如红树 *Rhizophora apiculata* Bl.。如无实体材料，也可通过多媒体图片进行观察（以下同）。

⑤支柱根：如玉米或甘蔗 *Saccharum sinense* Roxb. 靠地上的节上生出的一些不定根。

⑥寄生根：如菟丝子 *Cuscuta chinensis* Lam. 钻入寄主体内的根。

思考题

(1) 绘小麦根的横切面，示初生结构的各部分。
(2) 绘棉花老根横切面，示次生结构的各部分。
(3) 根据根尖分生区到根成熟结构的观察，理解细胞分化的含义。
(4) 根据实验观察，比较单、双子叶植物根结构的异同。
(5) 双子叶植物根的初生结构与次生结构有哪些区别？
(6) 木质部的外始式分化的生物学意义是什么？

第八章　茎的形态与结构

【知识回顾】

茎,除少数生于地下者外,一般是植物体在地上的营养器官。多数茎的顶端能无限地向上生长,连同着生的叶形成庞大的枝系。茎是联系根、叶,输送水、无机盐和有机养料的轴状结构。

茎的主要功能是输导和支持。茎的维管组织中的木质部和韧皮部担负着输导作用,被子植物茎的木质部中的导管和管胞,把根尖上由幼嫩的表皮和根毛从土壤中吸收的水分和无机盐,通过根的木质部,特别是茎的木质部运送到植物体的各部分。茎内的机械组织,特别是纤维和石细胞,在构成植物体的坚固有力的结构中,起着巨大的支持作用。另外,茎还具有贮藏和繁殖的功能。

芽是处于幼态而未伸展的枝、花或花序,也就是枝、花或花序尚未发育的雏体。以后发展成枝的芽称为枝芽,发展成花或花序的芽称为花芽。芽一般由顶端分生组织、叶原基、幼叶、腋芽原基组成。按芽在枝上的位置,有定芽和不定芽之分;按有无芽鳞,有裸芽和被芽之分;按芽所形成的器官的不同,又有枝芽、花芽和混合芽之分。

不同植物在长期的进化过程中,为了适应环境的需要,茎往往演化出了不同的类型。主要有以下几种类型:直立茎、缠绕茎、攀援茎、匍匐茎。茎的分枝是植物生长时期普遍存在的现象,种子植物的分枝方式可分为三种类型,单轴分枝、合轴分枝、假二叉分枝。

一、目的要求

(1)通过对代表材料的观察,掌握茎的外形特征、内部结构及芽的类型。

(2)通过双子叶植物、单子叶植物茎的初生结构的观察,掌握其初生结构的特点,并了解其形成过程。

(3)通过观察,掌握双子叶植物和裸子植物茎的次生结构,并了解其形成过程。

(4)掌握被子植物茎的外形结构特征,为学好被子植物分类学打好基础。

二、材料准备

(1)新鲜材料:樱花枝条、大叶黄杨枝条、银桦枝条、桂花枝条、法国梧桐枝条、白车轴草嫩茎、大叶黄杨嫩茎、梨嫩枝。茎的形态可在野外进行观察,也可采集不同类型茎的标本进行室内观察。

(2)永久制片：丁香茎尖纵切片、向日葵茎横切片、椴树茎横切片、玉米茎横切片、小麦茎横切片、水稻茎横切片、油松茎横切片、杉木茎三切面制片。

(3)用具和药品：解剖镜、显微镜、载玻片、盖玻片、解剖刀、镊子、擦镜纸、吸水纸、番红等。

三、实验内容

1.茎的形态和结构

(1)茎的形态　取2～3年生的木本植物枝条观察节与节间、顶芽与侧芽、叶痕、叶迹、芽鳞痕、皮孔等的形态特点。注意区别植物的长枝与短枝以及不同植物的分枝方式。

(2)芽的类型　观察樱花 *Cerasus serrulata* Lindl.、大叶黄杨 *Buxus megistophylla* Lévl、银桦 *Grebillea robusta* Cunn、桂花 *Osmanthus fragrans* Lour.、法国梧桐 *Platanus xacerifolia* L.等枝条上的芽，辨认其各属何种芽的类型。任取不同植物的芽，用肉眼观察分辨鳞芽与裸芽。通过解剖（纵剖或一片一片由外向内剥取），用放大镜或在实体显微镜下辨认叶芽、花芽和混合芽。思考：可以通过哪些特征来辨别不同类型的芽？

(3)茎尖的结构　取丁香 *Syzygium aromaticum*(L.)Merr. Et Perry 茎尖纵切面永久装片置于显微镜下进行观察（图8-1）。茎尖的外面包裹着不同发育时期的幼叶，内部是生长锥，生长锥分为原套和原体；生长锥的外侧下方有一个小凸起，即叶原基；生长锥的下方是初生分生组织，区别组成初生分生组织的原表皮、原形成层和基本分生组织，注意它们的细胞特征及各部分细胞的分化趋势。

2.茎的初生结构

(1)双子叶草本植物茎的初生结构

取向日葵茎横切片在低倍镜下观察，从横切面上区分表皮、皮层和维管柱三部分，然后在高倍镜下仔细观察各部分结构（图8-2）。组成表皮和皮层的细胞在形态和外形上有何区别？注意观察，皮层中有没有分泌腔分布？

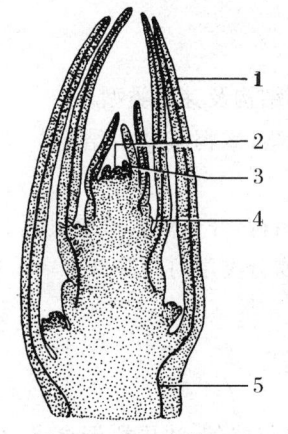

图8-1　茎尖的纵切图
1.幼叶；2.顶端分生组织；3.叶原基；
4.腋芽原基；5.芽轴

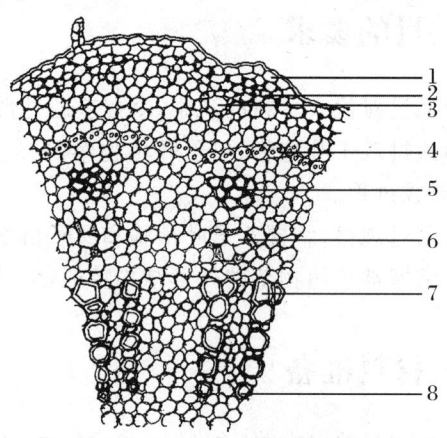

图8-2　向日葵幼茎横切图
1.表皮；2.厚角组织；3.分泌腔；4.淀粉鞘；
5.纤维；6.韧皮部；7.后生木质部；8.原生木质部

仔细观察维管柱的结构。双子叶植物茎的维管柱为皮层以内的所有组织,包括维管束、髓和髓射线等部分。多个维管束排成一环,每个维管束包括初生韧皮部、束内形成层和初生木质部;初生韧皮部位于形成层外方,具一帽状的韧皮纤维束,原生韧皮部在外,后生韧皮部在内;初生木质部为内始式发育,即原生木质部在内,后生木质部在外。

茎的中央部分是髓,由许多薄壁细胞组成。髓射线介于两相邻维管束之间,连接髓和皮层的薄壁组织。

取白车轴草茎、大叶黄杨、大丽花等幼嫩茎作徒手切片,加1滴番红染色,观察其初生结构,并与向日葵茎比较,有何异同?选用棉花、蚕豆、大丽花 *Dahlia pinnata* Cav.、毛茛和蓖麻等幼茎进行上述初生结构的观察。

(2)双子叶木本植物茎的初生结构

取梨当年新枝之枝端成熟区尚未进行增粗生长的部分,做徒手横切片(或取横切面永久制片)进行观察,并与草本植物幼茎的结构相比较,掌握木本植物茎初生结构的特点。梨幼茎是外韧维管束,皮层常分化成厚角组织和薄壁组织并有含丹宁的细胞,维管柱包括维管束、髓射线和髓三部分。在显微镜下,详细观察一个维管束的结构。

(3)单子叶植物茎的初生结构

①玉米茎的初生结构 取玉米茎横切片在低倍镜下区分其表皮、基本组织和维管束三部分(图8-3)。然后在高倍镜下观察各部分的详细结构。玉米的表皮细胞是什么形状的,外壁在结构上有何特点?基本组织包括表皮下的几层厚壁细胞及中央大量的薄壁细胞。维管束散生于基本组织中,靠近茎的边缘的维管束小而多,近中部的大而少。在高倍镜下选一个维管束观察(图8-3),外面有数层厚壁细胞组成的维管束鞘;其木质部呈"V"字形,原生木质部位于"V"字形底部,具两个环纹或螺纹导管,常有细胞拉破形成的胞间隙;后生木质部的两个较大的孔纹导管分别位于"V"字形的两臂,两个后生导管之间为管胞或木薄壁细胞连接;韧皮部位于木质部的外方(外韧有限维管束),原生韧皮部的细胞多被挤扁,后生韧皮部的筛管和伴胞非常明显。

也可用高粱或甘蔗茎进行观察。

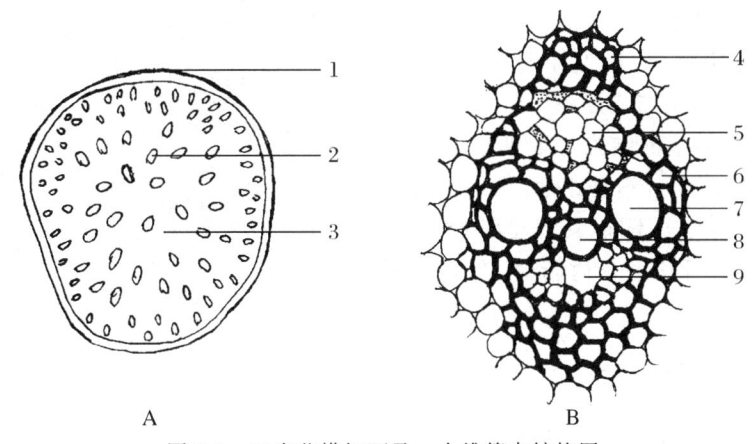

图8-3 玉米茎横切面及一个维管束结构图

A.玉米茎横切轮廓图;B.玉米茎其中的一个维管束

1.表皮;2.维管束;3.基本组织;4.厚角组织;5.韧皮部;
6.维管束鞘;7.后生木质部;8.原生木质部;9.气腔

②小麦茎的初生结构 取小麦茎横切片进行观察（图8-4），注意与玉米茎的结构进行区别。也可用水稻茎横切片进行观察。

3. 茎的次生结构

(1) 木本双子叶植物茎的次生结构 取椴树茎横切片观察其次生结构（图8-5）。周皮由木栓层、木栓形成层和栓内层组成，外间还有残存的皮，观察组成周皮的细胞在结构上有何特点？皮层外侧数层细胞为厚角组织，内侧为数层薄壁组织，在部分薄壁细胞中可见结晶体，观察一下，结晶体是什么形状的？韧皮部位于皮层以内、形成层之外，其中有韧皮纤维、较大的筛管和较小的伴胞以及较大的韧皮薄壁细胞和呈放射状排列的韧皮射线。形成层位于韧皮部与木质部（木材）之间，排成一整环，组成形成层区的细胞是1层还是多层，细胞的形态有什么特点？次生木质部所占比例较大，由同心环状的年轮组成；仔细观察年轮的特点，靠中央部分细胞和边缘的细胞有什么不同？次生木质部除了导管、管胞、木薄壁细胞和木纤维外，还有与韧皮射线相连的木射线。髓位于茎的中央部分，由薄壁细胞组成；外围有一圈较小的圆形细胞，称为环髓带；中央还有一些大型的薄壁细胞，贮藏丰富的丹宁物质，称为异形细胞；髓射线呈喇叭形，连接髓与皮层。

(2) 裸子植物茎的结构 取油松茎横切片观察，与木本双子叶植物相似，只是组成木质部与韧皮部的分子不同，其韧皮部无筛管，木质部无导管。且松树具树脂道，在横切面上呈大而圆的管腔。

4. 松木材三切面的观察

取松木材三切面的永久制片（图8-6），在三个不同的切面上，观察松次生木质部各种组织的分布和形态特征，从而建立茎结构的立体观念。

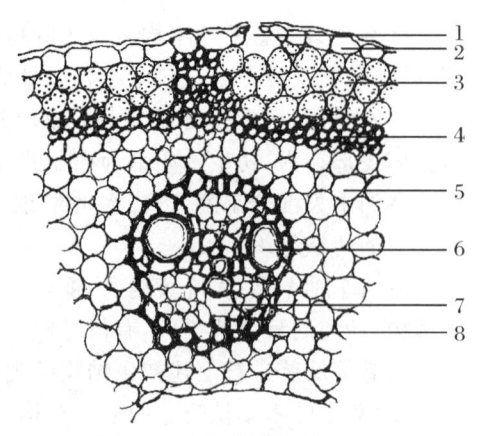

图8-4 小麦茎横切面
1.气孔；2.表皮细胞；3.绿色组织；4.机械组织；5.基本组织；6.维管束；7.气腔；8.维管束鞘

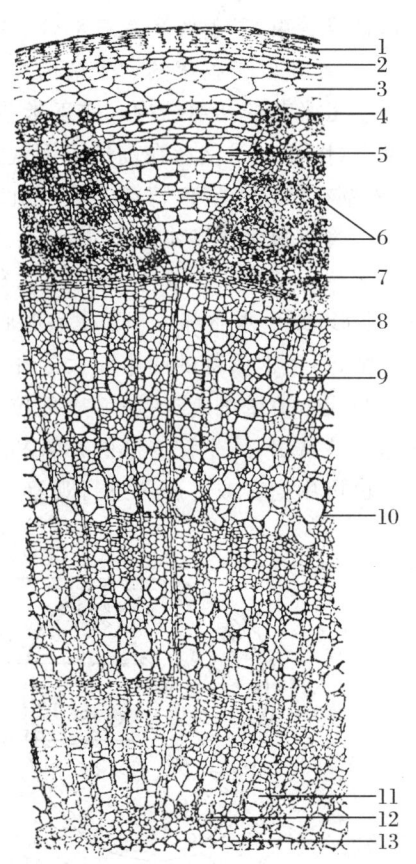

图8-5 椴树茎横切面
1.周皮；2.残存厚角组织；3.挤毁组织；4.纤维；5.扩展的射线；6.次生韧皮部；7.维管形成层；8.导管；9.木射线；10.次生木质部；11.后生木质部；12.原生木质部；13.髓

(1)横切面:观察各种成分的形态特征。管胞呈四、五边形,具缘纹孔在管胞的径向壁上呈剖面观;木射线呈纵切状态,只一列细胞宽,是长方形的薄壁细胞;树脂道明显可见,呈横切状。还可观察早材和晚材管胞的不同,年轮线和年轮。

(2)径切面:可见管胞呈纵向排列,细胞长梭形,细胞壁上的具缘纹孔呈正面观。木射线细胞呈纵切状态,横向排列,能见其壁上有单纹孔,可以见到射线的高度,包括射线上、下两侧的射线管胞(死细胞),中部的射线薄壁细胞(活细胞);树脂道多呈纵向分布。

(3)弦切面:管胞呈纵向排列,壁上的具缘纹孔,呈剖面观;木射线是横切状态,轮廓为梭形,可以见到木射线的高度与宽度,有时可以见到在较大的木射线中,包埋着横向的树脂道。

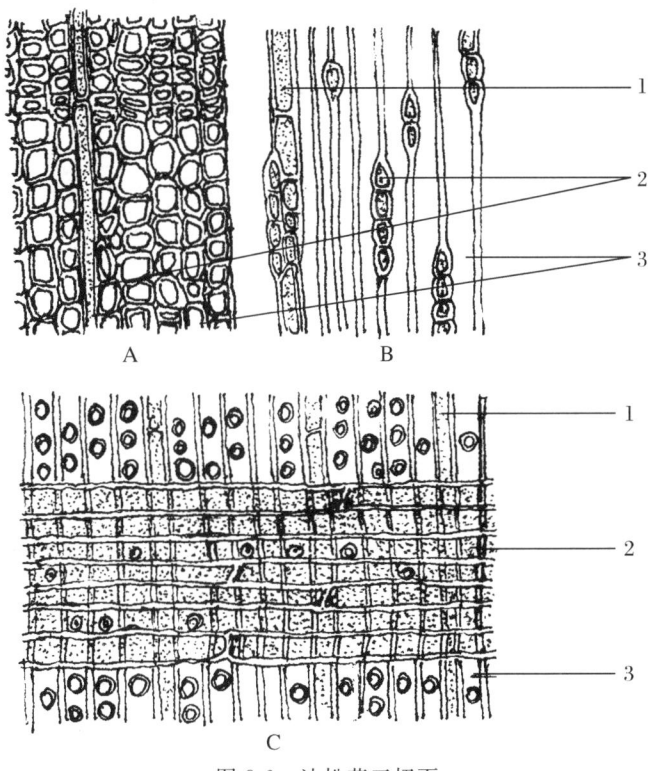

图 8-6 油松茎三切面

A.横切面;B.弦切面;C.径切面

1.轴向木薄壁细胞;2.木射线;3.管胞

5.茎和枝条的形态

(1)茎的质地类型

按茎的质地(性质)可将植物分为木本植物与草本植物。

①木本植物:茎内本质部发达,一般较坚硬,能逐年增粗,多年生,又可分为乔木、灌木和半灌木。校园栽培的木本植物一般较多,就在野外进行观察。

乔木:有明显的主干,高度在 5m 以上。其树高不足 10m 的为小乔木,20m 以上为大乔木。

灌木:无明显的主干,在近地面处发生分枝,高度在 5m 以下。其中高不足 1m 的称为小灌木。

半灌木:外形类似灌木,但地上部分为 1 年生,越冬时枯萎死亡的木本植物。

②草本植物:地上茎全为草质,木质部不发达,通常不持续增粗。又可分为:

一年生草本植物:在一个生长季节完成全部生活史的植物,如玉米、向日葵等。

二年生草本植物:在两个生长季节完成全部生活史的植物,如小麦、甜菜等。

多年生草本植物:生存期超过两年以上的植物,地上部分每年生长季节末死亡,地下部分(根或地下茎)为多年生,如薄荷 *Mentha haplocalyx* Briq.、菊 *Dendranthema morifolium* (Ramat.)Tzvel. 等。

(2)茎的生长习性

①直立茎　垂直于地面生长,如马尾松、玉米。

②斜生茎　初偏斜,而后变直立,如萹蓄 *Polygonum aviculare* L.。

③平卧茎　茎平卧地面,节上生根,如常春藤。

④匍匐茎　茎平卧地面,节上生根,如甘薯等。

⑤攀援茎　以各种器官(如卷须、吸盘、钩刺)攀援于它物之上生长,如葡萄 *Vitis vinifera* L. 等。

(3)茎的分枝

①单轴分枝:主干极显著,各级分枝比主干弱很多。如马尾松、雪松 *Cedrus deodara* (Roxb.)G. Don、水杉 *Metasequoia glyptostroboides* Hu et Cheng 等。

②合轴分枝:主干是由许多腋芽(一侧腋芽)发育而成的侧枝联合组成。如苹果 *Malus pumila* Mill.、番茄 *Lycopersicum esculentum* Mill. 等。

③假二叉分枝:合轴分枝的另一种方式,是由顶芽下的两侧腋芽同时发育成二叉状分枝。如茉莉 *Jasminum sambac*(L.)Ait.、石竹 *Dianthus chinensis* L. 等。

(4)其他形态的茎(图 8-7)

①茎刺(枝刺):如皂荚 *Gleditsia sinensis* Lam.、马甲子 *Paliurus ramosissimus* (Lour.)Poir 的刺。

②茎卷须:如葡萄、爬山虎 *Parthenocissus tricuspidata*(S. et Z.)Planch 的卷须。

③叶状茎:如竹节蓼 *Homalocladium platycladum* Bailey。

④小鳞茎:如蒜 *Allium sativum* L. 花间生出的小球体。

⑤小块茎:如薯蓣 *Dioscorea opposite* Thunb. 腋芽形成的小球。

⑥肉质茎:如仙人掌属 *Cactaceae* 植物等。

⑦根状茎:如藕 *Nelumbo nucifera* Gaertn、慈竹 *Neosinocalamus affinis*(Rendle) Keng f. 的地下茎。

⑧块茎:如马铃薯 *Solanum tuberosum* L. 的地下茎。

⑨鳞茎:如蒜的地下茎。

⑩球茎:如荸荠 *Elecocharis dulcis*(Burm. f.)Trin. ex Henschel 的地下茎。

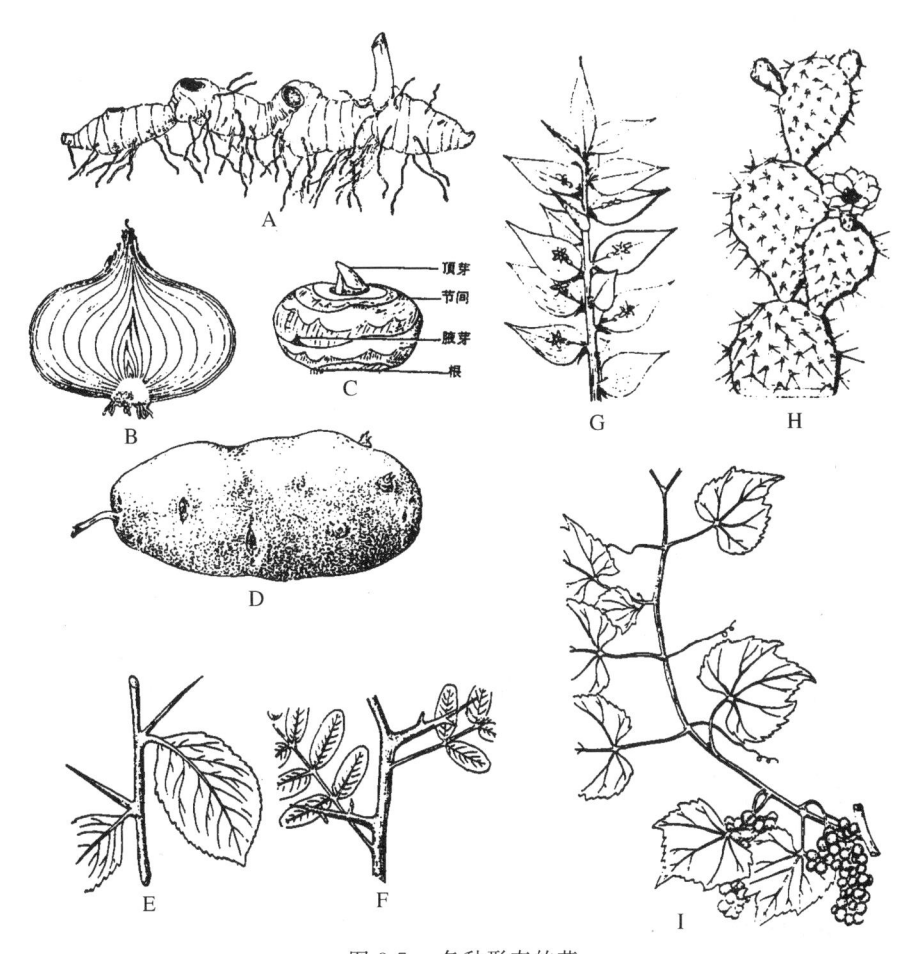

图 8-7　各种形态的茎

A.根状茎;B.洋葱的鳞茎(纵切);C.荸荠的球茎;D.马铃薯的块茎;E.茎刺;
F.皂荚的茎刺;G.叶状茎;H.仙人掌的肉质茎;I.葡萄的茎卷须

思考题

(1)绘茎尖的纵切图,示各部分。

(2)绘玉米茎横切面,注明各部分。

(3)绘椴树茎横切面,注明各部分。

(4)比较植物根与茎在初生结构上的异同。

(5)比较单子叶植物和双子叶植物茎的初生结构的异同。

(6)裸子植物与木本双子叶植物茎在次生结构上的主要区别是什么?

(7)比较不同切面上射线的结构特点。

第九章 叶的形态与结构

【知识回顾】

叶是种子植物制造有机养料的重要器官，也就是光合作用进行的主要场所。叶的主要功能是光合作用和蒸腾作用，此外叶还具有贮藏和繁殖的作用。

叶一般由叶片、叶柄、托叶三部分组成，不同植物的这三部分结构是多种多样的。叶片的形态多种多样，大小不一，常见的有针形、线形、披针形、椭圆形、卵形等。不同植物的叶，在叶尖、叶基、叶缘、叶裂等形态上也是千差万别的。

一个叶柄上只生一个叶片的称单叶，一个叶柄上生有二至多数叶片的称复叶；常见的复叶类型有羽状复叶、掌状复叶、三出复叶、单身复叶。

就叶片而言，一般都有三种基本结构：表皮，起保护作用；叶肉，制造和贮藏养料；叶脉，起输导和支持的作用。不同植物的叶片在不同环境中往往会形成与之相适应的结构特点，如阳地植物和阴地植物的叶片结构不同，旱生植物和水生植物的叶片结构也有差异。

叶在茎或枝条上的排列方式叫叶序，常见的形式有互生、对生、轮生、簇生、基生。叶脉在叶片上分布的方式称为脉序，常见的类型有网状脉、平行脉、射出脉、叉状脉。

一、目的要求

(1)通过对一般叶及不同生态类型叶的观察，掌握叶的内部结构特征，理解不同生态类型叶的结构特点，进一步理解植物体的形态结构与生理功能及生态环境的适应关系。

(2)掌握被子植物叶的外形结构特征，为学好被子植物分类学打好基础。

二、材料准备

(1)永久制片：棉叶横切片、夹竹桃叶横切片、睡莲叶横切片、眼子菜叶横切片、玉米叶横切片、水稻叶横切片、马尾松或华山松叶横切片。叶的形态可在野外进行观察，也可采集不同类型叶的标本进行室内观察。

(2)用具：显微镜、擦镜纸等。

三、实验内容

1.双子叶植物叶的结构

(1)一般双子叶植物叶的结构

通过对棉叶横切面的观察，可基本了解一般叶（中生植物叶）的结构。取棉叶横切片,首先在低倍镜下分清叶的上、下表皮,叶肉与叶脉等结构部分。然后用高倍镜对各部分结构进行仔细观察(图 9-1)。

棉叶片的上、下表皮各由 1 层细胞构成。上、下表皮细胞是否有明显的角质层和叶绿体,细胞排列有何特点？上、下表皮是否都有气孔,如果有,其数量如何？

叶肉分化为栅栏组织和海绵组织两部分。通过观察比较,组成栅栏组织和海绵组织的细胞有何特点？是否都含有叶绿体,如果有,其数量如何？在叶肉中能否观察到溶生分泌腔？

观察叶片中部,会发现有一大型叶脉叫中脉,其中有发达的维管组织,维管组织中的木质部在近轴面,即叶的腹面;韧皮部在远轴面,即叶的背面;维管组织周围为薄壁组织细胞,正对维管组织的上、下表皮内有较发达的厚角组织。小脉和细脉的周围有一层薄壁细胞围着,叫维管束鞘,其中木质部与韧皮部也随叶脉的变细而越来越简化。

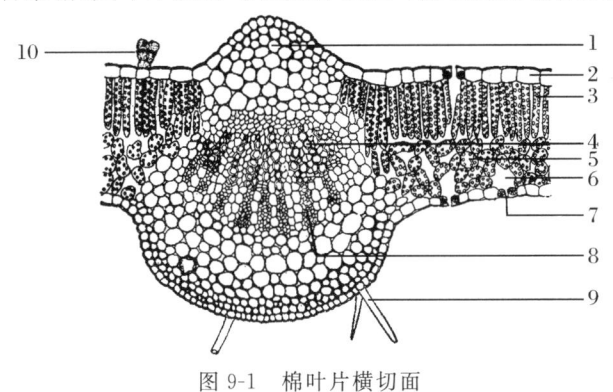

图 9-1 棉叶片横切面

1.厚角组织;2.表皮;3.栅栏组织;4.主脉本质部;5.海绵组织;6.孔下室;
7.气孔器;8.主脉韧皮部;9.表皮毛;10.腺毛

(2)旱生双子叶植物叶的结构

取夹竹桃 *Nerium idicum* Mill.叶在显微镜下进行观察(图 9-2),并注意与棉叶的结构进行比较,它们在表皮、叶肉、叶脉的结构上有何不同？思考:夹竹桃叶的哪些结构特征体现了它对旱生环境的适应？

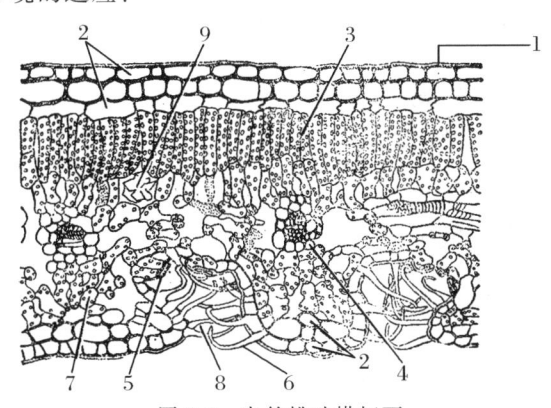

图 9-2 夹竹桃叶横切面

1.角质层;2.表皮;3.栅栏组织;4.叶脉;5.气孔;6.表皮毛;7.海绵组织;8.气孔窝;9.晶体

(3)水生双子叶植物叶的结构

取睡莲 *Nymphaea alba* L.和眼子菜 *Potamogeton cristatus* Rgl. et Maack 叶的横切片观察浮水叶和沉水叶的结构(图 9-3、图 9-4),并与棉叶、夹竹桃叶的结构进行比较,注意它们在表皮细胞的数量和结构、叶肉组织的分化情况、叶脉的发达程度等细部特征上的异同点。思考,水生植物的叶有哪些结构特点是与其水生环境相适应的?浮水叶和沉水叶在不同的水环境中,各自形成哪些独特的特点?

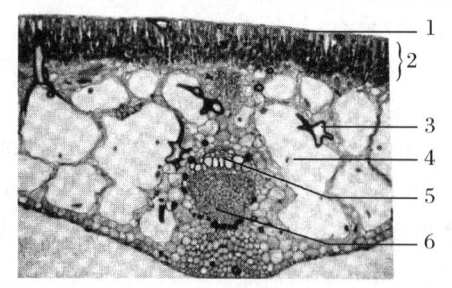

图 9-3 睡莲叶横切面(部分)
1.表皮;2.叶肉;3.石细胞;4.气腔;
5.维管束;6.厚壁组织

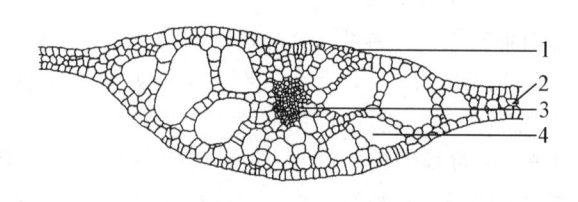

图 9-4 眼子菜叶横切
1.表皮;2.叶肉细胞;3.主脉维管束;4.气腔

2. 单子叶植物(禾本科)叶的结构

禾本科植物叶较为特殊,在结构上与一般叶明显不同。现以玉米和水稻叶为代表,了解禾本科植物叶的基本结构。

取玉米叶横切片,先置低倍镜下观察。以了解表皮、叶肉与叶脉的大体结构,特别要分清上、下表皮的位置。再用高倍镜仔细观察各部分结构(图 9-5)。

玉米叶的表皮由几层细胞组成?其横切面上能否分出长、短细胞?仔细观察表皮细胞的外壁,有什么结构特点?气孔分布在上表皮还是下表皮,数量如何?玉米叶的上表皮一般在两叶脉之间的部分有几个大型的薄壁细胞,排列呈扇形,叫泡状细胞或运动细胞,这种细胞与构成表皮的细胞不同,现在称之为异细胞,注意观察其结构特点。

玉米叶的叶肉有没有栅栏组织和海绵组织的分化?从叶脉来看,其平行脉在横切面上表现为不同大小的叶脉相间分布,大叶脉的上、下方至上、下表皮间有厚壁组织;每个叶脉外都具有 1 层大型薄壁细胞构成的维管束鞘,每个束鞘细胞内含有大量叶绿体,组成花环状结构。仔细观察叶脉这种特点。

取水稻叶的横切片做上述观察,并与玉米叶的结构比较,其共同点是什么?二者在结构上又有哪些不同之处,为什么?

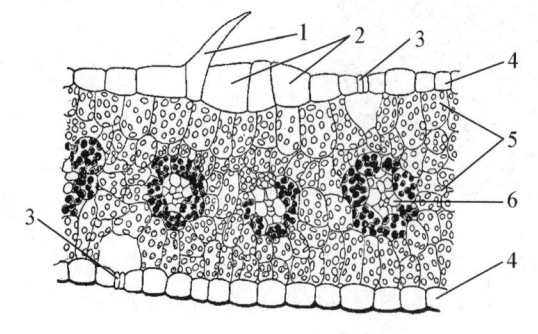

图 9-5 玉米叶横切面
1.刺毛;2.泡状细胞;3.保卫细胞;
4.表皮;5.叶肉;6.维管束

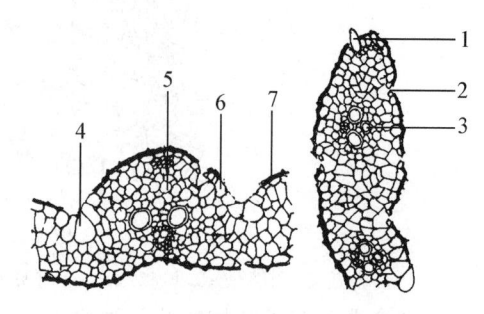

图 9-6 水稻叶片横切
1.表皮毛;2.气孔;3.维管束;4.泡状细胞;
5.叶肉组织;6.上表皮;7.硅质

3.裸子植物(松属)叶的结构

松属植物因种类不同,针叶 2 至 5 枚 1 束,因此,横切面为半圆形或三角形,但其结构基本相同。取马尾松(图 9-7)或华山松 *Pinus armandii* Franch 的针叶横切片,在低倍镜下先分清主要结构部位,再用高倍镜观察各部分结构。

松针具有坚固的叶片,体现在其表皮细胞结构上有什么特点?气孔在表皮上的分布又有何特点?叶肉为薄壁细胞,细胞在外形上和其他植物的叶肉细胞有什么不同,为什么会这样?叶肉细胞里面是否有叶绿体?仔细观察,在叶肉组织中还有树脂道;还有 1 层排列整齐的细胞,它们围成一圈,并具凯氏带,即内皮层。

叶的中央部分是维管束,由木质部与韧皮部组成,木质部在近轴面,韧皮部在远轴面,维管束的数目为 2 束(马尾松)或 1 束(华山松),因种而异。维管束与内皮层之间的薄壁细胞称传输组织,具横向运输的作用。

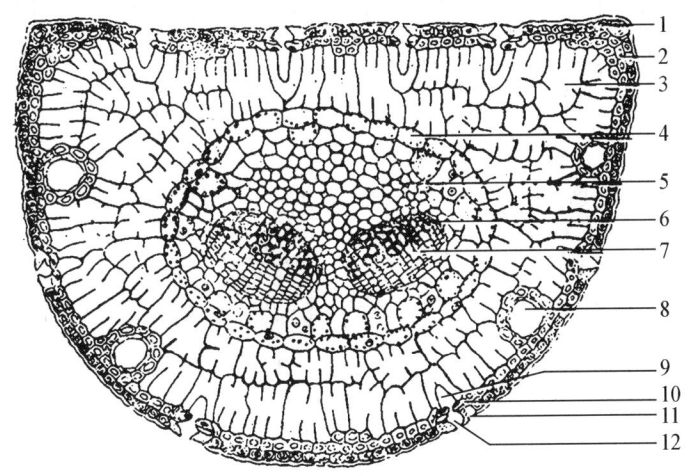

图 9-7 马尾松叶横切面

1.表皮;2.下皮;3.绿色折叠薄壁组织;4.内皮层;5.转输组织;6.木质部;
7.韧皮部;8.树脂道;9.孔下室;10.保卫细胞;11.副卫细胞;12.气孔

4.叶的形态

(1)叶形(图 9-8)

常见叶形有:马尾松的针形叶、水稻或小麦的线形叶、鸢尾或凤尾丝兰的剑形叶、蒲桃的披针形叶、小檗的倒披针形叶、女贞或苎麻的卵形叶、泽漆的倒卵形叶、樟树的椭圆形叶、莲的圆形叶、何首乌的心形叶、冬葵的肾形叶、旱金莲的盾形叶、慈姑的箭形叶、旋花的戟形叶、酢浆草的倒心形叶、银杏的扇形叶等。

注意:叶的形状主要指叶片的形状,有时也包含叶基、叶尖或叶缘的形状。自然界的叶形变化极大;确定一种叶形,主要是以该叶的长宽比例和最宽处的位置,以及与一定的几何图形或一种常见物体的投影面相似程度为依据(参见教材)。

图9-8 叶片形状图

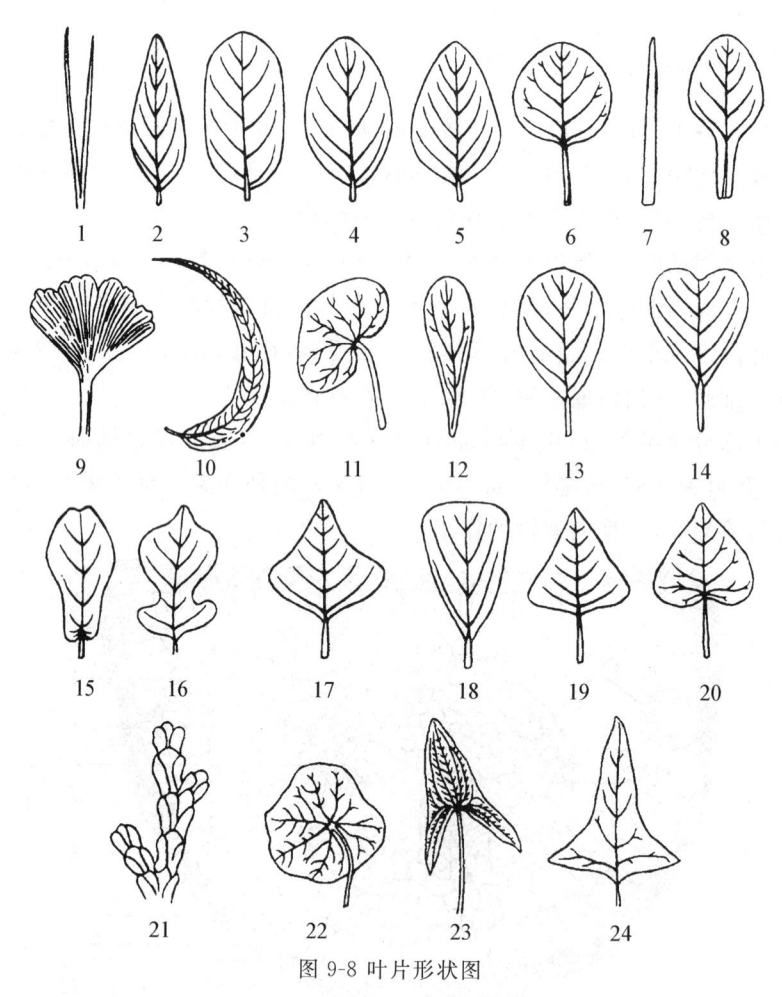

1.针形;2.披针形;3.矩圆形;4.椭圆形;5.卵形;6.圆形;7.条形;8.匙形;
9.扇形;10.镰形;11.肾形;12.倒披针形;13.倒卵形;14.倒心形;15、16.提琴形;
17.菱形;18.楔形;19.三角形;20.心形;21.鳞形;22.盾形;23.前形;24.戟形

(2)复叶的类型(图9-9)

①羽状复叶:小叶排列在叶轴两侧、呈羽毛状,又可分为:

奇数羽状复叶:具顶生小叶,小叶数目为单数,如月季 Rosa chinensis Jacq. 的叶。

偶数羽状复叶:无顶生小叶,小叶数目为双数,如花生的叶。

二回羽状复叶:叶轴分枝一次,再生小叶,如合欢 Albizzia julibrissin Durazz. 的叶。

三回羽状复叶:叶轴分枝二次,再生小叶,如南天竹 Nandina domestica Thunb. 的叶。

②掌状复叶:常多个小叶生于总叶柄的顶端,排列如掌状,如牡荆 Vitex negundo L. var. cannabifolia(Sieb. et Zucc.)Hand.-Mazz. 的叶。

③三出复叶:仅有3个小叶生于总叶柄上,又分两种:

羽状三出复叶:顶生小叶生于总叶柄顶端,小叶柄较长,两个侧生小叶在总叶柄顶端以下,呈羽状排列,如大豆 Glycine max(L.)Merr. 的叶。

掌状三出复叶:三个小叶都生于总叶柄顶端,呈掌状。如苜蓿 Medicago sativa L. 的叶。

④单身复叶:两侧生小叶退化呈叶翅,顶生1小叶,与总叶柄连接处具关节,如柑橘的叶。

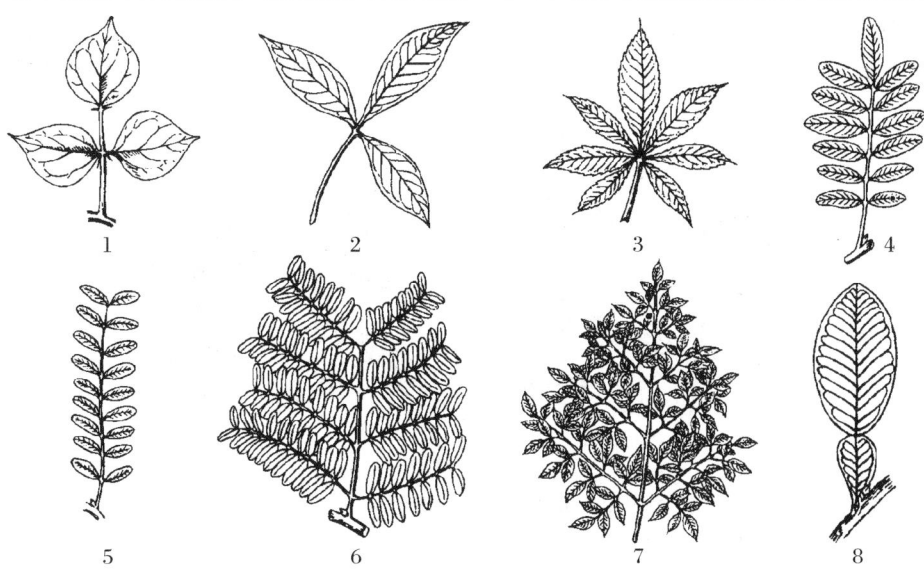

图 9-9 复叶的类型

1.羽状三出复叶;2.掌状三出复叶;3.掌状复叶;4.奇数羽状复叶;
5.偶数羽状复叶;6.二回羽状复叶;7.三回羽状复叶;8.单身复叶

(3)脉序(图 9-10)

①单一主脉:只有1条明显的主脉,如水杉、雪松。

②叉状脉:连续二叉分枝,细脉末端不连接,如银杏。

③网状脉:叶脉具一或几条主脉,再数次分枝,细脉互相联结呈网状,如桂花。

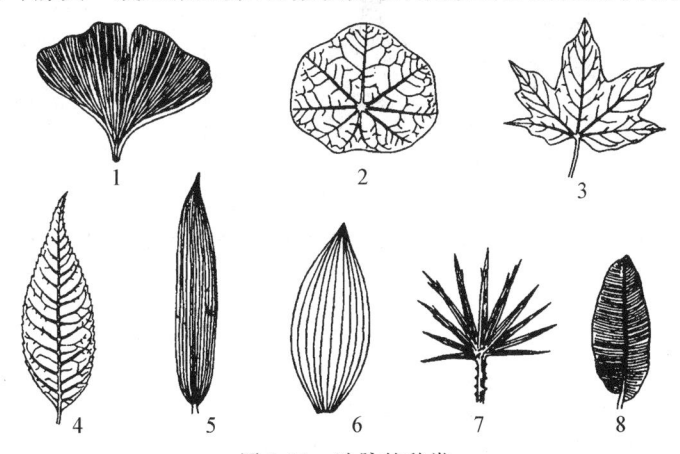

图 9-10 叶脉的种类

1.分叉状脉;2、3.掌状网脉;4.羽状网脉;5.直出平行脉;6.弧行脉;7.射出平行脉;8.横出平行脉

④平行脉:各叶脉平行排列,脉间有细脉连接。又可分为4类:

直出脉:各脉由基部平行直达叶尖,如小麦、慈竹。

侧出脉:中央主脉显著,侧脉垂直于主脉,彼此平行,直达叶缘,如美人蕉。

射出脉:各脉由基部辐射状发出,如棕榈 *Trachycarpus fortune*(Hook.)H. Wendl.。

弧形脉:除中脉外,其他叶脉由基部向上呈弧形弯曲。如车前草 *Plantago asiatica* L.。

(4)叶序(图9-11)

叶序有互生叶序(如水稻、桂花等)、对生叶序(如薄荷、石竹等)、轮生叶序(如夹竹桃、百合 *Lilium brownii* F. E. Brown var. *viridulum* Baker 等)、簇生叶序(如银杏等)。

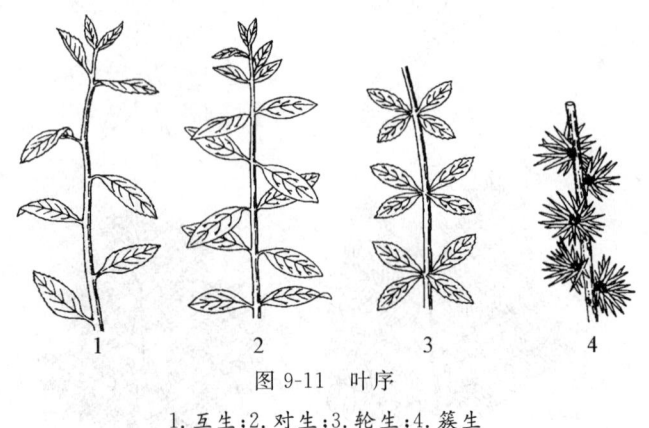

图 9-11 叶序
1. 互生;2. 对生;3. 轮生;4. 簇生

(5)其他形态的叶(图9-12)

①苞叶和总苞:如菊科植物花序外的变态叶(总苞)。

②鳞叶:如洋葱的肉质鳞叶。

③叶卷须:如豌豆 *Pisum sativum* L. 羽状复叶的先端。

④捕虫叶:如狸藻 *Utricularia vulgaris* L. 的囊状变态叶。

⑤叶状柄:如台湾相思树 *Acacia confuse* Merr. 的叶柄转变为扁平的片状。

⑥叶刺:如小檗 *Berberis thunbergii* DC. 长枝上的叶变成的刺。

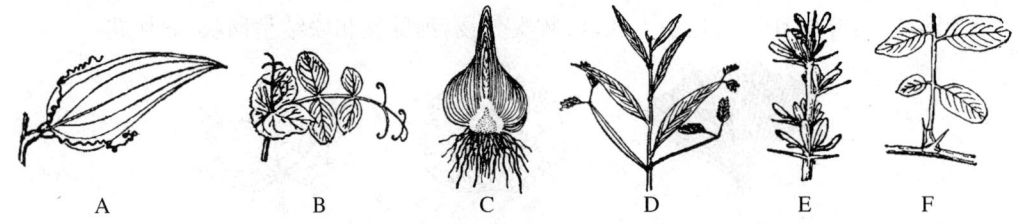

图 9-12 不同形态的叶
A、B. 叶卷须(A. 菝葜,B. 豌豆);C. 鳞叶(风信子);D. 叶状柄(金合欢属);E、F. 叶刺(E. 小檗,F. 刺槐)

思考题

(1)绘棉叶横切面的结构图,标注各部分名称。

(2)绘玉米叶横切面的结构图,标注各部分名称。

(3)绘马尾松叶横切面的结构图,标注各部分名称。

(4)结合实验观察,比较旱生植物、中生植物和水生植物在叶片结构上的异同点。

(5)比较小麦叶与玉米叶在结构上有何异同?

(6)比较单子叶植物和双子叶植物的叶片结构的异同点。

(7)马尾松针叶的结构特征与其生长环境是如何适应的?马尾松和华山松叶的结构上有哪些不同?

第十章 花的形态结构和花序的类型

【知识回顾】

花是有花植物的重要器官,用以形成有性生殖过程中的大小孢子和雌雄配子,并且进一步发展成为果实和种子。

一朵完整的花可分为5个部分,即花柄、花托、花被、雄蕊群和雌蕊群。花柄也称为花梗,是着生花的小枝,可以把花展布在枝条的显著位置上,同时也是花朵和茎相连的短柄;花托是花柄的顶端部分,一般略呈膨大状,花的其他各部分按一定的方式排列在它上面;花被着生在花托的外围,是花萼和花冠的总称,由扁平状瓣片组成,在花中主要起保护作用,有些花的花被还有助于花粉传播;雄蕊群和雌蕊群是花的核心部分,与植物体的生殖密不可分。具备以上各部分结构的花称为完全花,如果缺少一部分的则为不完全花。

被子植物的花,有的是单独一朵生在茎枝顶上或叶腋部位,称为单生花。有的植物的花,密集或稀疏地按一定排列顺序着生在特殊的总花柄上,就构成了花序。花序可以分为两大类,即无限花序和有限花序。

无限花序的主轴在开花期间,可以继续生长,向上伸长,不断产生苞片和花芽,犹如单轴分枝,因此也称为单轴花序。无限花序包括总状花序(油菜)、伞房花序(樱花)、伞形花序(五加)、穗状花序(车前)等。另外,一些无限花序的花轴具分枝,每一分枝上也呈现出上述的某种花序,这样的花序称之为复合花序,如圆锥花序(香樟)、复穗状花序(小麦)、复伞形花序(胡萝卜)等。

有限花序由于花轴顶端的顶花先开放,从而限制了花序的持续生长。各花的开放顺序是由上而下,或由内而外。有限花序主要类型有单歧聚伞花序(勿忘草)、二歧聚伞花序(大叶黄杨)、多歧聚伞花序(泽漆)。

一、目的要求

(1)通过对代表植物花的组成结构以及花药与雌蕊剖面结构的观察,掌握花的基本结构及其形态变化。

(2)熟悉各种花序,了解常见植物的花和花序的结构。

二、材料准备

(1)新鲜材料:2~3种应季鲜花;油菜、车前草、梨、野菊、野胡萝卜、马蹄莲、无花果、小麦等花序。

(2)永久切片:百合花蕾横切片、豌豆子房横切片、甜橙子房横切片、丽春花子房横切片、石竹子房纵切片、百合花药横切片。

(3)工具和药品:解剖镜、显微镜、放大镜、解剖刀、镊子、蔗糖溶液等。

三、实验内容

1.花的组成部分的观察(图10-1)

为了更好地了解花的组成结构,必须观察解剖不同类型的花。将所采集的花由易到难进行观察,并按下列项目作记载。

(1)花柄　有或无。

(2)花托　是什么形状,与子房愈合或分离。

(3)花被　是一轮还是两轮;如为两轮,在形状与颜色上有无分别,即是否有花萼、花冠的区分,属哪种类型的花冠(图10-2)。

(4)雄蕊群　雄蕊数目,分离还是连合,属何类型。

(5)雌蕊群　心皮分离还是连合;单雌蕊还是复雌蕊;子房位置属何类型。

结合所学的理论知识,根据观察进行判断,提供的鲜花材料中,有哪些是完全花,有哪些是不完全花?另外,在低倍镜下观察百合花蕾横切片,了解百合花的基本组成结构。

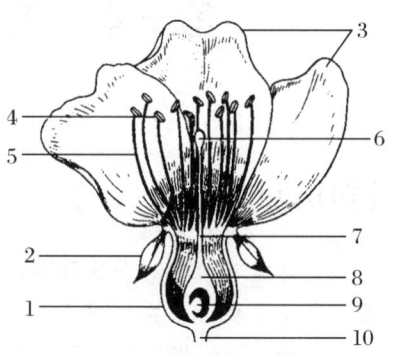

图10-1　花的组成部分
1.花托;2.花萼;3.花冠;4.花药;5.花丝;6.柱头;7.花柱;8.子房;9.胚珠;10.花柄

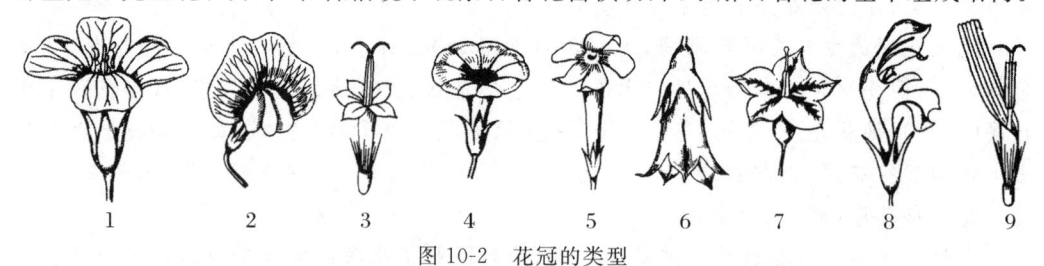

图10-2　花冠的类型
1.十字形;2.蝶形;3.管状;4.漏斗状;5.高脚碟状;6.钟状;7.辐状;8.唇形;9.舌状

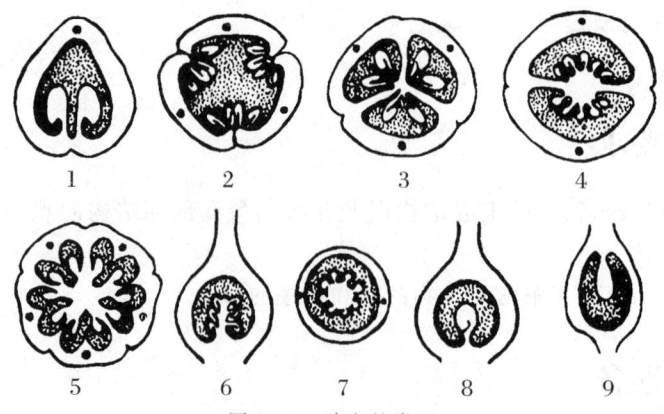

图10-3　胎座的类型
1.边缘胎座;2.侧膜胎座;3、4、5.中轴胎座;6、7.特立中央胎座;8.基生胎座;9.顶生胎座

2. 胎座类型的观察(图 10-3)

在观察花的组成结构时,用解剖刀将子房横切,用放大镜观察子房的分室及胚珠着生情况。就可分析判断应属什么胎座类型。常见的胎座类型有:

(1)边缘胎座 1心皮1室,胚珠沿心皮的腹缝线成纵行排列,如豆类植物。

(2)侧膜胎座 多心皮1室,胚珠沿相邻2心皮的腹缝线排成若干纵行,如南瓜。

(3)中轴胎座 多心皮多室,胚珠着生于各室的隅,沿中轴周围排列,如柑橘。

(4)特立中央胎座 多心皮1室(隔膜消失后形成),胚珠着生在由中轴残留的中央短柱上,如石竹。

(5)基生胎座 多心皮1室,胚珠着生于子房的基部,如向日葵。

(6)顶生胎座 多心皮1室,胚珠着生于子房的顶部,如桑。

通过柑橘、豌豆、丽春花 *Papaver rhoeas* L. 的子房横切片及石竹子房的纵切片的观察,分析比较,各应属何种胎座?

3. 百合花药横切片的观察

取百合花药横切片,先在低倍镜下辨认整个成熟花药的各部分结构及相互位置关系。百合花药分左右两部分,中间由药隔相连;左右两部分又各由两个花粉囊(药室)组成;这两个花粉囊之间原有隔膜,花药成熟时破裂,因此每半只有一个大腔室(图 10-4)。换至高倍镜,仔细观察各部分结构。

(1)药壁 成熟花药的药壁仅由表皮和药室内壁组成。表皮细胞已萎缩或残缺不全。药室内壁的细胞较大型,近方形,其垂周壁呈条纹状增厚,故又称纤维层。百合的花药壁在发育中,中层细胞未完全解体消失,还有少数细胞残存。

(2)药隔 药隔由中部的维管束与周围的薄壁组织细胞构成。

(3)花粉粒 在百合成熟花药的药室中还可见到少数花粉粒。在高倍镜下观察,可见成熟花粉粒外壁具网状花纹,厚;内壁薄,在内壁之内的原生质较浓厚,可观察到两个核。思考:这2个核有什么不同,各有什么功能?

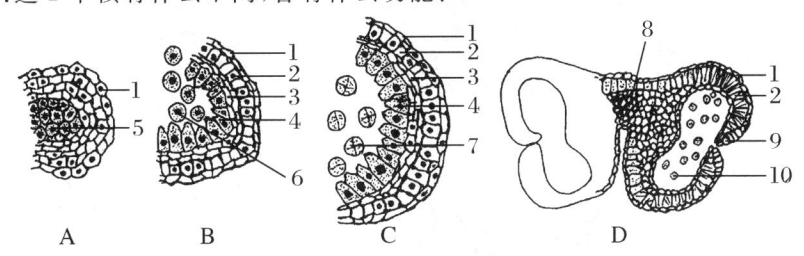

图 10-4 百合花药及花粉粒的发育

A.造胞组织时期;B.花粉母细胞时期;C.二分体和四分体时期;D.成熟花粉粒时期

1.表皮;2.药室内壁;3.中层;4.绒毡层;5.造孢组织;6.花粉母细胞;7.四分孢子;
8.药隔维管束;9.唇细胞;10.成熟花粉粒

4. 花粉粒萌发的观察

在干净的载玻片上加1滴15%或20%的蔗糖溶液,用镊子取出即将开花的花药,弄破花药后将成熟花粉粒散布于载玻片的蔗糖溶液中,然后盖上盖玻片。1~2h后,在显微镜下观察,可见在花粉粒萌发孔(沟)处慢慢伸出1小管,即花粉管。仔细观察花粉管前端,能否见到细胞核?

5. 花序类型

(1)无限花序类(图 10-5)

①总状花序　花序轴较长,上面着生花柄长短相等的花,如油菜 Brassica campestris L. 的花序。

②伞房花序　花序轴较短,上部的花柄短,下部的花柄长,使花排列在一个平面上,如沙梨的花序。

③伞形花序　多数花自花序轴顶端生出,花柄近等长,如葱 Allium fistulosum L. 的花序。

④穗状花序　多数花直接生长于伸长的花轴上,无花柄或花柄极短,如车前草的花序。

⑤葇荑花序　多数单性花排列于细长的花轴上,常下垂,花后一起脱落,如柳树 Salix babylonica L. 的花序。

⑥肉穗花序　花序轴粗短,肥大而肉质化,上生无柄花,如玉米的雌花序。

⑦头状花序　花序轴短缩膨大,顶面平坦或隆起,密生无柄花,如野菊 Dendranthema indicum (Linn.) Des Moul. 的花序。

⑧隐头花序　花序轴特别膨大,中央凹陷呈囊状,单性花着生于其内壁上,如无花果的花序。

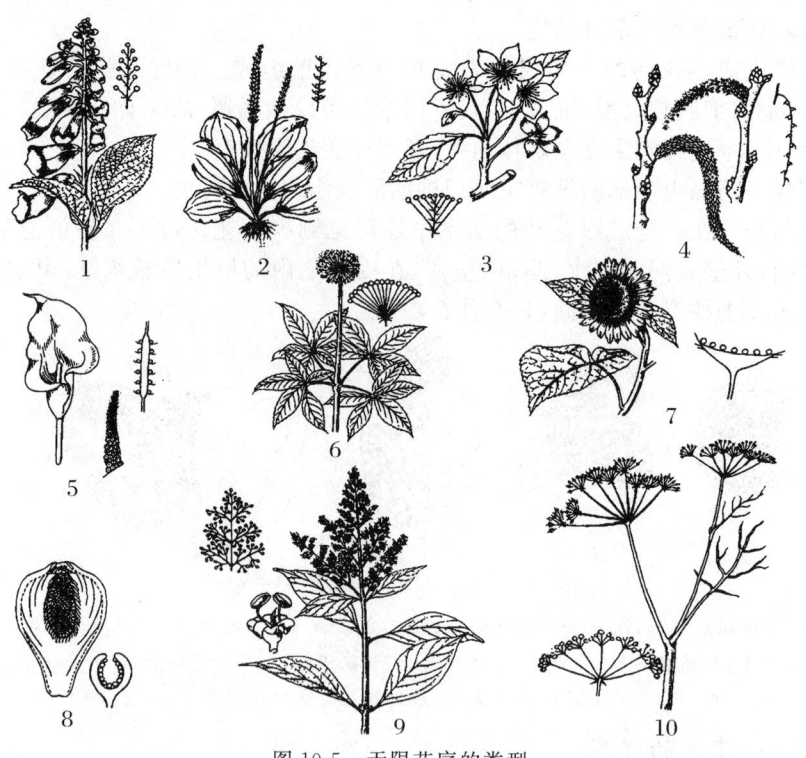

图 10-5　无限花序的类型

1.总状花序；2.穗状花序；3.伞房花序；4.葇荑花序；5.肉穗花序；
6.伞形花序；7.头状花序；8.隐头花序；9.复总状花序；10.复伞形花序

以上的花序是简单花序,由多个简单花序形成分枝可构成复合花序,包括复总状花序、复穗状花序、复伞形花序、复伞房花序、复头状花序等。

(2)有限花序类(图10-6)

①单歧聚伞花序　顶花下面生出一侧枝,长度超过顶花,然后在侧枝顶花下依次生出侧枝。如各次生的侧枝都在同一侧则为螺旋状聚伞花序,如勿忘草的花序;如侧枝交互从两侧生出称蝎尾状聚伞花序,如唐菖蒲 *Gladiolus hybrids* Hort 的花序。

②二歧聚伞花序　顶花下向两侧各生一枝,各侧枝顶花下又向两侧各生一枝,侧枝超过上一级枝的顶花,如石竹 *Dianthus chinensis* L. 的花序。

③多歧聚伞花序　花下生出多个分枝,每个分枝又成一聚伞花序,如泽漆 *Euphorbia helioscopia* L. 的花序。

对照上述花序特征,对所提供的新鲜花序材料或多媒体图片进行判断,哪些是无限花序,哪些是有限花序?各属于哪一种花序类型?有没有复合花序,如果有,属于哪一种?

图 10-6　有限花序的类型

1.螺旋状聚伞花序;2.蝎尾状聚伞花序;3.二歧聚伞花序;4.多歧聚伞花序;5.轮伞花序

思考题

(1)绘一朵完全花的结构示意图,示各部分。
(2)绘百合成熟花药的横切图,示各部分。
(3)试述从花药到成熟花粉粒的发育过程。
(4)雌蕊是由哪几部分构成的?子房的结构如何。
(5)为什么说花是适应生殖功能的变态枝?
(6)根据开花的顺序,可将花序分为哪几大类,它们各包括哪些花序?
(7)结合校园观察,对校园栽培花卉的花序类型进行判断,并说明判断依据。

第十一章　胚囊和胚的发育与结构

【知识回顾】

　　被子植物的有性生殖,除了要了解花药和花粉的形成之外,还需要了解胚珠和胚囊的形成和发育过程。胚珠是由心皮内表面沿腹缝处形成的突起发展演变而来的,在结构上,一个成熟的胚珠是由珠心、珠被、珠孔、珠柄和合点等几部分组成。

　　胚珠最初产生的一团突起是胚珠的珠心,这是胚珠中最重要的部分,以后的胚囊就是由这部分的细胞发育出来的。胚珠的珠心原是由薄壁细胞的组织所组成,以后在位于珠孔端内方的珠心表皮下,出现一个体积较大、原生质浓厚、具大细胞核的孢原细胞,孢原细胞经过持续发育成为大孢子母细胞(也称为胚囊母细胞),进一步发育为大孢子。

　　被子植物中70%的植物胚囊的发育类型是单孢型的,即由一个单相核的大孢子母细胞经减数分裂形成四个单倍体的大孢子,其中只有一个发育,形成一个具8个核、7个细胞的胚囊,也称为蓼型胚囊。除此之外,植物胚囊的发育还有双孢型和四孢型的。

　　双孢型胚囊发育过程中,大孢子母细胞在减数分裂时的第一次分裂出现细胞壁,成为二分体;二分体中只有一个进一步发育,进入第二次分裂,形成2个单倍体的核,这2个单相核(大孢子核)同时存在于1个细胞中,以后共同参与胚囊的形成,如葱、慈姑等植物胚囊的形成过程;四孢型胚囊发育是大孢子母细胞在减数分裂时二次分裂都没有形成细胞的壁,4个单倍体的核共同存在于大孢子母细胞的细胞质中,以后这4个大孢子核一起参与胚囊的形成,如贝母、百合等植物的大孢子发育类型。

一、目的要求

　　(1)通过对百合受精前不同发育时期子房横切片的观察,以了解胚珠、胚囊的发育过程和结构。

　　(2)通过对荠菜不同时期果实纵切片的观察,以了解双子叶植物胚的发育过程。

　　(3)通过对小麦或玉米籽粒纵切片的观察、了解禾本科植物胚的组成结构。

二、材料准备

　　(1)永久切片:百合子房横切片(包括胚囊母细胞至成熟胚囊各时期的制片)、荠菜果实纵切片(包括不同发育时期的制片)、小麦或玉米籽粒纵切片。

　　(2)用具:显微镜、擦镜纸等。

三、实验内容

1. 百合胚珠与胚囊发育的观察

百合子房有 3 个子房室,每室有两列胚珠,着生于中轴胎座上(图 11-1)。将子房横切就可同时把胚珠纵切,这样就可直接观察到各时期的胚珠与胚囊。胚珠与胚囊的发育基本上是同步的,两者的发育过程可同时通过不同发育时期的子房切片进行观察(图 11-2)。

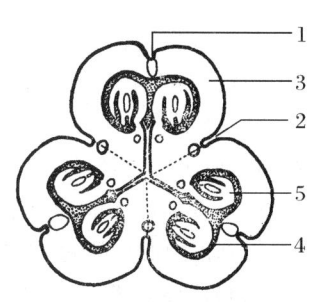

图 11-1 百合子房横切面
1. 背缝线;2. 腹缝线;3. 子房壁;4. 子房室;5. 胚珠

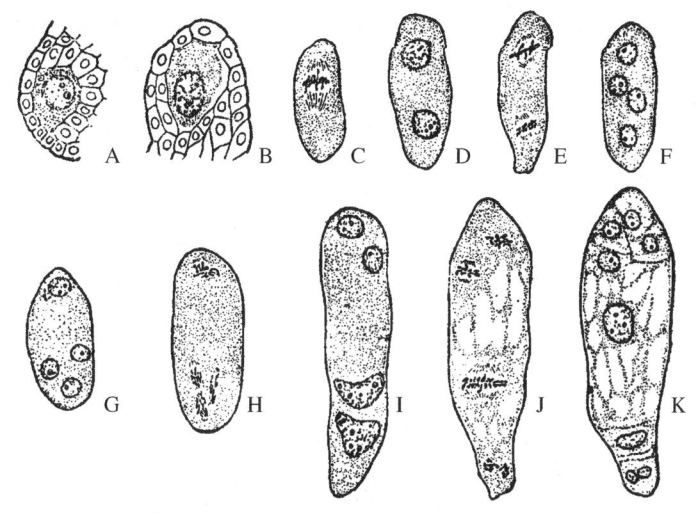

图 11-2 百合胚囊的发育
A. 胚珠的横切面,示孢原细胞;B. 大孢子母细胞;C. 减数分裂中期Ⅰ;
D. 前二核期;E. 减数分裂中期Ⅱ;F. 前四核期;G. 4 个大孢子核呈 1+3 排列;
H. 3 个大孢子核在合并;I. 后四核期Ⅱ;J. 4 核在分裂后期;K. 八核胚囊

(1)胚囊母细胞的观察

取百合幼子房横切片(一核胚囊),先在低倍镜下观察。可见在子房内的中轴胎座上已有幼小胚球(或称胚珠原)分化形成,在珠心前端(未来的珠孔端)表皮下有一个核大、质浓的大型细胞出现,这就是胚囊母细胞,或称大孢子母细胞(图 11-2B)。此细胞可进一步增大,成为囊状(仍为胚囊母细胞,是贝母型的特征,很像蓼型的单核胚囊)。这时在珠心基部外围,珠被正在形成,可看到珠被突起。

(2)大孢子核的观察

在紧接胚囊母细胞后的子房横切片中,可见胚珠的两层珠被已发育。但在珠孔端还留有较大的开口,胚珠已开始倒转。这时胚囊母细胞已进行减数分裂。因无胞质分裂,所以减数分裂中形成二核或四核,实为二分体或四分体时期(大孢子核)。因此,在不同切片或同一切片的不同胚珠中,在原胚囊母细胞的细胞质中,可看到含有 2 个或 4 个大小相等的核,如有 4 个核,就是 4 个单倍体的大孢子核。这时囊腔进一步扩大,很像蓼型的二核胚囊或四核胚囊,故又称为初生二核和初生四核时期(图 11-2D,F),或称前二核期和前四核期。

(3)次生四核胚囊的观察

百合的4个大孢子核不退化,并且有3个核移向合点端,珠孔端仅留1核,在囊腔中呈1+3排列(图11-2G)。之后,合点端3个核互相融合并紧接着分裂为两个体积较大的核,每核为三倍体。同时,珠孔端的那个大孢子核也分裂一次,形成两个单倍体小核。这时在切片中,可看到胚囊的合点端两个核,珠孔端两个小核,也是四核时期,称次生四核或后四核期,为真正的四核胚囊(图11-2I)。思考,初生四核时期和次生四核时期有什么区别?

(4)八核胚囊与成熟胚囊

次生四核胚囊中的各核再经过一次分裂,就形成8核,其中合点端4个大核,各为三倍体,珠孔端4个小核,各为单倍体,这就是八核胚囊(图11-2K)。但在切片上,常不能同时看到8个核,思考一下,这是为什么?

当形成八核胚囊后,合点端与珠孔端各有1核移向中央,合并为极核;合点端另3个大核形成3个反足细胞并逐渐消失;珠孔端另3个小核发育为卵器,即一卵细胞和两个助细胞。这时整个胚囊由7个细胞组成,称为成熟胚囊。

2.荠菜胚的观察

荠菜 *Capsella bursa-pastoris*(L.)Medic. 是用来观察双子叶植物胚发育的典型材料。从荠菜花序取不同发育时期的果实作纵切片,子房中的胚珠有的就可能被纵切,在切片上就可从被纵切的胚珠中观察到胚的结构(图11-3)。为了说明方便,可将胚的发育分为原胚、幼胚和成熟胚3个时期。

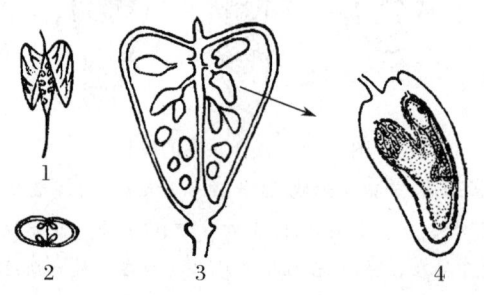

图 11-3 荠菜角果的横纵切
1.角果外形;2.横切;3.纵切;4.一个胚珠的放大

(1)原胚的观察

取原胚时期的切片先在低倍镜下观察,把具有完整原胚的胚珠移到视野中心,再用高倍镜仔细观察原胚的各部分。原胚期包括二细胞胚、四细胞胚、八细胞胚以及球形胚(图11-4,A~F)。这时期,基细胞经过几次横分裂形成一列细胞,即为胚柄。观察一下,胚柄最末端的细胞大小(胚柄基细胞)有何特点?观察时,要注意辨认是何阶段原胚,胚柄是否完整。在原胚发育的同时,胚囊中胚乳游离核也分裂增多,但尚无胚乳细胞形成。

(2)幼胚的观察

取幼胚期切片在低倍镜下观察,可见胚体增大,已出现不同程度的分化,胚体前端已出现两个子叶突起(图11-4,G、H)。幼胚期包括倒梯形胚、心形胚、鱼雷形胚以及拐杖形胚(两个子叶开始弯转)。胚柄在幼胚期末已明显退化,但胚柄基细胞仍明显可见;胚乳细胞则随着胚的长大而逐渐减少,转化为胚的养料。

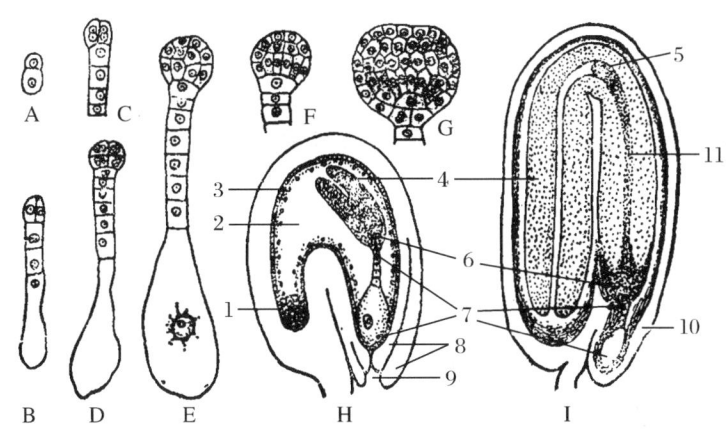

图 11-4 荠菜胚的发育

A.合子已分裂为2细胞；B~E.基细胞已发育为胚柄,顶细胞形成球状胚；
F~G.胚继续发育；H.胚在胚珠中已发育出子叶和胚根；I.胚和种子已形成
1.珠心组织；2.胚囊；3.胚乳细胞核；4.子叶；5.胚芽；6.胚根；7.胚柄；8.珠被；
9.珠孔；10.早期种皮；11.胚轴

(3)成熟胚的观察

取成熟胚的切片在低倍镜下观察,可见荠菜的成熟胚是弯生的,已占满整个种皮之内的空间。在成熟胚的纵切面可看到两片肥大的子叶,在两子叶中间夹有胚芽(仅见小突起);与子叶相连的是胚轴,胚轴末端为胚根;胚柄已消失,而胚柄基细胞还隐约可见(图 11-4I)。胚珠和珠心组织全部被吸收,珠被发育为种皮。仔细观察,胚根是朝向珠孔还是背向珠孔？

3.小麦胚的观察

取小麦籽粒纵切片在显微镜下观察小麦胚的结构,区分盾片、胚芽、胚芽鞘、胚轴、胚根、胚根鞘以及外子叶(外胚叶)等(图 11-5)。也可用玉米籽粒纵切片进行观察。

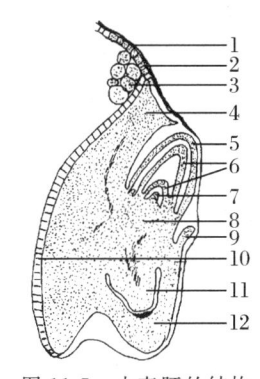

图 11-5 小麦胚的结构

1.果皮与种皮；2.糊粉层；3.胚乳细胞；4.盾片；5.胚芽鞘；6.幼叶；7.生长点；8.胚轴；9.外子叶；10.上皮细胞；11.胚根；12.胚根鞘

思考题

(1)绘百合子房横切面图,示各部分。
(2)图解百合胚囊的发育过程。
(3)绘小麦胚的轮廓图,并注明各部分结构。
(4)为什么在有些百合胚珠的切片上,看不到珠孔？
(5)思考,如何区分无胚乳种子和有胚乳种子？

第十二章 植物种子的结构和果实类型

【知识回顾】

被子植物的受精作用完成后,胚珠便发育为种子,子房发育为果实。有些植物,花的其他部分和花以外的结构,也有随着一起发育成果实的。

种子是所有种子植物特有的器官。若胚珠外面没有包被,即胚珠发育成种子后是裸露的,这样的植物为裸子植物;如果胚珠外面有包被,则为被子植物。

种子的结构包括胚、胚乳和种皮三部分,分别由受精卵(合子)、受精的极核和珠被发育而成。大多数植物的珠心部分,在种子形成过程中,被吸收利用而消失,也有少数种类的珠心继续发育,直到种子成熟,成为种子的外胚乳。

受精作用以后,花的各部分起了显著的变化,大部分结构枯萎脱落,一般仅子房或与之相连的部分迅速生长,逐渐发育成果实。组成果实的组织称为果皮,通常自外向内分为外果皮、中果皮和内果皮3个部分。

果实的类型可以按照不同方面进行分类。

果实的果皮单纯由子房壁发育而成的,称为真果,多数植物的果实为这一类型;除子房外,还有其他部分参与了果实的组成(如花被、花托或花序轴)的果实为假果,如苹果、凤梨等。

按照果实是否由一朵花中的一个雌蕊发育而成,有单果和聚合果之分;如果果实是由整个花序发育而成,则称之为聚花果。

按照果皮的性质可以将果实划分为肉果和干果两大类,其中肉果又有浆果、核果、梨果之分,干果又可分为裂果类(荚果、蓇葖果、蒴果、角果)和闭果类(瘦果、颖果、翅果、坚果、双悬果、胞果)。

一、目的要求

(1)通过对不同植物种子的观察,掌握各类种子的结构。

(2)通过对不同类型果实的观察,掌握各类型的果实结构特征,为学好被子植物分类打下必要的基础。

二、材料准备

(1)新鲜材料:蚕豆、花生、蓖麻种子;小麦、玉米、番茄、豌豆、向日葵、草莓、凤梨、玉米等果实,如无新鲜材料,也可用浸泡材料替代。

(2)永久切片:小麦或玉米颖果的切片。

(3)用具和药品:显微镜、放大镜、解剖器、解剖镜、碘液、镊子、刀片等。

三、实验内容

1.种子结构的观察

(1)蚕豆种子的结构

取1粒已泡胀的蚕豆种子,先观察其外形。包在外面的革质部分为种皮,其上侧有一条状疤痕为种脐。用手挤压种脐两侧,有水自种脐一端的小孔溢出,此孔为种孔。种脐另一端略为突起的部分为种脊,内含维管束。

剥去种皮,里面整个结构为胚。首先看到的是两片肥厚子叶,两片子叶的一端向外突起的一尾状物为胚根,胚根的另一端为胚芽(图12-1)。

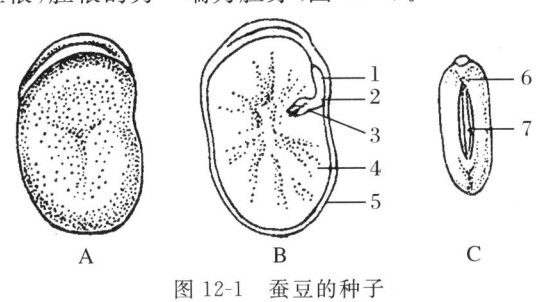

图 12-1 蚕豆的种子

A.种子外形的侧面观;B.切去一半子叶显示内部结构;C.种子外形的顶面观

1.胚根;2.胚轴;3.胚芽;4.子叶;5.种皮;6.种孔;7.种脐

(2)蓖麻种子的观察

取蓖麻种子进行观察,在种皮上端有一浅色海绵状突起为种阜,种子腹面种阜内侧的小突起为种脐,种脐向下有一条纵向隆起为种脊。

自外向内进行解剖,首先观察种皮,蓖麻的种皮有几层,每一层有何特点?剥去种皮,其中肥厚的部分为胚乳。用小镊子轻轻去掉胚乳,其内为胚。用放大镜或解剖镜观察,在两片薄薄的子叶之间,为很短的胚轴,胚轴连接着两片子叶和很小的胚芽与胚根(图12-2)。

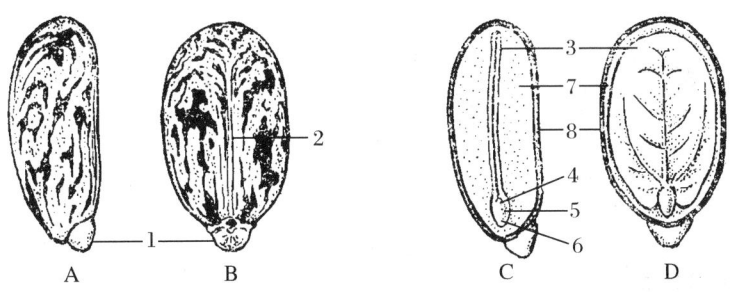

图 12-2 蓖麻种子的结构

A.种子外形的侧面观;B.种子外形的腹面观;C.与子叶面垂直的正中纵切;D.与子叶面平行的正中纵切

1.种阜;2.种脊;3.子叶;4.胚芽;5.胚轴;6.胚根;7.胚乳;8.种皮

2.果实(颖果)结构的观察

取1粒浸泡过的玉米颖果(习惯上称籽粒),用镊子将果柄处的果皮剥掉,可见在果柄处的果皮有一块黑色的组织,即种脐。用解剖刀从玉米籽粒的宽面正中做一纵切,在解剖镜下观察。外面为1层厚皮(果皮和种皮愈合形成),其内大部分为胚乳,相对一面为胚。加1滴碘液于其切面上,胚乳变蓝,胚芽、胚轴和胚根变成黄色,胚的各部分就清楚了(图12-3)。

取小麦籽粒的纵切片在显微镜下进行观察,分辨出果皮和种皮下面的糊粉层、上皮细胞、盾片、外胚叶、胚根、胚根鞘、胚轴、胚芽和胚芽鞘等结构。

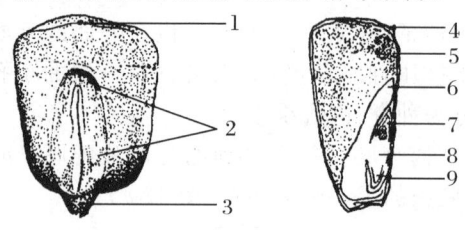

图 12-3　玉米颖果

1.花柱遗迹;2.胚;3.果柄;4.果皮和种皮;5.胚乳;6.子叶;7.胚芽;8.胚轴;9.胚根

3.果实的类型

根据成熟后果皮的性质(果皮质地),果实可分为肉质果和干果两类。

(1)肉质果　果实成熟后,肉质多汁(图12-4)。

①浆果:中果皮和内果皮肉质多浆,内含1～2个种子,如葡萄、番茄、香蕉 *Musa paradisiacal* L. 的果实。

②柑果:外果皮革质,含油腺,中果皮疏松,含维管束,内果皮被分隔成数瓣,其内生有多数汁囊,如柑橘。

③瓠果:花托与外果皮形成坚硬的果壁,中果皮和内果皮肉质化,胎座发达,如瓜类的果实。

④核果:中果皮肉质化,内果皮坚硬,形成果核,如桃 *Amygdalus persica* L.、李 *Prunus salicina* L. 的果实。

⑤梨果:花筒形成的果壁与外果皮和中果皮均肉质化,内果皮革质或纸质,如苹果、沙梨等的果实。

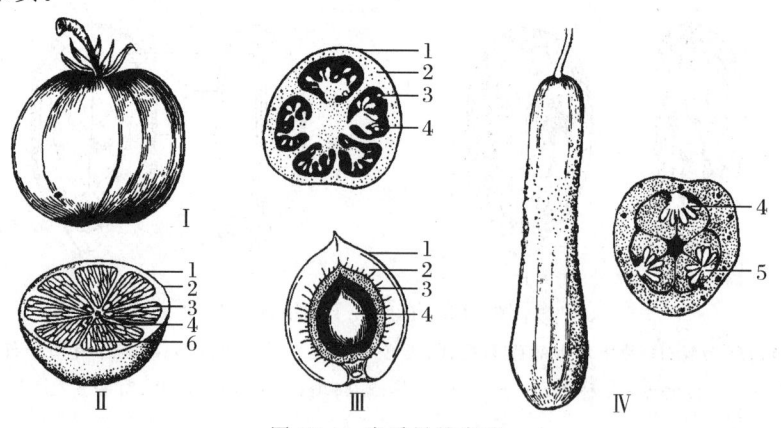

图 12-4　肉质果的类型

Ⅰ.浆果;Ⅱ.柑果;Ⅲ.核果;Ⅳ.瓠果

1.外果皮;2.中果皮;3.内果皮;4.种子;5.胎座;6.肉汁毛囊

(2)干果成熟后果皮干燥,开裂(裂果类)或不开裂(闭果类)(图12-5)。

①裂果类

荚果:由单心皮发育而成,成熟后沿背缝与腹缝二面裂开,如豌豆、刺槐 *Robinia pseudoacacia* L.的果实;也有不裂开的,如花生、皂荚,有的成分节状,如含羞草 *Mimosa pudica* L.的果实。

角果:成熟后沿两个腹缝线开裂,具假隔膜。角果长宽相近的为短角果,如荠菜的果实;角果细长的为长角果,如油菜的果实。

蓇葖果:由单雌蕊发育而成,成熟后仅沿一侧开裂,如玉兰 *Magnolia denudate* Desr.、梧桐 *Firmiana simplex* (L.)F. W. Wight 的果实。

蒴果:由复雌蕊发育而成,含多数种子,有各种开裂方式,如背裂(棉花)、腹裂[牵牛花 *Pharhiris nil* (L.)Choisy]、孔裂(丽春花)、齿裂(石竹)、横裂(车前)。

②闭果类

瘦果:含1粒种子,果皮薄或近草质,与种皮易分离,如毛茛、草莓 *Fragaria ananassa* 的果实。菊科的果实为特殊的连萼瘦果,如向日葵等。

颖果:含1粒种子,果皮与种皮愈合不易分离,如玉米、小麦。

坚果:含1粒种子,果皮木质而坚硬,如板栗 *Castanea mollissima* Bl.。

翅果:果皮延展成翅(实属瘦果),如鸡爪槭 *Acer palmatum* Thunb.、榆 *Ulmus pumila* L.、臭椿 *Ailanthus altissima* (Mill.)Swingle 的果实。

分果:由2或多心皮发育而成,成熟后各心皮沿中轴分开,如胡萝卜的果实。

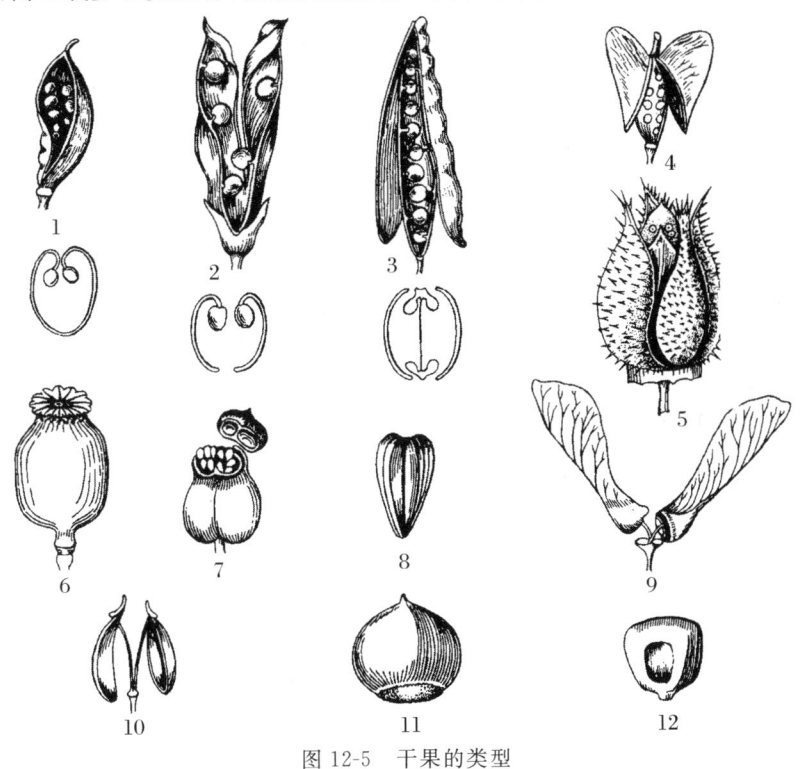

图12-5 干果的类型

1.蓇葖果;2.荚果;3.长角果;4.短角果;5.蒴果(瓣裂);6.蒴果(孔裂);
7.蒴果(盖裂);8.瘦果;9.翅果;10.双悬果;11.坚果;12.颖果

(3)聚合果和聚花果

一花中有多数离生雌蕊,各自形成 1 小果聚集在花托上,称为聚合果。若其小果为瘦果,称聚合瘦果,如草莓 *Fragaria ananassa* Duchesne;若其小果为蓇葖果,称聚合蓇葖果,如八角 *Illicium verum* Hook. f.;若其小果为核果,称聚合核果,如山莓 *Rubus corchorifolius* Linn. f.;若其小果为坚果,称聚合坚果,如莲。

如果果实由整个花序发育而成,称为聚花果或花序果(图 12-6),如桑 *Morus alba* L.、凤梨 *Ananas comosus*(L.)Merr. 等。

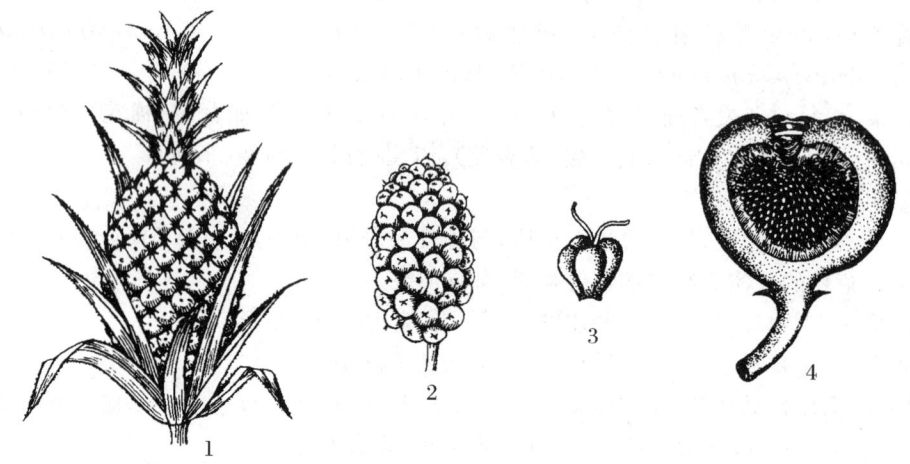

图 12-6 聚花果
1.凤梨;2.桑果;3.桑果的一个小果实;4.无花果

根据上述各类型果实的结构特点,对所提供的果实新鲜材料(或浸制标本)进行观察和归类,并说明理由。注意区分单果、聚花果和聚合果。

思考题

(1)绘玉米颖果的纵切解剖图,注明各部分结构。
(2)根据观察,比较单果、聚合果、聚花果在结构上有何不同。
(3)试述种子与果实的形态、结构特征对适应生长环境的意义。
(4)试将果实、种子的各部分结构和花的结构对应起来。
(5)结合校园观察,辨识各种果实的类型。

第十三章　藻类植物

【知识回顾】

在两界系统中,藻类植物是起源最早的低等植物,其原植体具有光合作用色素能进行光合作用,营光能自养型生活,一般生长在水体中。藻类分布的范围极广,对环境条件要求不严,适应性较强,在只有极低的营养浓度、极微弱的光照强度和相当低的温度下也能生活;不仅能生长在江河、溪流、湖泊和海洋,而且也能生长在短暂积水或潮湿的地方;从热带到两极,从积雪的高山到温热的泉水,从潮湿的地面到不很深的土壤内,几乎到处都有藻类分布。

藻类植物类型多样,有单细胞体、群体和多细胞体等;单细胞藻类是较为原始的类群;群体由许多单细胞个体群集而成;多细胞体有丝状体、囊状体和皮壳状体等,也有类似根、茎、叶的外形,但不具备类似高等植物的内部构造和功能。

藻类植物细胞结构简单。蓝藻门细胞中没有定形的细胞核,核的物质分布在细胞中部中心质中;裸藻门的细胞中具有定形的细胞核的中核,但分裂时核膜不消失,变现为原始特征;大多数藻类细胞为真核,具有定形的细胞核和细胞器。

藻类植物的生殖有营养生殖、无性生殖和有性生殖。营养生殖方法很多,有的单细胞藻类依靠裂殖进行繁殖,有的藻类以丝状体形成藻殖段的形式繁殖,有的藻类形成特殊的营养枝或依靠假根来生长出新的个体;无性生殖以产生游动孢子、内生孢子、外生孢子、静孢子、果孢子等进行繁殖;有性生殖依靠产生能够游动或不动的雌、雄配子的方式进行,可以是同配或是异配。

藻类植物的分类依据主要是植物体形态、有无细胞核、细胞壁组分、光合色素成分及光合作用产物以及生殖方式及生活史类型等特征。根据现有研究,藻类植物分三大类共12门,即原核藻类的蓝藻门和原绿藻门,中核藻类的裸藻门、甲藻门和隐藻门,真核藻类的金藻门、黄藻门、硅藻门、绿藻门、轮藻门、红藻门和褐藻门。

一、目的要求

(1)通过对蓝藻门、绿藻门、硅藻门、红藻门、褐藻门代表材料的观察,掌握各类群主要特征,进而明确它们在植物系统进化中所处的地位;
(2)弄清各类群中代表属的特征;
(3)认识一定的藻类植物。

二、材料准备

(1)蓝藻门:念珠藻属念珠藻、鱼腥藻属鱼腥藻和颤藻属颤藻。
(2)绿藻门:衣藻属衣藻、团藻属团藻和水绵属水绵。
(3)硅藻门:羽纹硅藻属羽纹硅藻。
(4)红藻门:紫菜属紫菜。
(5)褐藻门:海带属海带。
(6)用具:显微镜、镊子、解剖针、载玻片、盖玻片、吸水纸等。

三、实验内容

1.蓝藻门

(1)念珠藻属 Nostoc:植物体由一列细胞组成不分枝的丝状体。丝状体常不规则地集合在一个公共的胶质鞘中,形成球形体、片状体或不规则的团块;细胞圆形,排列成一行如念珠状;异形胞壁厚(图 13-1)。

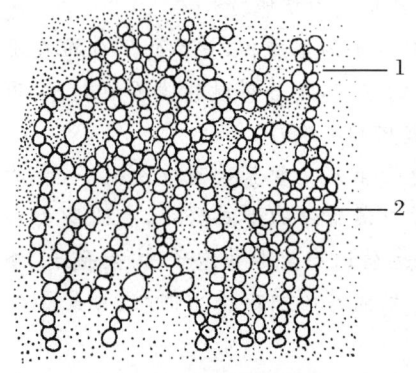

图 13-1 念珠藻属植物体外形图
1.公共胶质鞘;2.异形胞

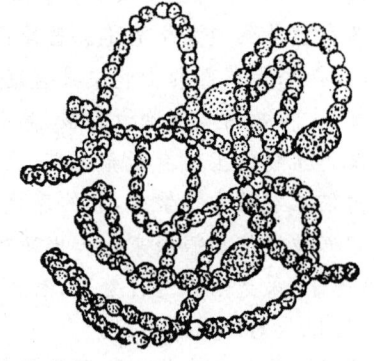

图 13-2 鱼腥藻属植物体外形图

念珠藻属植物的胶质团块可用 3% 甲醛溶液保存,或晒干保存;实验前用水浸泡后即可进行观察。观察时,取少量胶质团块,置载玻片上,加水,用解剖针将其分散,盖上盖玻片。先在低倍镜下观察,可见胶质物中有大量丝状体卷曲重叠,观察其组成丝状体的形状如何,是如何排列起来的? 同时,可见其中形态较大的异形胞;换至高倍镜下继续观察,普通细胞和异形胞有何区别? 结合观察思考:为什么丝状体常在异形胞处断裂?

(2)鱼腥藻属 Anabeana:细胞圆形,连接成直的或弯曲的丝状体,单一或聚集成团,浮生于水中,无公共胶质鞘。鱼腥藻属植物常与同色微囊藻一起形成水华;满江红 Azolla imbircata (Roxb.) Nakai 鱼腥藻生于红萍内,形成共生现象(图 13-2)。

取少许满江红(红萍)置于载玻片上,加少量水,小心将其压碎,挑去满江红残体,盖上盖玻片,置于显微镜下观察,方法同念珠藻。注意比较:满江红鱼腥藻和念珠藻有何不同之处?

(3)颤藻属 *Oscillatoria*：植物体是由一列短圆柱状（长大于宽）的细胞组成的丝状体，常丛生并形成团块，细胞无胶质鞘或有一层不明显的胶质鞘。颤藻属植物常在污秽水体或潮湿地表大量发生，形成蓝黑色粘质团块或膜状物（图13-3）。

挑取少量颤藻材料，加水制成临时装片置于显微镜下进行观察。先在低倍镜下找到颤藻丝体，注意观察其运动状态，是向哪一个方向运动的？同时观察其丝状体，是否有分枝，细胞外型有何特征？在高倍镜下，观察细胞内部，是均匀的吗？注意观察：在整个丝状体上能看到胶质隔离盘和死细胞吗？

图13-3 颤藻属植物体外形图
1.死细胞；2.藻殖段；3.隔离盘

2.绿藻门

（1）衣藻属 *Chlamydomonas*：植物体单细胞，卵形、椭圆形或圆形，细胞中央有一个细胞核；体前端有2条顶生鞭毛，鞭毛基部有2个伸缩泡；眼点呈红色，位于体前端载色体膜与光合片层之间，由一层或数层油滴构成，油滴中含有类胡萝卜素（图13-4）。

观察时，取1滴含有衣藻的新鲜水液（或浸泡液），制成临时装片，置于显微镜下观察。如果用的是新鲜材料，可以观察到衣藻的运动，注意观察其运动状态；在盖玻片的一侧加入一滴胶水，可使衣藻的运动明显减慢，再换至高倍镜进行观察。注意观察其外形特点，包括红色的眼点；从盖玻片的一侧滴入一滴淡碘液，可见被染色的鞭毛，其形态如何，是否等长？同时注意观察细胞内部的细胞核。

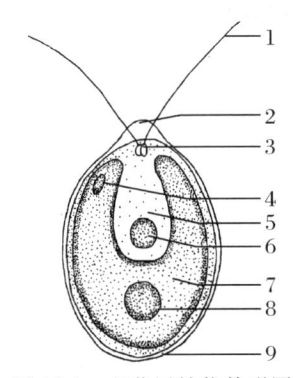

图13-4 衣藻属植物外形图
1.鞭毛；2.乳突；3.伸缩泡；4.眼点；5.细胞质；
6.细胞核；7.载色体；8.蛋白核；9.细胞壁

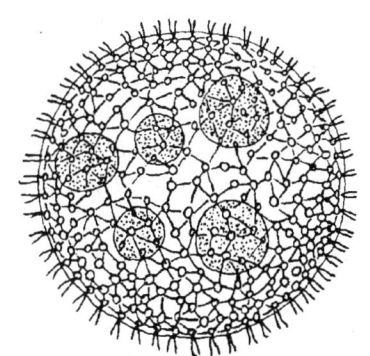

图13-5 团藻属

（2）团藻属 *Volvox*：植物体由数千个细胞排列成一空心的球体，球体内充满胶质和水；每个细胞的形态和衣藻相似，每个细胞外面有1层胶质包裹（图13-5）。

团藻常在初夏发生于未受污染的池塘、湖泊或临时积水坑，形成肉眼可见的别针头大小的绿色球体，可不断上下转动。也可用永久装片标本进行观察。

观察时，在显微镜下注意比较组成团藻的每个细胞和衣藻的结构。注意观察：团藻的细胞间是怎样联系的？是否存在子群体？细胞中能见到卵囊合子或精子盘吗？

(3) 水绵属 *Spirogyra*：植物体是由一列圆柱状细胞构成的不分枝的丝状体，每个细胞内有 1 至多条带状的螺旋状弯曲的叶绿体；每个细胞有 1 个细胞核；有性生殖多进行梯形接合，也有侧面接合，或二者兼具；接合孢子多在雌配子囊内，成熟后多为黄色或褐色（图 13-6）。

观察水液中水绵的形态和颜色，用手触摸一下，有什么感觉？挑取少量新鲜材料制成临时装片，放在低倍镜下观察，水绵丝状体是否有分枝？每个细胞的外形如何？转换到高倍镜下观察，在细胞壁外能否见到胶质鞘？细胞内的色素体外形如何？数一数，色素体有几个蛋白质核？在盖玻片的一侧滴入淡碘液，观察染色后的细胞核。

挑取生殖时期的材料（呈黄绿色）进行观察或用永久装片进行观察，所见的接合生殖是梯形接合还是侧面接合？

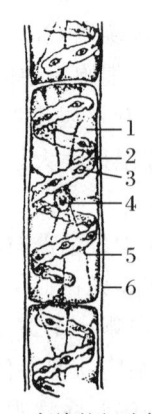

图 13-6　水绵的细胞构造图
1.液泡；2.载色体；3.蛋白核；4.细胞核；5.细胞质；6.细胞壁

3. 硅藻门

羽纹硅藻属 *Pinnularia*：植物体单细胞或连成丝状群体；壳面线状、椭圆形至披针形，两侧平行，极少数种两侧中部膨大或呈堆成的波状；壳面两侧具横的平行的肋纹。

取含有羽纹硅藻的水样制成装片，先在低倍镜下找到羽纹硅藻，然后在中倍镜或高倍镜下用解剖针轻轻按盖玻片，将藻体翻转，弄清壳面与带面。比较：壳面和带面外形和纹饰上有何不同？在带面的两侧找到色素体，其形状和颜色如何？

注：如采集的水体中还有小环藻、直链藻、舟形藻、桥弯藻等，可与羽纹硅藻的形态进行比较（图 13-7）。

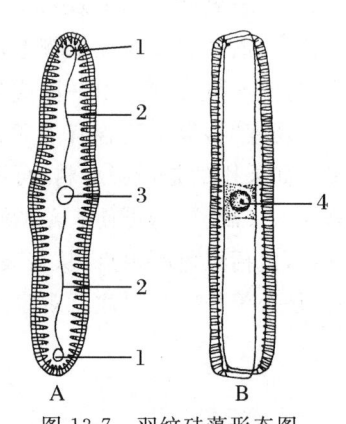

图 13-7　羽纹硅藻形态图
A.瓣面观；B.环带面观
1.极节；2.脊缝；3.中央节；4.细胞核

4. 红藻门

紫菜属 *Porphyra*：藻体为薄膜状叶状体，体形为卵形、披针形或不规则圆形等，边缘多少有些皱褶；色紫红、紫褐或带蓝绿，以其基部细胞向下延伸的假根丝固着在生长基质上。单层细胞或 2 层细胞，外有胶层；细胞单核（图 13-8）。

取紫菜（市售）于水中浸泡，待其完全分散开即可进行观察。用解剖针挑取少量紫菜藻体制成临时装片，在低倍镜下观察，可见在叶状体胶质基物中细胞成群分布，细胞是什么形状？其着生方向与叶状体有何关系？转换到高倍镜下，注意观察紫菜细胞的结构，细胞中有一星状色素体，其上具裸露淀粉核。

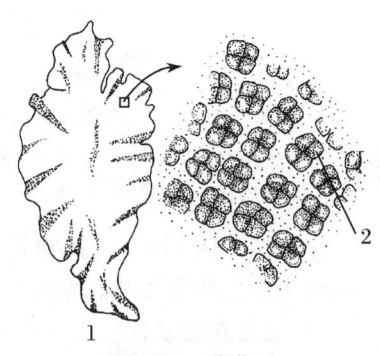

图 13-8　紫菜属
1.植物体；2.果孢子囊

5. 褐藻门

海带属 Laminaria：生活于海水中，藻体通常大型，明显地分化为叶片、柄部和固着器（假根）三部分；叶片单条或深裂成掌状，无中肋，柄部圆柱形或扁平，固着器假根状或盘状。叶片和柄部的构造大致相同，区分为表皮、皮层和髓部三种组织（图13-9）。

取海带标本观察，从外形上区分叶片、柄部和固着器。取浸泡后的假根或带片进行徒手切片观察，注意区分表皮、皮层和髓部；观察比较假根和带片的内部结构有何不同之处？在观察带片时，注意带片表皮外侧的棒状单室孢子囊、侧丝及胶质冠的结构；思考：这三者如何区分？各有何功用？

图 13-9 海带
1. 带片；2. 带柄；3. 固着器

思考题

(1) 绘念珠藻的部分结构，注明各部分名称。
(2) 绘水绵的营养体和接合生殖时期部分结构，注明各部分名称。
(3) 绘羽纹硅藻的壳面观，示各部分结构。
(4) 绘海带带片外形图。
(5) 试归纳5个门的主要特征。
(6) 根据对水绵接合生殖的观察，试述其接合生殖的过程。
(7) 试述海带的形态结构及其生活史。
(8) 根据观察，归纳总结念珠藻属和鱼腥藻属的区别。

第十四章　真菌和地衣

【知识回顾】

根据目前的研究，多数真菌学家认为真菌是具有下列特征的一类生物：(1)细胞中具有真正的细胞核；除了酵母和低等的壶菌的营养体属于单细胞类型外，大多数真菌的营养体都是多细胞结构的丝状体；单细胞体有一个细胞核，丝状体有单核、二核和多核的。(2)没有叶绿体，细胞壁中含有几丁质；细胞壁集中了真菌细胞30%左右的干物质，作为真菌内部与外界环境的分界面，对内部的细胞质和细胞器以及真菌的形态等起保护作用。(3)通过细胞壁吸收营养物质，对于复杂的多聚化合物可先分泌胞外酶将其降解为简单化合物再吸收。(4)通常为分枝繁茂的丝状体，菌丝呈顶端生长；菌丝顶端为真菌的生长点，顶端之后的菌丝细胞壁变厚而不能延长；分枝的产生实质上是从现存成熟细胞的菌丝壁上产生一个新的顶端，周而复始连续不断分枝，最终形成一个典型的真菌菌落。(5)通过有性或无性繁殖的方式产生孢子延续种族；无性繁殖主要通过断裂、出芽和产生无性孢子的方式进行；有性生殖则通过配子的融合和减数分裂产生有性孢子的方式而进行。

在全世界范围内，目前已经确定的真菌总数很少，约7万种，仅占真菌总数的4.6%。从四界系统发表以来，真菌即独立为一界；在各种分类系统中以安贝氏分类系统(1973)广为接受。在1995年《真菌字典》(第八版)的安贝氏分类系统中，将真菌界分为壶菌门、接合菌门、子囊菌门、担子菌门。

传统定义把地衣看作真菌与藻类共生的特殊低等植物，但地衣具有一定的形态、结构，有地衣酸等特殊的化学物质，并有一定的生态特征，都是藻和菌原来没有的，故也可以认为是一个独立的类群。地衣能生活在各种环境中，特别能耐干、寒，从两极至赤道，由高山到平原，从森林到荒漠，到处都有地衣生长，在裸岩悬崖、树干、土壤中均有分布。在地衣中，光合生物分布在内部，形成光合生物层或均匀分布在疏松的髓层中，菌丝缠绕并包围藻类。在共生关系中，光合生物层进行光合作用为整个生物体制造有机养分，而菌类则吸收水分和无机盐，为光合生物提供光合作用的原料，并围裹光合生物细胞，以保持一定的形态和湿度。根据外部生长状态，可分为壳状地衣、叶状地衣、枝状地衣三大类；此外，还有介于中间类型的地衣，有的呈鳞片状，有的呈粉末状。目前，全世界约有地衣16000余种。

一、目的要求

(1)通过对酵母菌形态和结构的观察，掌握单细胞真菌的主要特征；通过对黑根霉、青霉形态和结构的观察，掌握丝状真菌的主要特征；通过对香菇、木耳、侧耳等大型真菌的形态的观察，把握大型真菌的外形特征，识别一定的大型真菌。

(2)通过对地衣代表植物的观察，了解地衣的基本特征。

二、材料准备

(1)单细胞真菌:酵母属 *Saccharomyces* 酿酒酵母。
(2)丝状真菌:根霉属 *Rhizopus* 黑根霉和 *Penicillium* 桔青霉。
(3)大型真菌:香菇、木耳、侧耳、银耳、金针菇、猴头、灵芝、冬虫夏草、竹荪等。
(4)地衣:叶状地衣横切片;壳状地衣、叶状地衣、枝状地衣的植物标本。
(5)用具:显微镜、镊子、载玻片、盖玻片、吸水纸、碘酒等。

三、实验内容

1. 酿酒酵母 *Saccharomyces cerevisiae* Hansen

酿酒酵母又称面包酵母或者出芽酵母,传统上它用于制作面包和馒头等食品及酿酒,是发酵中最常用的生物种类。酿酒酵母的细胞为球形或者卵形,直径 5～10μm;通常行出芽生殖(图 14-1)。

观察时,取一滴酵母培养液制成临时装片,首先在低倍镜下观察,辨认出酿酒酵母;然后换至高倍镜下仔细观察。为便于观察,可在盖玻片一侧点上碘液,在另一侧吸水,使材料染色,细胞质会被染成浅黄色,肝糖颗粒会被染成桔红色,淀粉颗粒被染成蓝色(将酵母菌与混杂的淀粉颗粒区分开)。仔细观察,能否看到酵母菌出芽生殖所形成的临时性群体?能否看到有性生殖的子囊孢子时期?

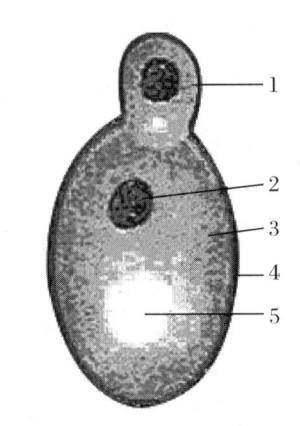

图 14-1 酵母细胞示意图
1.芽体;2.细胞核;3.细胞质;4.细胞壁;5.液泡

2. 黑根霉 *Rhizopus nigricans* Her.

黑根霉是一种腐生于面包、馒头和米饭上的真菌。横向生长的菌丝在其膨大处产生假根,伸入基质。无性繁殖时,在假根处向上产生直立的孢子囊梗,顶端膨大成球形的孢子囊,囊中产生孢子,成熟时呈黑色。孢子散出后,在适宜的基质上萌发形成新的菌丝体(图 14-2)。

黑根霉材料的准备方法是,将馒头切成薄片,放入培养皿中,用水稍喷湿后,暴露于空气中约 30min,然后盖上盖子,置于 25～27℃恒温箱中,经过 2～3d,馒头表面出现白色绒毛,再经过 1～2d,白色菌丝顶端出现黑色球状小体即可。

观察时,用解剖针挑取少许黑根霉菌丝,制成临时装片,在显微镜下进行观察。黑根霉的菌丝是什么颜色的?有没有分枝?菌丝细胞中有没有横隔膜?向基质中生长的是假根,是什么颜色?仔细观察黑根霉的黑色球形的孢子囊,生于丛生的孢囊梗上,囊梗顶端膨大为囊轴,囊轴上面的孢子囊内有黑色的孢子。

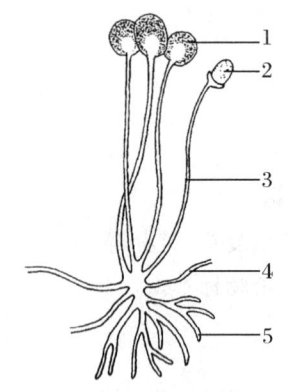

图 14-2　黑根霉形态示意图
1.孢子囊;2.囊轴;3.孢子囊梗;4.匍匐菌丝;5.假根

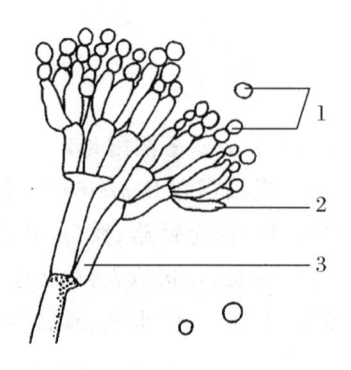

图 14-3　青霉属形态示意图
1.分生孢子;2.分生孢子囊小梗;3.分生孢子囊梗

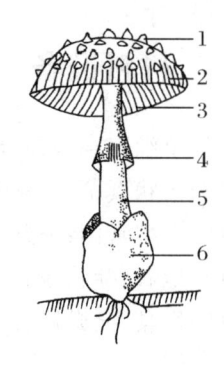

图 14-4　伞菌形态结构示意图
1.鳞片;2.菌盖;3.菌褶;4.菌环;5.菌柄;6.菌托

3. 桔青霉 *Penicillium citrinum* Thom.

桔青霉是青霉的一种。菌丝为多细胞,分枝,无性繁殖时菌丝发生直立的多细胞分生孢子梗,梗的顶端不膨大,但具有可继续再分枝的指状分枝,每枝顶端有 2～3 个瓶状细胞,其上各生一串灰绿色分生孢子,分生孢子脱落后在适宜的条件下萌发产生新个体(图 14-3)。

桔青霉材料的准备方法是,将桔皮用水浸湿,放入培养皿中,在空气中暴露约 1h,使其自然接种;然后盖上盖子,放入 25～27℃恒温箱中,经过 3～5d,可见桔皮腐烂处有白色至蓝绿色的霉层生出即可。

观察时,用解剖针挑取略带基质的霉层(刚变为青绿色的最好)制成临时装片,在低倍镜下从边缘开始观察,寻找有分枝的菌丝体部分,注意观察分枝的外形特征。再将其移至视野中心用高倍镜观察,桔青霉的营养菌丝是否有分枝?是否有分隔?其分枝部分是分生孢子梗,分枝顶端的孢子形态和颜色如何?

4. 大型真菌 Macrofungi

利用香菇 *Lentinus edodes* (Berk.) Sing. 为材料观察伞菌的结构特征(图 14-4)。如有条件,也可采集当地季节性菌类进行观察。

香菇子实体单生、丛生或群生,子实体中等大至稍大。菌盖直径 5～12cm,有时可达 20cm,幼时半球形,后呈扁平至稍扁平,表面菱色、浅褐色、深褐色至深肉桂色,中部往往有深色鳞片,而边缘常有污白色毛状或絮状鳞片。菌肉白色,稍厚或厚,细密,具香味。幼时边缘内卷,有白色或黄白色的绒毛,随着生长而消失。菌盖下面有菌幕,后破裂,形成不完整的菌环。老熟后盖缘反卷,开裂。菌褶白色,密,弯生,不等长。菌柄常偏生,白色,弯曲,长 3～8cm,粗 0.5～1.5(2)cm,菌环以下有纤毛状鳞片,纤维质,内部实心。菌环易消失,白色。孢子印白色。孢子光滑,无色,椭圆形至卵圆形,(4.5～7)μm×(3～4)μm。

(1)取香菇的子实体,对照特征描述,注意观察菌盖、菌褶、菌肉的颜色、形态和质地,菌褶和菌柄的关系如何?菌柄有何特征,其上有无菌环和菌托?

(2)取菌褶的横切片置于显微镜下观察,可见菌褶中央是交错的菌丝,排列疏松的是菌髓,菌髓两侧是子实层。注意观察担子、侧丝、囊状体、担孢子的形态。

(3)制作孢子印:将刚展开的香菇的菌柄下部分去掉,然后菌盖置于纸的上方(注意思考:选择白纸还是黑纸,为什么?),外罩玻璃罩,1~2天后,在纸上就有由菌褶上落下的孢子形成的印迹。观察分析孢子印与菌褶在形态上是何关系?

另:观察木耳 *Auricularia auricula*(L.)Underw.、侧耳 *Pleurotus ostreatus*(Jacg;Fr.)Kummer、银耳 *Tremella fuciformis* Berk、金针菇 *Flammulina velutiper*(Fr.)Sing.、猴头 *Hericium erinaceus*(Rull ex F.)Pers.、灵芝 *Ganoderma lucidum*(Curtis;Fr.)P. Karst.、冬虫夏草 *Cordycrps sinensis*(Berk.)Sacc.、长裙竹荪 *Dictyophora indusiata*(Vent. ;Pers)Fisch. 等浸制标本,了解大型真菌丰富多样的形态特征。

5.地衣的观察

取叶状地衣横切片,置于显微镜下观察,注意区分上下皮层、藻胞层和髓层等各部分结构。观察壳状地衣、叶状地衣、枝状地衣的植物标本,了解地衣的外形特征。

思考题

(1)绘酵母细胞的结构示意图,示各部分。
(2)绘黑根霉形态结构示意图,示各部分。
(3)绘伞菌形态结构示意图,示各部分。
(4)绘伞菌菌褶的部分结构,示各部分。
(5)绘地衣叶状体的部分横切面结构,示各部分。
(6)概述黑根霉的形态和繁殖过程。
(7)归纳总结青霉属的形态特征及其经济价值。
(8)概述真菌的起源及真菌的各门的亲缘关系。
(9)结合生活实际,试述真菌与人类的关系。
(10)概述地衣的构造和经济意义。

第十五章 苔藓植物

【知识回顾】

苔藓植物多生长于阴湿的环境里,是一群小型的多细胞绿色植物。苔藓植物具有颈卵器和胚,属于高等植物范畴,也是有胚植物范畴;常见的植物体是其配子体,大致可分成两种类型:一种是苔类,保持叶状体的形状;另一种是藓类,开始有类似茎、叶的分化。苔藓植物的假根由单细胞或单列细胞组成,拟茎和拟叶中没有中柱,只有在较高等的类群中有类似输导组织的细胞群。

苔藓植物有明显的世代交替,配子体在世代交替中占优势,能形成雌雄生殖器官——精子器和颈卵器,精子器成熟后释放精子,精子以水作为媒介游进颈卵器内与卵结合形成合子,合子发育成孢子体,孢子体在世代交替中占劣势,常寄生于配子体上。孢子体具有孢蒴,内生有孢子;孢子成熟后随风飘散,在适当环境中萌发成原丝体,一段时间后在原丝体上生成配子体。

根据配子体的形态结构,一般将苔藓植物分为苔纲和藓纲。苔纲主要有地钱目和叶苔目,代表植物地钱、石地钱、毛地钱、光萼苔、耳叶苔、带叶苔等;藓纲分为泥炭藓亚纲、黑藓亚纲和真藓亚纲3亚纲15个目,代表植物泥炭藓、疣黑藓、葫芦藓、爪哇白发藓、卷叶凤尾藓、疣金发藓、提灯藓、暖地大叶藓等。

一、目的要求

(1)通过苔藓植物门苔纲和藓纲代表材料外部形态和内部构造的观察,掌握苔藓植物的特征,从而明确苔藓植物在系统进化上的地位,并区别苔纲和藓纲。

(2)认识一定的苔藓植物。

二、材料准备

(1)苔纲 Hepaticae:地钱和石地钱新鲜材料或浸制标本;地钱的精子器、颈卵器、孢子体等切片。

(2)藓纲 Musci:葫芦藓新鲜材料或浸制标本;葫芦藓的精子器与颈卵器等切片。

(3)用具:解剖镜、显微镜、镊子、解剖刀、载玻片、盖玻片、吸水纸等。

三、实验内容

1.地钱 *Marchantia polymorpha* L.

地钱分布很广,在潮湿的森林、庭院、公园及水池边等处均可以找到地钱。雌雄异株。

配子体为扁平的绿色叶状体,多回二歧分枝,淡绿色或深绿色,宽1~2cm,长可达10cm,边缘略具波曲,多交织成片生长。背面具六角形气室,气孔口为烟突式,内着生多数直立的营养丝。腹面棕色成列排列的鳞片(有的称腹叶),鳞片尖部有呈心脏形的附着物;假根密生鳞片基部。雄生殖器托圆盘状,波状浅裂成7~8瓣,托盘中生有很多近球形的精子。雌生殖器托扁平,深裂成6~10个指状芒线,在各芒线之间均有列倒悬的颈卵器,颈卵器中有1个卵。无性繁殖借着生叶状体前端胞芽杯中的多细胞圆盘状胞芽大量繁殖。

(1)外部形态:观察地钱叶状体二歧分枝处凹陷的生长点。在解剖镜下观察背面呈明亮斑点的气孔,其数量和分布情况如何?在地钱下表面,观察鳞片的数量及排列特点;下表面还有成丛的白色须状假根,取下假根制作临时装片,观察其特征(图15-1)。

图15-1 地钱配子体外形(左雌右雄)　　图15-2 地钱叶状体剖面图

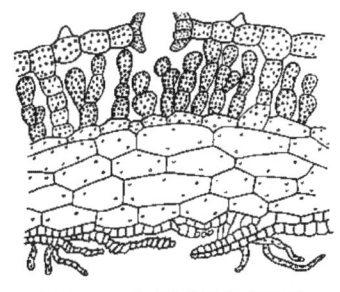

(2)内部构造:用胞芽杯切片或其他配子体切片来观察(图15-2)。观察的内容包括上下表皮细胞、气孔、气室、贮藏组织等。

(3)营养繁殖:叶状体上有胞芽杯,在解剖镜下挑取胞芽杯内的孢芽,观察孢芽的外形、柄细胞、胞芽两侧的顶端细胞和生长点。

(4)有性生殖器官:地钱雌雄异株,其上各具雌器托或雄器托,先观察雌雄生殖器托的托柄和托盘外形,有何不同之处?

①精子:用解剖镜观察雄器托盘状体,有许多小孔,下有若干下隐的小腔。通过切片观察在腔内藏有椭圆形精子器,具柄,内有许多小型的精子母细胞,产生许多具有2条鞭毛的精子(图15-3)。

②颈卵器:用解剖刀沿雌器托盘分裂形成的芒线间切开,将颈卵器刮至载玻片上,制成临时装片,在显微镜下观察颈卵器外形,区分颈卵器壁细胞、卵细胞、颈沟细胞和腹沟细胞(图15-4)。

(5)孢子体:用地钱孢子体切片观察,由球状的孢蒴与短柄构成。这个柄基部紧贴着雌器托的组织,叫做吸器(亦称基足)。孢蒴的内部为单细胞的孢子和弹丝(图15-5)。

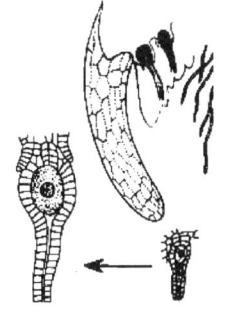

图15-3 地钱雄器托剖面　　图15-4 地钱雌器托剖面　　图15-5 地钱孢子体示意图

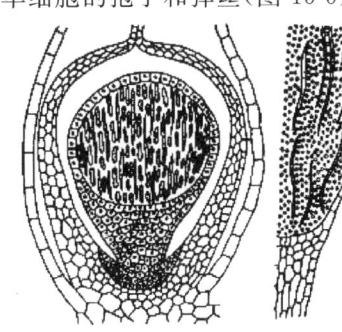

2. 石地钱 *Reboulia hemitphaerica* (L.) Raddi

石地钱喜生于干燥的崖壁和土坡上。叶状体扁平带状，二歧分枝，长 2～4cm，宽 3～7mm，先端心形，背部深绿色，革质状，无光泽；腹面紫红色，沿中轴着生多数假根。气孔单一型，凸出；气室六角形，无营养丝。鳞片呈覆瓦状排列，两侧各有一列，紫红色。雌雄同株。雄托无柄，贴生于叶状体背面中部，呈圆盘状。雌托生于叶状体顶端，托柄长 1～2cm，托盘半球形，绿色，4 瓣裂，每瓣腹面有 2 裂片无色透明的总苞。孢蒴球形，黑色，成熟自顶部 1/3 处不规则开裂。

参照地钱的实验方法观察石地钱的外部形态和内部结果，比较地钱和石地钱的相同点和不同之处。

3. 葫芦藓 *Funaria hygrometrica* Heaw.

葫芦藓常生长于有机质丰富含氮肥较多的湿土上，尤其在森林火烧迹地或林间阴湿地区易于采得这类标本。雌雄同株异枝。配子体为直立生长的茎叶体，疏丛生，黄绿色，高 4～7mm。茎单生，直立。叶多集生于茎先端，顶部叶片较狭长，呈线状披针形，先端渐尖，叶边全缘，中肋粗壮，长达叶尖；茎下部的叶较短宽，呈卵圆形或椭圆形，先端急尖，叶边全缘，中肋长达叶尖。雄苞顶生，花苞状；雌苞叶开展，花瓣状。蒴柄细长，黄红色，长 2～3.5mm；孢蒴倾立或平列，不对称，呈梨形，台部明显；蒴口大，蒴齿双层；蒴盖呈圆盘状，顶部微凸。蒴帽兜形，罩覆孢蒴上部。

(1) 外部形态：用解剖镜观察葫芦藓拟茎和拟叶的外部形态以及拟叶在拟茎上的排列形式。观察拟茎基部的假根。孢子体生于配子体上部，可以看到蒴部、蒴柄与蒴盖，有时还可以观察到基足（图 15-6）。

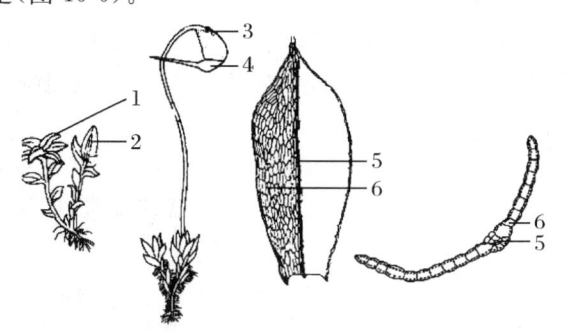

图 15-6　葫芦藓配子体外形图

1. 雄器苞；2. 雌器苞；3. 孢蒴；4. 蒴帽；5. 中肋细胞；6. 叶片细胞

(2) 内部构造：将新鲜材料的拟叶，置低倍镜观察，比较拟叶和被子植物叶的不同。取假根制成临时装片假根，与地钱相比，有何不同之处？

(3) 繁殖器官：雄枝顶端着生雄器苞，雌枝顶端着生雌器苞，从新鲜或浸泡材料上区别雌雄生殖器苞（图 15-6）。通过切片观察：

①雄苞叶（图 15-7）中央集生有一群呈棒状精子器，其间隔有多细胞的隔丝或配丝。

②雌苞叶（图 15-8）中有数个颈卵器，其间也有隔丝。在解剖镜下将雌苞叶剥离，观察颈卵器的数量和着生情况，然后取下颈卵器制成临时装片，在显微镜下观察其结构。

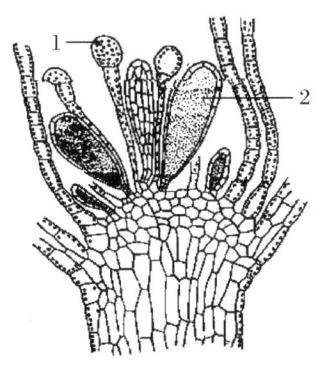

图 15-7　葫芦藓雄器苞纵剖图
1. 隔丝；2. 精子器

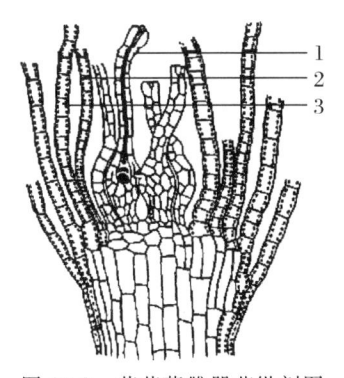

图 15-8　葫芦藓雌器苞纵剖图
1. 颈卵器；2. 隔丝；3. 雌苞叶

(4) 孢子体：将葫芦藓的孢子体连同蒴柄取下置于解剖镜下观察，可见有或无蒴帽，如有蒴帽则取下观察其形态；除去蒴帽，观察蒴盖的颜色和形态；用解剖针轻轻挑开蒴盖，观察蒴齿的形态、数量和排列特征；然后剖开孢蒴，观察内部结构，也可用葫芦藓的孢子体切片观察（图 15-9）。

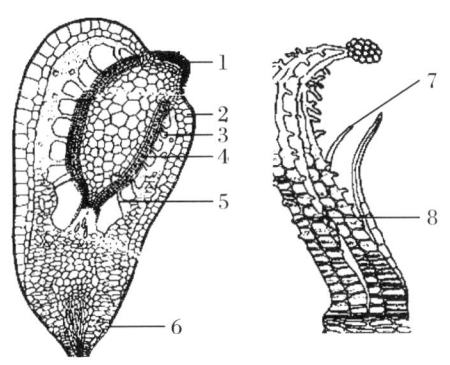

图 15-9　葫芦藓孢子体纵剖及蒴齿图
1. 蒴盖；2. 蒴壁；3. 气室；4. 孢原组织；5. 气室中的营养丝；6. 蒴台的气孔；7. 内齿层；8. 外齿层

思考题

(1) 绘带有雄器托和雌器托的地钱叶状体外形图。
(2) 绘地钱雌雄生殖托的纵剖图。
(3) 绘葫芦藓的配子体外形和孢蒴的纵剖面图。
(4) 通过地钱与葫芦藓的实验观察，列表比较苔纲和藓纲的异同。
(5) 从外形上看，地钱和石地钱有何不同？
(6) 根据地钱和葫芦藓孢蒴的结构分析，二者是如何散发孢子的？
(7) 通过实验观察，总结归纳苔藓植物的原始性特征和较藻菌进化的特征。

第十六章　蕨类植物

【知识回顾】

蕨类植物孢子体发达,具有根、茎、叶的分化。除极少数原始种类(如松叶蕨)仅具假根外,均生有不定根,部分种类生有真根或块根。茎通常为根状茎,少数生有直立的地上茎。叶分为小型叶和大型叶2类:小型叶无叶柄,维管束无叶隙,只有一条不分支的叶脉;大型叶有叶柄,维管束有或无叶隙,常有分支的叶脉。

除具有能进行光合作用的营养叶外,还具有能产生孢子囊和孢子的孢子叶;部分种类的营养叶和孢子叶是同型叶。在小型叶蕨类中,孢子囊单生于孢子叶的叶腋或叶基,孢子叶常集生在茎的分枝的顶端,形成球状或穗状的孢子叶球(穗);在大型叶蕨类中,孢子囊通常在孢子叶的背面、边缘或集生于特化的孢子叶上,往往由多数孢子囊集群为孢子囊群;在水生蕨类中,孢子囊集群生于一个特化的孢子果内。多数蕨类产生大小相同的同型孢子,而卷柏和少数水生蕨类产生大小不同的异型孢子。

多数蕨类植物孢子萌发后成为绿色的背腹扁平的原叶体(即配子体),有假根和叶绿体,能独立生活,在腹面产生精子器和颈卵器,颈卵器结构与苔藓植物的相同,精子多鞭毛,精子借助水的作用游到颈卵器完成受精作用;受精卵发育成胚,幼胚在配子体上生活,长大后配子体死亡,孢子体独立生活。蕨类植物和苔藓植物一样,具有明显的时代交替。

蕨类植物门分为两大类:小型叶蕨类与大型叶蕨类。前者包括石松亚门、楔叶蕨亚门、松叶蕨亚门和水韭亚门;后者包括真蕨亚门。

一、目的要求

(1)通过对蕨类植物各代表材料孢子体与配子体外部形态和内部构造的观察,掌握各类群主要特征,进而明确蕨类植物的系统学地位;

(2)弄清秦仁昌系统的框架及内在联系;

(3)认识一定的蕨类植物。

二、材料准备

(1)小型叶蕨类:石松亚门的垂穗石松、翠云草新鲜材料或浸泡材料;楔叶蕨亚门问荆新鲜材料或浸泡材料;卷柏属和木贼属茎的横切片。

(2)大型叶蕨类:真蕨亚门贯众、蜈蚣草的新鲜植物体;贯众和蕨根状茎的横切片;贯众和蜈蚣草叶片孢子囊群的横切片;蕨原叶体装片。

(3)用具:解剖镜、显微镜、镊子、解剖刀、载玻片、盖玻片、吸水纸等。

三、实验内容

1. 垂穗石松 *Palhinhaea cernua* (L.) Vasc. et Franco

垂穗石松生长于山溪边或林下荫湿石上,多年生草本。须根白色,主茎匍匐,侧枝直立,可牵延至 60～160cm。叶稀疏,螺旋状排列,通常向下弯曲,侧枝多回二叉,直立或下垂,分枝上的叶密生,线状钻形,长 2～3mm,全缘,通常向上弯曲。孢子叶穗单生于小枝顶端,矩圆形或圆柱形,长 8～20mm,带黄色,常下垂;孢子叶覆瓦状排列,阔卵圆形,先端渐尖,边缘有长睫毛;孢子囊圆形,生于叶腋。孢子四面体球形,有网纹。(图 16-1)

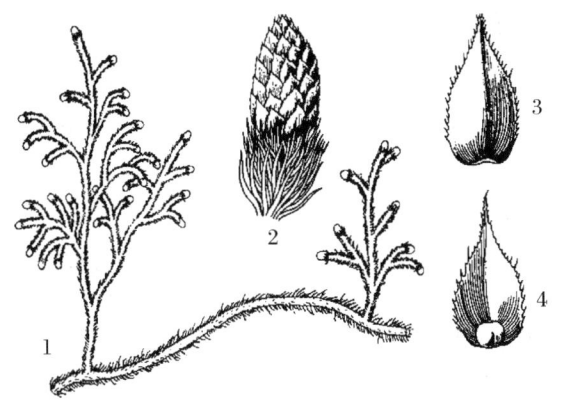

图 16-1 垂穗石松孢子体及孢子叶穗外形图
1. 植株一部分;2. 孢子叶球;3、4. 孢子叶

(1) 叶:从茎上取小叶一片,置于载玻片上加水,盖上盖玻片,在放大镜下观察,是钻形,边缘上有无缺刻?在低倍镜下观察,可否见到叶脉?叶是否由多层细胞组成?

(2) 茎:用徒手切片法将茎横切成若干薄片,取其最薄的切片,置于载玻片上加水,盖上盖玻片,在镜下观察,如切片薄而完整,就能分清表皮、皮层与中柱三部分。用极稀薄的番红水液滴入,中柱部分受染,呈现红色的是木质部,由管胞组成。观察木质部的排列情形如何,是否规则?

(3) 孢子叶穗:从孢子叶穗上取下若干孢子叶,先在解剖镜下观察到孢子囊,然后在低倍镜下看清孢子叶与孢子囊的外形,以及二者间的关系。

(4) 孢子:用解剖针刺破孢子囊,将孢子散出(在解剖镜下做)在低倍镜下观察孢子的形状,再改用高倍镜看清孢子外壁的花纹。

2. 翠云草 *Selaginella uncinata* (Desv.) Spring

翠云草多生于海拔 40～1000m 处的林下阴湿岩石上,山坡或溪谷丛林中。多年生草本。主茎伏地蔓生,长约 1m,分枝疏生,多回分叉。节处有根托。营养叶二型,背腹各二列,腹叶长卵形,背叶矩圆形,全缘,向两侧平展。孢子囊穗四棱形,孢子叶卵状三角形,四列呈覆瓦状排列(图 16-2)。

(1) 根托:翠云草茎常产生无叶而下垂的茎状物,即根托,在根托上生出不定根。观察根托的外形,注意和根相区别。

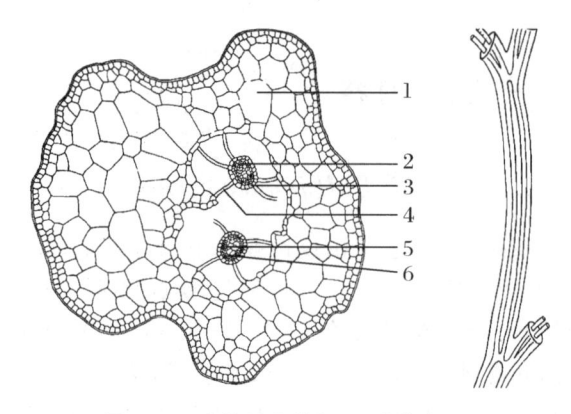

图 16-3 卷柏属茎横切(示分体中柱)
1.皮层；2.韧皮部；3.中柱鞘；4.横桥细胞；5.后生木质部；6.原生木质部

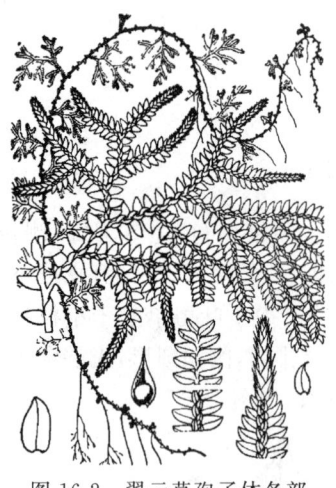

图 16-2 翠云草孢子体各部

(2)茎：用徒手切片法将茎横切成薄片，制成临时装片，用极稀薄的番红水液滴入染色，在显微镜下观察，呈现红色的木质部，其排列情形如何，有何特点？也可用卷柏属茎的横切片进行观察(图 16-3)。

(3)叶：观察茎上面与下面叶的形状大小，与叶的排列情形。如叶是二型的，是否排成四行？哪两行较大？哪两行较小？取下若干个叶，置载玻片上加水，盖以盖玻片，在显微镜下观察生在叶腋间的叶舌。

(4)孢子叶：从孢子叶穗取下进行观察，注意和营养叶相比较，有何不同之处？(图 16-4)

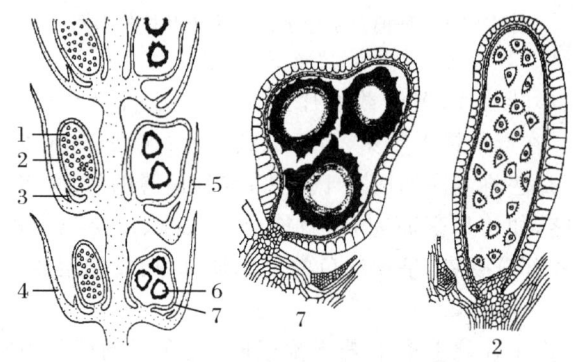

图 16-4 卷柏属孢子叶穗纵剖图
1.小孢子；2.小孢子囊；3.叶舌；4.小孢子叶；5.大孢子叶；6.大孢子；7.大孢子囊

(5)孢子囊：单个的生在孢子叶的近轴面的基部(叶基和叶舌之间)，并有叶舌在其前面。注意区别孢子囊是否同型？如是异型孢子囊，观察并区分大小孢子囊。在解剖镜下用针刺破孢子囊，散出多个孢子，在显微镜下观察孢子的形状与孢子壁的花纹；是否存在大小孢子？注意观察区别(图 16-4)。

3. 问荆 *Equisetum arvense* L.

问荆为多年生草本。根茎匍匐生根，黑色或暗褐色。地上茎直立，二型。营养茎在孢子茎枯萎后生出，高 15～60cm，有棱脊 6～15 条。叶退化，下部联合成鞘，鞘齿披针形，黑色，边缘灰白色，膜质；分枝轮生，中实，有棱脊 3～4 条，单一或再分枝。生殖茎早春先发,常为紫褐色,肉质,不分枝,鞘长而大。孢子囊穗5～6月抽出,顶生,钝头,长2～3.5cm;孢子叶六角形,盾状着生,螺旋排列,边缘着生长形孢子囊(图16-5)。

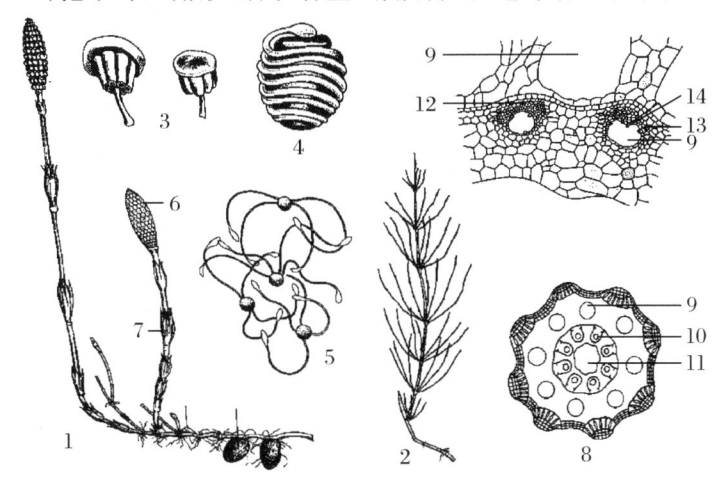

图 16-5 问荆孢子体各部及茎横切及放大图

1.根茎及生殖枝;2.营养枝;3.孢子囊柄;4、5.孢子(示弹丝的卷曲和展开);6.孢子叶球;7.轮生的叶;8.茎的横切;9.槽腔;10.脊腔;11.髓腔;12.韧皮部;14.原生木质部;15.后生木质部

(1)外形:营养茎及生孢子叶穗的茎是否相同？观察并比较二者的不同之处。

(2)茎:取绿色的营养茎,用徒手切片法横切成薄片,制成临时装片,在显微镜下观察,有何特点？也可用问荆茎的横切片进行观察(图16-5)。

(3)孢子叶穗:为多数盾形之孢子叶轮生在孢子叶穗轴上而成,集生很密。每一个孢子叶上有数个孢子囊,在孢子叶的下面围绕孢子叶柄生长,纵向开裂,散出孢子。观察孢子叶和孢子的形态。

4. 贯众 *Cyrtomium fortune* J. Sm.

贯众为多年生草本。植株高30～50(70)cm,根状茎短,直立或斜升,密被褐色,有缘毛的狭披针形鳞片。叶簇生,柄长10～25cm,粗2～5mm,禾杆色,基部密被鳞片,向上达叶轴中部较稀疏而小,叶片长圆形至披针形,长20～35cm,宽8～12cm,基部不缩狭,一回羽状;羽片10～20对,互生或近对生,镰状披针形,有短柄,中部的稍大,向下各对羽片等大或较小,长尖头,基部圆楔形,上侧有尖耳状突起或有时无,边缘有细锯齿。叶脉网状,每网眼内有1～2条小脉,叶坚草质,仅沿叶轴和主脉下面被披针形和纤维状鳞片。孢子囊群背生于小脉上,散布于羽片背面,囊群盖棕色,质厚、全缘、通常宿存。

(1)自制或就已制成的贯众地下茎横切片进行观察网状中柱维管束的排列形式(图16-6)。

(2)叶柄:取一片叶,自下向上观察叶柄上鳞片的着生特点;观察叶轴和羽轴上是否有凹陷的沟槽,其特点如何？

(3)孢子囊群:取一片孢子叶,观察背面,是否有囊群盖？如有囊群盖,其颜色和形态如何？解剖针挑去囊群盖,即可见到圆形的孢子囊群,在解剖镜下观察孢子囊群的形态和结构(图16-6)。再取真蕨目叶片孢子囊群的横切片在低倍显微镜下重复观察上述部分。

(4)孢子:取一孢子囊,用解剖针挑破,使孢子散发出来,制成临时装片进行观察。孢子是两面型,外壁甚厚,壁上有不规则的乳状凸起。

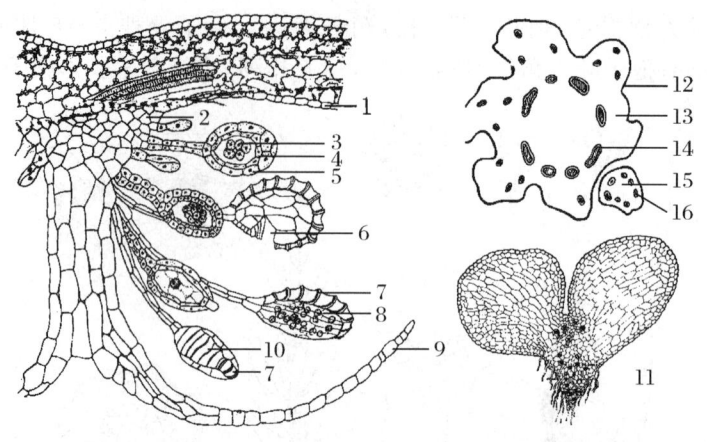

图 16-6 贯众孢子囊群纵剖、根状茎横切和原叶体示意图

1. 表皮；2. 囊群座；3. 老孢子细胞；4. 内面层；5. 子囊膜；6. 开裂的成熟孢子囊；7. 环轮；8. 孢子；
9. 囊群盖；10. 裂孔；11. 原叶体；12. 木栓层；13. 联络组织；14. 后生维管束；15. 叶柄基脚；16. 通叶维管束

5. 蜈蚣草 *Nephrolepis cordifolia* (L.) Presl.

蜈蚣草常地生和附生于溪边林下的石缝中和树干上，为多年生草本。根状茎短，被线状披针形、黄棕色鳞片，具网状中柱。叶丛生，叶柄长 10～30cm，直立，干后棕色，叶柄、叶轴及羽轴均被线形鳞片；叶矩圆形至披针形，长 10～100cm，宽 5～30cm，一回羽状复叶；羽片无柄，线形，长 4～20cm，宽 0.5～1cm，中部羽片最长，先端渐尖，先端边缘有锐锯齿，基部截形，心形，有时稍呈耳状，下部各羽片渐缩短；叶亚革质，两面无毛，脉单一或 1 次叉分。孢子囊群线形，囊群盖狭线形，膜质，黄褐色。

按贯众的观察顺序观察蜈蚣草的形态结构特征。

再取蜈蚣草的孢子囊群在解剖镜下观察，并和贯众比较不同之处（图 16-7）。

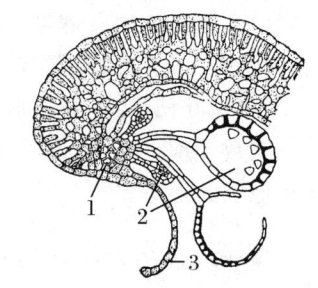

图 16-7 蜈蚣草孢子囊群纵剖图
1. 维管束；2. 孢子囊；3. 假囊群盖

6. 真蕨的原叶体（即配子体）

取蕨的原叶体材料或装片进行观察（图 16-6）。真蕨原叶体呈心脏形，分背腹面，细胞含叶绿素。从原叶体的腹面分辨出大小配子器及假根各部分。

(1) 颈卵器是烧瓶状的，其颈部由四个细胞组成（可与苔藓植物的大颈卵器相比较）。颈卵器多存在于原叶体的凹缺处。

(2) 精子器是圆形，具一层细胞组成的壁。

7. 水生真蕨代表材料的观察

(1) 苹 *Marsiles quadrifolia* L.

苹为多年生水草本。匍匐状生长于水田或污泥内，不断分枝。匍匐根茎细长，茎的中柱是双韧管状式的。根沿茎的下面从节上长出。叶为二列互生，沿茎的上面生出，叶具长柄，顶端生有小叶 4 片（呈十字形）；幼叶拳卷状；小叶倒三角形，先端弧形，全缘，每个小叶片上具有二叉分枝的叶脉。孢子果常单个着生,矩圆状肾形,外具坚硬的壳,内含多数的孢子囊,孢子果发育则生出胶状环,环上产生孢子囊堆,排成两列(图16-8)。

(2)槐叶苹 *Salvinia natans*(L.)All

槐叶苹浮生水面,茎微分枝,无真正的根,叶为三叶轮生,叶有两种形式:其一为背生叶,成二列、扁平;另一为沉水叶,下垂水中、分裂如根状。孢子果4~8枚聚生沉水叶的叶柄上,有大小之分,大孢子果小,生少数有短的大子囊,各含大孢子一个;小孢子果略大,生多数具长柄的小孢子囊,各有64个小孢子(图16-8)。

(3)满江红(红浮萍)*Azolla imbricata*(Roxb.)Nakai

植株浮生在水面,叶为多数圆形的小叶,密生在分枝的茎上,作覆瓦状排列,每叶裂为上下两片,在上片的栅栏组织之下有大型空腔。其内有鱼腥藻共生,在茎的下面,生有长短不齐的根,其孢子果成对生于多数茎部的沉水裂片,大孢子果小,长卵形,内有一个大孢子囊及一个大孢子,小孢子果却是大而呈球状,内有多数小孢子囊,各含64个小孢子(图16-8)。

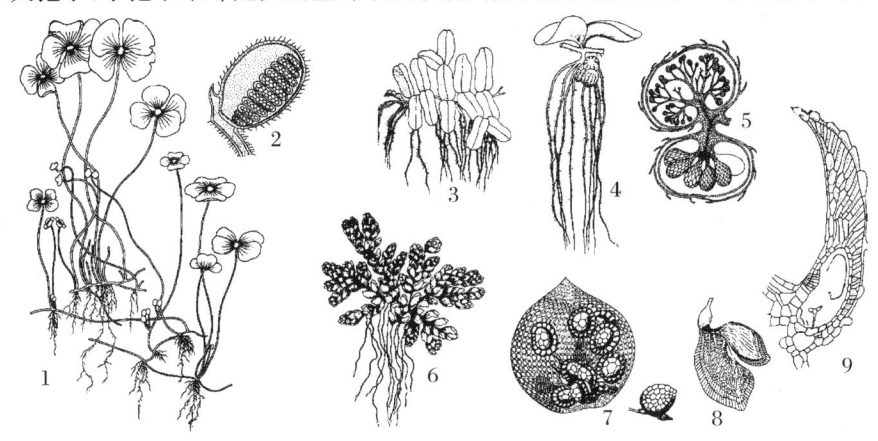

图16-8 水生真蕨形态结构图
1、2.苹;3、4、5.槐叶苹;6、7、8、9.满江红

思考题

(1)绘垂穗石松的外形,示各部分。
(2)绘翠云草的外形,示各部分。
(3)绘卷柏属的大小孢子叶,示孢子囊与孢子。
(4)绘贯众根状茎横切面的轮廓图。
(5)绘贯众的孢子囊群的横切面,示囊群托、囊群盖及孢子囊各部分。
(6)绘原叶体的轮廓图,示各部分。
(7)绘四叶苹的外形,示根、茎、叶及其孢子果。
(8)绘槐叶苹的大小孢子果,孢子囊,及其大小孢子。
(9)绘满江红(红浮萍)浮水叶的纵剖图示共生腔及其内的项圈藻。
(10)根据观察,归纳总结蕨类植物各类群的中柱类型。
(11)通过对蕨类植物形态和构造的观察,比较其与苔藓植物有何异同。
(12)思考中柱的形成在进化过程中的意义。

第十七章 裸子植物

【知识回顾】

裸子植物是介于蕨类植物和被子植物之间的一类维管植物。裸子植物具有颈卵器，但颈卵器结构已退化。裸子植物因胚珠和种子裸露而得名，其胚珠不为大孢子叶所形成的心皮所包被，故产生的种子没有果皮包被。

裸子植物的孢子体特别发达，为多年生木本；维管系统发达，网状中柱；木质部中只有管胞而无导管和纤维，韧皮部中有筛胞而无筛管和伴胞。叶针形、条形、披针形、鳞形，极少为阔叶；叶表面有较厚的角质层和下陷的气孔，气孔呈带状分布。

裸子植物配子体退化，完全寄生于孢子体上，不能独立生活。成熟的雄配子体（花粉粒）具有4个细胞，包括1个生殖细胞、1个管细胞和2个退化的原叶体细胞。多数种类和苔藓、蕨类植物一样，仍具有颈卵器，但结构简化成含1个卵的2～4个细胞。

裸子植物的孢子叶大多聚生成球果状，称为孢子叶球或球花；孢子叶球单生或多个聚生成各种球序。小孢子叶球又叫雄球花，由小孢子叶聚生而成，每个小孢子叶下面生有小孢子囊，内有多个小孢子母细胞，减数分裂产生小孢子，由小孢子发育成雄配子体。大孢子叶球又叫雌球花，由大孢子叶聚生而成；大孢子叶变态为珠领（如银杏）、珠鳞（如马尾松）、苞鳞（如马尾松）、珠托（如红豆杉）、套被（如罗汉松）和羽状大孢子叶（如苏铁），腹面（近轴面）生有1至多个胚珠，珠心中的一个大孢子母细胞经减数分裂产生4个大孢子，仅远珠孔端的一个大孢子发育成雌配子体。

裸子植物的受精作用不再受水的限制。传粉时，花粉（雄配子体）成熟后，借风力传播到胚珠的珠孔处，经珠孔进入胚珠，在珠心上方萌发产生花粉管，花粉管中的生殖细胞分裂成2个精子；当花粉管伸长至卵细胞处，其中1个具功能精子与成熟的卵细胞结合形成受精卵，完成受精作用。合子经过发育形成具有胚芽、胚根、胚轴和子叶的成熟胚，原雌配子体的一部分则发育成胚乳，珠被发育成种皮，形成成熟的种子。种子萌发后，逐步发育形成新的植物体。

裸子植物门分为苏铁纲、银杏纲、松柏纲、红豆杉纲和买麻藤纲5纲。苏铁纲仅苏铁科1科，代表植物为苏铁；银杏纲现仅存1种，即银杏科银杏；松柏纲包含松科、杉科、柏科和南洋杉科，是裸子植物中数量最多、分布最广的一纲；红豆杉纲包含罗汉松科、三尖杉科、红豆杉科3科；买麻藤纲包括麻黄科、买麻藤科和白岁兰科3科。

一、目的要求

(1)通过裸子植物各代表材料形态和结构的观察，掌握各类群主要特征，进而明确裸子植物的系统学地位及生活史；

(2)弄清各类群中几个科代表植物的特征；

(3)认识一定的裸子植物。

二、材料准备

(1) 苏铁纲:苏铁叶片、雌球花、雄球花新鲜材料或浸制标本;苏铁叶柄横切装片。
(2) 银杏纲:银杏枝条、雌球花、雄球花新鲜材料或浸制标本。
(3) 松柏纲:松科马尾松、杉科杉木和柏科侧柏的枝条、雌球花、雄球花新鲜材料或浸制标本;松科植物雌球花和雄球花纵切装片。
(4) 各类群代表植物照片或图片。
(5) 用具:解剖镜、显微镜、镊子、解剖刀、载玻片、盖玻片、吸水纸等。

三、实验内容

1. 苏铁 *Cycas revolute* Thunb.

苏铁为常绿棕榈状乔木,高可达20m。茎为单一柱状稀为二叉,圆柱状,密被宿存木质的叶茎。叶通常有两种,一为鳞片叶,褐色,短而小,外被粗糙绒毛,螺旋状排列于主干上;另一为营养叶绿色,一回羽状复叶,大型,革质螺旋排列茎顶,叶柄基部通常宿存。幼叶的叶轴拳卷(与蕨类相似),后向上斜展,微呈"V"字形,边缘显著向下反卷,厚革质,坚硬,有光泽,先端锐尖,叶背密生锈色绒毛,基部小叶呈刺状。雌雄异株,球花着生在树干顶端,6~8月开花;雄球花长圆柱形,其上着生无数小孢子叶,金黄色盾状,被黄褐色而细长的绒毛;雌球花扁球形,上部羽状分裂,其下方两侧着生有2~4个裸露的胚珠。种子10月成熟,种子大,卵形而稍扁,熟时红褐色或橘红色。种子10月成熟(图17-1)。

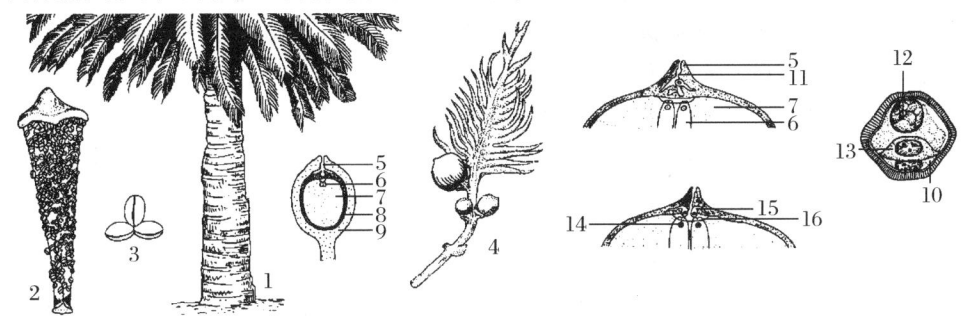

图 17-1 苏铁各部示意图

1.苏铁植株外形;2.小孢子叶;3.小孢子囊群;4.大孢子叶;5.珠孔;6.颈卵器;7.雌配子体;8.珠心;9.珠被;10.营养细胞;11.花粉室;12.吸器细胞;13.生殖细胞;14.卵核;15.吸器细胞,示精子;16.颈细胞

(1) 观察苏铁营养叶的外形,其分裂情形如何,羽裂程度如何,裂片有何特征?用解剖刀整齐切断叶柄基部,从断面上观察网状中柱排列情况如何,也可用装片进行观察。
(2) 孢子叶球(雄球花和雌球花)着生在什么位置?观察球花中孢子叶的聚生情况。
(3) 取一片小孢子叶,在解剖镜下观察其外形、小孢子囊群、小孢子囊。镊取下小孢子囊置于载玻片上,把雄配子体散发出来,盖上盖玻片,再在显微镜下进行观察。
(4) 观察大孢子叶的外形、胚珠着生情况。取胚珠(或种子)一枚,纵切开,观察其结构。

2. 银杏 *Ginkgo biloba* L.

银杏为雌雄异株的高大落叶乔木,胸径可达4m,幼树树皮近平滑,浅灰色,大树之皮灰褐色，不规则纵裂。叶为扇形，有细长的叶柄，两面淡绿色，宽 5~8(15)cm，先端二裂或具浅波状，各裂片复有细小的分裂，略具平形的分叉叶脉；枝有长短枝之别，短枝有时极短，叶在其上本为螺旋排列的，看来为簇生状。春季在短枝上发育出雌、雄球花。球花单生于短枝的叶腋；雄球花成葇荑花序状，小孢子叶多数，各有 2 小孢子囊；雌球花有长梗，梗端常分 2 叉(稀 3~5 叉)，叉端生 1 胚珠，常 1 个胚珠发育成种子。种子核果状，具长梗，下垂，椭圆形、长圆状倒卵形、卵圆形或近球形，长 2.5~3.5cm，直径 1.5~2cm(图 17-2)。

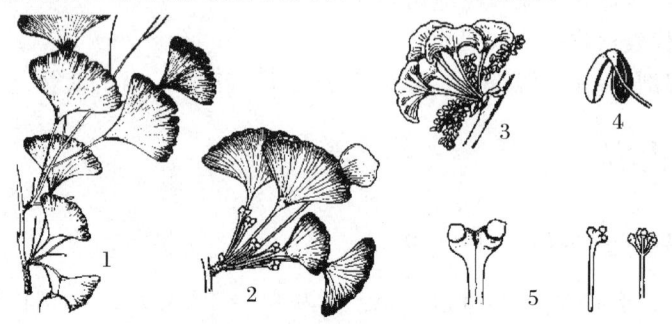

图 17-2 银杏各部示意图

1.银杏植株外形；2、3.生殖枝；4.小孢子叶；5.大孢子叶球

(1)取银杏新鲜枝条，观察并区分长枝和短枝；长枝和短枝上的叶是如何着生的，叶片形状有无区别？

(2)取雄球花新鲜或浸制材料，其外形呈葇荑花序状，观察小孢子叶在花序轴上的排列情形。小孢子是否有柄？观察孢子囊的着生情况。取下孢子囊，置于载玻片上，使雄配子体散出，在显微镜下进行观察并与苏铁的雄配子体发育情况进行对比。

(3)取雌球花新鲜或浸制材料进行观察，上面着生有几枚胚珠？胚珠的基部有一环状的组织，即大孢子叶变态而成的"珠领"，注意观察其形态特征。取一枚大孢子叶制成切片观察，区分珠被、珠孔、珠心、卵细胞等结构。

(4)取银杏种子，自外向内观察三层中皮的形状、颜色和质地。切开白色骨质的中种皮，观察黄褐色膜质状的内种皮，其内包裹着胚和胚乳。

3. 马尾松 *Pinus massoniana* Lamb.

乔木，高达 45m，胸径 1.5m，树皮红褐色，下部灰褐色，裂成不规则的鳞状块片，枝条每年生一轮，但在广东南部则通常生两轮。针叶二针一束，稀三针一束，长 12~20cm，细柔、微扭曲，两面有气孔，边缘有细锯齿，着生于短枝上；叶鞘宿存。雄球花着生于当年生枝的基部鳞片叶的腋内。在冬秋之际雄球花已在叶腋内出现，至初夏时才完全出现、弯垂，长 1~1.5cm。雌球花单生或 2~4 个聚生于当年生枝顶端、直立、淡紫红色。球果卵圆形或圆锥状卵圆形，长 4~7cm，径 2.5~4cm，有短柄，下垂，成熟前绿色，成熟时栗黄色、陆续脱落，种子长卵形，长 4~6mm，连翅长 2~2.7cm，子叶 5~8 枚。花期 4~5 月，球果第二年 12 月成熟。

(1)取松幼茎(当年生枝)的横切面在显微镜下观察表皮、木栓层、木栓形成层、皮层、维管束及髓等结构。

(2)观察鳞叶和营养叶的外形以及营养叶(松针)在茎上着生情况，叶基是否下延？取松针叶的横切片，在显微镜下观察表皮、叶肉组织、内皮层、传输组织、凯氏带、维管束等。

(3)雄球花:用马尾松的雄球花的纵切片在显微镜下观察,可见长椭圆形小孢子叶密生在轴上,每一小孢子叶的背面着生有两个长形的花粉囊。用解剖针挑出花粉粒,可见每一花粉粒的两侧各具一气囊,并特别注意不同发育时期的花粉粒(图17-3)。

(4)雌球花:用马尾松的雌球花的纵切片在显微镜下观察,区分珠鳞和苞鳞。在珠鳞向轴面的基部生有两个胚珠,观察胚珠的着生情况,珠孔向哪个方向?在装片上观察胚珠的结构(图17-3)。

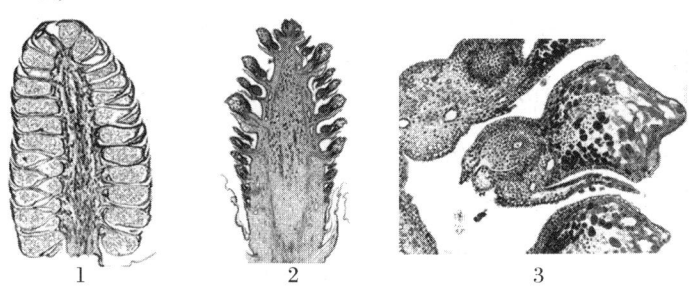

图 17-3　马尾松球花纵切图

1. 雄球花纵剖;2. 雌球花纵剖;3. 大孢子叶

(5)观察马尾松的种子,外面具膜质的长翅(有的已脱落)。取松种子的纵切片在显微镜下观察。区分胚根、胚轴、子叶和胚乳。

4. 杉木 *Cunninghamia lanceolata* (Lamb.) Hook.

常绿乔木,树高可达 30～40m,胸径可达 2～3m。主干通直圆满;侧枝轮生,向外横展,树冠圆锥形。叶螺旋状互生,侧枝之叶基部扭成 2 列,线状披针形,先端尖而稍硬,长 3～6cm,边缘有细齿,上面中脉两侧的气孔线较下面的为少。雄球花簇生枝顶;雌球花单生,或 2～3 朵簇生枝顶,卵圆形,苞鳞与珠鳞结合而生,苞鳞大,珠鳞先端 3 裂,腹面具 3 胚珠。球果近球形或圆卵形,长 2.5～5cm,径 3～5cm,每种鳞具 3 枚扁平种子;种子扁平,长 6～8mm,褐色,两侧有窄翅,子叶 2 枚(图17-4)。

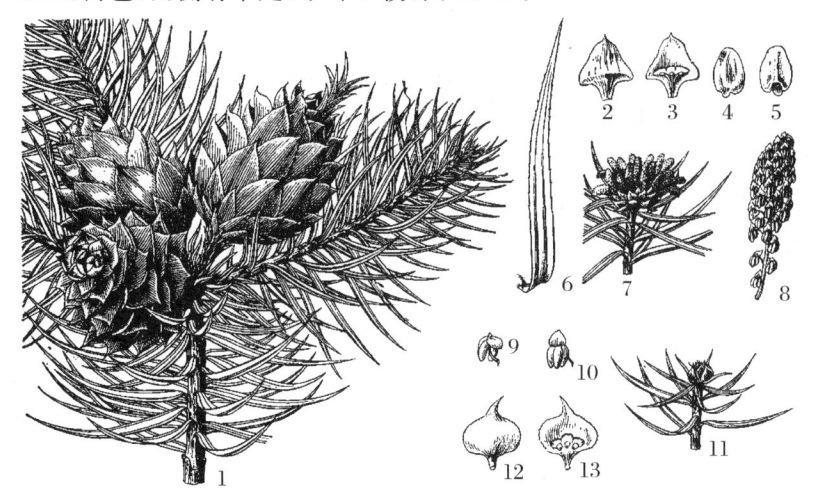

图 17-4　杉木

1.球果枝;2.苞鳞背面;3.苞鳞腹面及种鳞;4、5.种子;6.叶;7.雄球花枝;
8.雄球花的一段;9、10.雄蕊;11.雌球花枝;12.苞鳞背面;13.苞鳞腹面及珠鳞、胚珠

(1) 取杉木的新鲜枝条进行观察,注意叶的形态及其在茎上的排列情况,其叶基是否下延? 观察叶片背面具两条明显的灰白色的气孔带。

(2) 取雄球花进行观察,小孢子叶排列成什么形状? 取下小孢子叶在解剖镜下进行观察,背面基部着生几个孢子囊? 挑出花粉粒制成装片进行观察,有无气囊?

(3) 观察雌球花着生于小枝的什么位置? 取下大孢子叶进行观察,注意区分苞鳞与珠鳞。苞鳞与珠鳞的着生与松科植物相比,有何不同之处?

(4) 观察杉木球果的外形。自种鳞的基部取出种子,观察是否具翅,如果有,其形态如何?

5. 侧柏 *Platycladus orientalis* (Linn.) Franco

侧柏为常绿乔木,树高一般达 20m,干皮淡灰褐色,条片状纵裂。小枝排成平面。全部鳞叶,叶二型,中央叶倒卵状菱形,背面有腺槽,两侧叶船形,中央叶与两侧叶交互对生,雌雄同株异花。雌雄花均单生于枝顶,球果阔卵形,近熟时蓝绿色被白粉,种鳞木质,红褐色,种鳞 4 对,熟时张开,背部有一反曲尖头,种子脱出,种子卵形,灰褐色,无翅,有棱脊。花期 3～4 月,种熟期 9～10 月(图 17-5)。

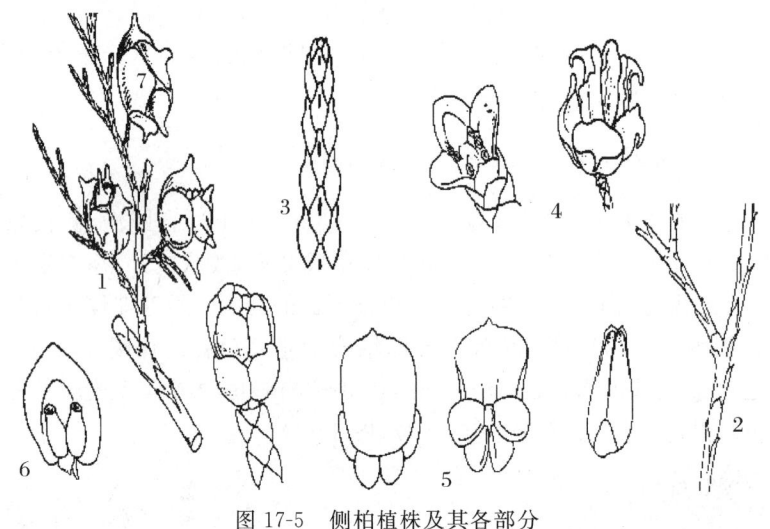

图 17-5 侧柏植株及其各部分

1.植株外形;2.鳞叶;3.上部叶;4.雌球花;5.雄球花及小孢子叶;6.大孢子叶,示胚珠

(1) 取一小段侧柏枝条,观察其外形。叶片的形状和大小如何,其在枝条上的排列有何特点? 注意观察叶片背后的腺沟。

(2) 观察雄球花在枝条的着生位置。小孢子叶的形状和颜色如何,是怎样排列的? 每片小孢子叶下面有几枚小孢子囊?

(3) 取雌球花进行观察,能否区分出珠鳞与苞鳞? 珠鳞与苞鳞的数目和着生有何特点? 剖开雌球花,观察胚珠的数量及着生特点。

(4) 取一球果观察,其种鳞背部近顶端有一反曲的尖头,注意种鳞的数目和种子的形状。

注:也可用塔柏 *Sabina chinensis* (L.) Ant. var. *chinensis* cv. Pyramidalis、圆柏 *Sabina chinensis* (L.) Ant. 等代替侧柏进行观察。

6. 其他裸子植物代表

(1) 罗汉松科罗汉松 *Podocarpus macrophyllus*(Thunb.)Sweet

罗汉松为乔木。取其新鲜标本进行观察,可见叶为条状披针形,微弯,螺旋状排列,上面深绿色有光泽,中脉显著隆起,下面带白色,中脉微隆起。雌雄异株,雄球花穗状,腋生,常3~5个簇生于极短的总梗上,基部有数枚三角状苞片,小孢子叶螺旋状排列于主轴上,花粉粒具气囊;雌球花单生叶腋,有肥大的珠托及梗,基部有少数苞片。种子卵圆形,直径约1cm,先端圆,熟时肉质假种皮紫黑色,有白粉,种托肉质圆柱形,红色或紫红色,柄长1~1.5cm。

(2) 红豆杉科红豆杉 *Taxus chinensis*(Pilg.)Rehd.

红豆杉为乔木,树皮灰褐色或暗褐色,裂成条片脱落。叶排成两列,条形,上面深绿色,有光泽,下面淡黄绿色,有两条气孔带,中脉带上有密生均匀而微小的圆形角质乳头状突起点,常与气孔带同色,稀色较浅。雄球花淡黄色,雄蕊9~14枚,花药4~8(多为5~6)。种子生于杯状红色肉质的假种皮中,常呈卵圆形,上部常具工钝棱脊。

思考题

(1) 绘苏铁的一个小孢子叶和一个大孢子叶略图,示各部分。
(2) 绘银杏雄球花及一小配子体的略图,示各部分。
(3) 绘银杏大孢子叶图,示各部分。
(4) 绘松的雄球花纵切轮廓图。
(5) 绘松的雌球花纵切轮廓图。
(6) 通过代表植物的观察,从叶、心皮、雄蕊、胚珠、种子等比较说明松、杉、柏三科的主要特征。
(7) 本校校园有哪些裸子植物?请辨识并用分类学语言描述其主要特征。
(8) 银杏是我国特产的活化石植物,思考其在生物学上有何重要意义。
(9) 结合所学知识,试将孢子植物和种子植物的结构名词对应起来。

第十八章　被子植物

【知识回顾】

　　被子植物又叫有花植物,是植物界最高级的类群,是地球上出现得最晚、结构最完善、分布最广泛的植物。被子植物种类繁多,有极其广泛的适应性,其结构特征主要体现在:

　　具有真正的花。花是被子植物的繁殖器官,是被子植物最显著的特征。一朵典型的植物的花由花萼、花冠、雄蕊群和雌蕊群4部分组成。

　　具有雌蕊和果实。雌蕊由心皮所组成,包括子房、花柱和柱头3部分。胚珠包藏在子房内,得到子房的保护,避免了昆虫的咬噬和水分的丧失。子房在受精后发育成为果实,胚珠发育成种子。

　　具有双受精现象。双受精现象,即两个精细胞进入胚囊以后,1个与卵细胞结合发育成胚,另1个与2个极核结合发育成3倍体的胚乳。所有被子植物都有双受精现象,这也是它们有共同祖先的一个证据。

　　孢子体高度发达。被子植物的孢子体在生活史中占绝对优势,在形态、结构、生活型等方面,比其他各类植物更完善化、多样化。从构造上看,被子植物的次生木质部有导管,韧皮部有伴胞,输导组织的完善使体内物质运输畅通,适应性得到加强。

　　配子体进一步退化。被子植物的小孢子(单核花粉粒)发育为雄配子体,大部分成熟的雄配子体(花粉粒)仅具2个或3个细胞;大孢子发育为成熟的雌配子体称为胚囊,胚囊通常只有8个细胞:3个反足细胞、2个极核、2个助细胞、1个卵。助细胞和卵合称卵器,是颈卵器的残余。被子植物的雌、雄配子体均无独立生活能力,终生寄生在孢子体上,结构上达到了最简化的程度。这种配子体的简化在生物学上具有进化的意义。

　　19世纪以来,有关被子植物的分类系统已有数十个,但由于有关被子植物起源、演化的证据特别是化石证据不足,直到现在还没有一个比较完善的分类系统。目前,在各级分类系统的安排上,克朗奎斯特系统和塔赫他间系统被认为更为合理。本实验教材根据克朗奎斯特系统,把被子植物门分成木兰纲(双子叶植物纲)和百合纲(单子叶植物纲);在1981年修订的克朗奎斯特系统中,共分83目388科,其中双子叶植物64目318科,单子叶植物19目65科。

一、目的要求

　　(1)通过对被子植物各科代表材料形态和结构的观察,掌握各科植物的主要特征,明确各科在系统进化上的地位;

　　(2)通过对相关类群花的结构的解剖和观察,掌握被子植物花的基本结构及其在不同植物中的变化以及花公式、花图示等相关知识;

(3)学习并掌握检索表的使用方法,以实验材料为代表编制分科检索表;

(4)学会用分类学的语言描述植物;

(5)通过对相关类群植物形态结构的观察,对重点科进行比较和区分,并认识一定的被子植物。

注:可根据教学学时选择部分类群安排实验。

二、材料准备

(1)双子叶植物:木兰科、樟科、毛茛科、桑科、葫芦科、十字花科、蔷薇科、蝶形花科、含羞草科、云实科、大戟科、芸香科、杨柳科、山茶科、木犀科、石竹科、茄科、伞形科、唇形科、菊科等新鲜植物材料或浸制标本。

(2)单子叶植物:莎草科、禾本科、百合科、兰科等新鲜植物材料或浸制标本。

(3)用具:解剖镜、显微镜、镊子、解剖刀、载玻片、盖玻片、吸水纸等。

三、实验内容

1. 木兰科 Magnoliaceae

(1)代表材料:玉兰 *Magnolia denudate* Desr.

乔木,高达15m;单叶互生,落叶,有托叶大型包围着幼芽,托叶早落、落后留下明显的痕迹,称为托叶环。叶倒卵形至倒卵状长圆形,长10~18cm,宽6~10cm,先端突尖,基渐狭,背面具细柔毛,脉上较密,芽和幼小枝条具柔毛。花顶生,先叶开放,白色,大型,直径为10~15cm,萼片与花瓣相似,共九片,分为三轮,外轮三片稍小,第二轮三片最大,倒卵形或倒卵状矩形,先端钝厚而下陷。雄蕊、雌蕊多数着生在伸长的花托上,螺旋排列;花丝极短,花药长,二室,排在药隔两侧,纵裂;子房上位,1室;聚合果,果实长8~12cm,圆柱形,带棕色,每一小果为蓇葖果,成熟后开裂,种子红色(图18-1、18-2)。

注:也可用二乔玉兰 *Magnolia soulangeana* Soul.、白兰花 *Michelia alba* DC.、荷花玉兰 *Magnolia grandiflora* L.等进行观察。

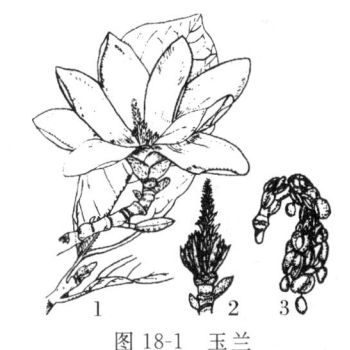

图 18-1 玉兰
1.花枝;2.雌蕊及心皮的排列;3.果实

图 18-2 木兰科花的纵剖及果实形态示意图

(2)观察内容：

①观察玉兰叶片的大小、叶形、叶缘、叶裂等特征，是单叶还是复叶，归纳被子植物体现在叶上的原始性特征。

②取一段玉兰枝条，观察托叶环痕。

③取一朵玉兰花，自外向内进行解剖，观察花冠的数量、形态及排列情形；去掉9个花被片，再观察着生在伸长的花托上的雄蕊、雌蕊，其数量、结构特点和排列形式如何。根据观察写出玉兰的花公式，并归纳被子植物体现在花结构上的原始性特征。

④取玉兰果实进行观察，掌握聚合果和蓇葖果的结构特点。

(3)本科代表属：

①含笑属 *Michelia*，常绿，花腋生，雌蕊轴在结实时伸长成柄。

②鹅掌楸属 *Liriodendron*，落叶，叶分裂，具长柄，单花，萼片3，花瓣6，翅果。

③木莲属 *Manglietia*，常绿、单叶、花顶生，每心皮具4至多个胚珠。

(4)绘图与思考题：

①绘玉兰花的纵剖图，示花被、雄蕊、雌蕊及花托。

②写出以玉兰为代表用分科检索表检索至科的路线。

③归纳总结木兰科的特征。

2. 樟科 Lauraceae

(1)代表材料：香樟 *Cinnamomum camphora*（L.）Presl

常绿乔木，高达30m，树皮黄褐色或稍呈黄红色，幼枝淡褐色，光滑无毛。冬芽圆形或广卵形。叶互生，略呈革质，破碎后发出樟脑香气，长6~12cm，宽2.5~5.5cm，椭圆形或卵状圆形，全缘而略呈波状，先端长大，基部广楔形或略呈圆形，上面深绿色，光泽无毛，下面灰绿色或粉白色，无毛，主脉至基部3~8mm处始分三脉，沿中脉上部侧出5~6支脉，脉腋具有明显腺穴。叶柄无毛，长2~3cm。花序生于新枝叶腋；花两性，绿白色或带黄色，直径约3mm；总梗无毛，花柄长1~2mm，无毛，花托短，肉质；花被六裂，裂片长约2mm，椭圆形，水平伸展，钝头，外面有软细毛密生；发育雄蕊9个，每3个成一轮，最内有退化雄蕊3个。子房卵形，无毛。花柱长约1mm，无毛，柱头头状。核果卵形或球形，直径6mm，成熟后呈紫黑色（图18-3）。

图 18-3 香樟枝条、花序和一朵花形态图

(2)观察内容：

①在香樟枝条上取下冬芽，观察鳞片，为何形？

②观察香樟叶片，注意观察离基三出脉。揉烂叶片，辨别香樟叶的特殊气味。

③取一段花枝，观察花序为何类型。取一朵小花在解剖镜下观察，花被片共几枚，排列情形如何，有无花萼和花冠的区别？观察四轮雄蕊，每一轮有几枚，雄蕊花丝是否有毛，雄蕊的花粉囊有几室，向哪个方向？（图18-4）

④观察核果的结构特征。未成熟的果实和成熟的有何区别，揉烂闻一下，是否有特殊气味。

图 18-4　香樟花解剖及四轮雄蕊示意图

1～4.雄蕊；5.胚珠

(3)本科代表属：

①山胡椒属 *Lindera*，单性异株，有总苞 4 片，雄蕊 9，花药 2 室，内向、第三轮雄蕊有腺体。
②润楠属 *Machilus*，以花被宿存，结实时花被片反曲区别于樟属。
③楠木属 *Phoebe*，花被裂片在结果时伸长直立，托住果实基部又与润楠属相别。
④木姜子属 *Litsea*，羽状脉，伞形或聚伞花序，药 4 室，全同向，叶干后变黑色。
⑤檫木属 *Sassafras*，叶片带有 3 浅裂，花单性。
⑥无根藤属 *Cassytba*，寄生的草质藤本，叶鳞片状或退化，穗状花序，雄蕊 9，浆果。

(4)绘图与总结：

①绘香樟四轮雄蕊的形态示意图。
②写出以香樟为代表用分科检索表检索至科的路线。
③归纳总结樟科的特征。

3.毛茛科 Ranunculaceae

(1)代表材料：扬子毛茛 *Ranunculus sieboldii* Miq.

多年生草本，茎常匍匐地上，长达 30cm，生有伸展的白色或淡黄色柔毛，叶为三出复叶，叶片卵形长 2～4.5cm，宽 3.2～5cm，下面疏被柔毛，中央小叶有长柄或短柄，宽卵形或菱状卵形，3 浅裂片，上部边缘疏生锯齿，侧生小叶有短柄，较小，2 裂，叶柄长 2～5cm。花对叶单生，有长梗，萼片 5，反曲、狭卵形，长约 4mm，外面疏被柔毛，花瓣 5，黄色，近椭圆形，长 7mm，雄蕊和心皮均为多数，无毛。聚合果球形，直径约 1cm，长 7cm，瘦果扁，长约 3.6mm，花期 3～6 月，果期 4～7 月。生长在海拔 1300m 以下的沟边、水田硬上及草地上，叶药用治蛇伤及疾病(图 18-5)。

图 18-5　扬子毛茛

图 18-6　扬子毛茛花的解剖图

A.花萼；B.花冠基部的腺体；C.胚珠

(2)观察内容：

①取扬子毛茛新鲜植株，对照特征描述进行观察。

②取一朵扬子毛茛的花，自外向内进行解剖观察，写出花公式（图 18-6）。扬子毛茛是原始的草本植物，体现在花上的原始性特征是什么？

③观察扬子毛茛瘦果的特征及其聚生形式。

(3)本科代表属：

①黄连属 *Coptis*，草本；根状茎黄色，味苦，叶三角状卵形，中央裂片具有细柄。花两性，心皮 8～12，成一轮，具长柄蓇葖果。

②铁线莲属 *Clematis*，草质或木质藤本，羽状复叶对生。萼片花瓣状，瘦果集成头状。花柱宿存羽毛状。

③乌头属 *Aconitum*，多年生草本，根肥厚。叶掌状，3～5 裂，总状花序。花萼花瓣状。最上萼片呈盔状。蓇葖果。

④侧金盏花属 *Adonis*，草本，单花顶生；具花萼与花瓣，雄蕊多数、聚合瘦果。

⑤翠雀属 *Delphinium*，草本。总状或穗状花序，萼片花瓣状。后(上)方一萼片伸长成距。

(4)绘图与总结：

①写出以扬子毛茛为代表用分科检索表检索至科的路线。

②归纳总结毛茛科的特征。

4. 桑科 Moraceae

(1)代表材料：桑 *Morus alba* L.

落叶乔木或灌木。叶互生，边缘有锯齿或作不规则的分裂，基出三脉。花单性，各成荑荑状穗状花序。雄花序下垂，密生细坚毛，花梗长；雄花绿色，细小，无柄，花被萼片状，四片，单被花，卵形成宽椭圆形，在解剖镜下观察，外面具有稀毛，边具纤毛，内无毛，将花被分开，可见有雄蕊四枚，与花被对生。雌花序的花梗较前者短；花绿色，无柄，花被萼片状，四枚，倒卵形，顶端圆、中部略突出，两翼紧抱子房呈舟形；子房扁，淡绿色，椭圆形，长等于花被，无毛，无花柱，柱头两裂，粗糙无毛。果序由于雌花密集而形成聚花果（图 18-7、18-8）。

注：也可用黄葛树 *Ficus virens* Ait. 或小叶榕 *Ficus microcarpa* L. f. var. *pusillifolia* Liao 代替，并观察桑科榕属 *Ficus* 隐头花序的结构。

图 18-7 桑
1.雄花枝；2.雌花枝；3.叶；4.雄花；5.雌花

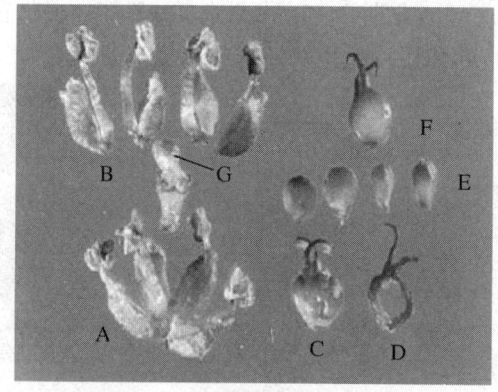

图 18-8 桑的雌花和雄花解剖图
A、B.雄花；C.雌花；D.子房纵切；E.花萼；F.子房；G.花药

(2)观察内容：

①取桑的新鲜枝条，折断或摘下叶片，观察断面，是否有白色浆汁流出？

②取雄花序进行观察，在未开放的雄花中可以见到初生雄蕊花丝褶曲于花被中。观察已开放的雄花，注意花丝和萼片的着生关系。在解剖镜下观察花粉囊的形态，有几室，每室外形如何？观察雄花中央残存的不育雄蕊。

③取一雌花或果实在解剖镜下观察，未成熟的雌花和成熟的有何不同？理解瘦果的特征。

(3)本科代表属：

①无花果属(榕属)Ficus，有乳汁；托叶大抱茎，落后在节上留有环痕；花序轴肉质膨大呈壶形，花单性，同株，生于壶形花序轴的内壁上，口部为覆瓦状排列的苞片所封闭。榕果。

②构属 Broussonetia，落叶木本；有乳汁；雌雄同株或异株，雌花集成状花序，小核果聚成头状成肉质的聚花果。

③柘属 Cudrania；叶片无毛，茎上具硬刺区别于构属。

(4)绘图与总结：

①绘制一朵桑雄花的展开图和雌花的展开图，示各部分。

②写出以桑为代表用分科检索表检索至科的路线。

③归纳总结桑科的特征。

④根据对桑科榕属隐头花序的观察，归纳该属植物与昆虫协同进化的过程。

5. 十字花科 Cruciferae

(1)代表材料：油菜

二年生草本，高 30～90cm，无毛，微带粉霜。茎粗状，不分枝或分枝。基生叶长 10～20cm，大头羽状分裂，顶生裂片圆形或卵形，侧生裂片 5 对，卵形；下部茎生叶羽状半裂，基部扩展抱茎，两面有硬毛或缘毛，上部茎生叶呈提琴形或披针形，基部心形，抱茎，两侧有垂耳，全缘或有波状细齿，花黄色，直径长 7～10mm，萼片 4；花瓣 4，十字排列，基部常呈爪状；花托上有蜜腺，常与萼片对生；雄蕊 6 枚，4 长 2 短，离生，子房上位，由 2 心皮组成，1 室，有 2 个侧膜胎座，有一个膜质的次生假膜把子房分为 2 室。长角果条形，长 3～8cm，宽 2～3mm，先端有长 9～24mm 的喙，果梗长 5～15mm；种子球形，直径 1.5mm，紫褐色(图 18-9)。

注：也可用萝卜、荠菜、诸葛菜等进行实验观察。

(2)观察内容：

①观察油菜的全植株叶的形态变化，理解异型叶性的概念。

②观察油菜花序，是何类型？取一小朵油菜花自外向内进行解剖观察，并写出其花公式。

图 18-9 油菜

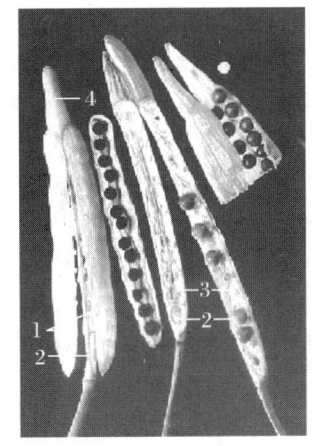

图 18-10 油菜长角果及其解剖图
1.果皮；2.假隔膜；3.种子；4.喙

③取油菜的果实进行解剖观察(图 18-10),理解侧膜胎座胚珠的着生形式,掌握角果的典型特征。数一数,一个果实内有几列种子?取一枚种子进行纵切,观察子叶的特点。

(3)本科代表属:

①芸苔属 *Brassica*,1~2 年生或多年生草本,异型叶性,具蜜腺,长角果圆柱形,顶端具长喙;子叶纵折。

②萝卜属 *Raphanus*,一年生至多年生草本,有时具块根;长角果圆筒状,成 2 节,下节极短,无种子,上节伸长,在种子间稍缢缩,顶端呈细喙状;子叶对折。

③菘蓝属 *Isatis*,一年生至多年生草本,异型叶性,短角果长圆形或近圆形,侧扁;子叶背倚胚根。

④蔊菜属 *Rorippa*,一年至多年生草本,叶羽状深裂或近全缘,雄蕊 6,少有 4 个(外轮退化);长角果线状圆柱形、椭圆形或近球形,开裂,果瓣凸出;子叶缘倚胚根。

⑤荠属 *Capsella*,一年生草本,异型叶性;短角果倒三角形或倒心状三角形,扁平,开裂,果瓣近顶端处最宽;子叶背倚胚根。

⑥诸葛菜属 *Orychophragmus*,一年生或二年生草本,异型叶性;萼片合生,内轮基部呈囊状;长角果线形,4 棱状或扁压,有长喙;种子有时具翅;子叶对折。

(4)绘图与总结:

①绘油菜角果的外形图。

②写出以油菜为代表用分科检索表检索至科的路线。

③用花公式将油菜花的结构表示出来。

④归纳总结十字花科的特征及其植物资源的经济价值。

6. 葫芦科 Cucurbitaceae

(1)代表材料:南瓜

藤状草本,茎极长,有卷须,稍柔软,先端粗状而多少下弯,叶稍柔软,通常阔卵形或近圆卵形而不分裂,或有时浅裂作五角形,长 15~30cm,密被稍硬的茸毛,常于脉上有白色斑纹,基部裂口狭,非圆形,花大金黄色,单性同株,单生于叶腋内;雄花的萼管短,几乎缺,裂片 5,长,常于顶端扩大呈叶状;花冠合瓣,钟状,5 裂,裂片具皱纹,雄蕊 3 枚,花药靠合,呈规则的 S 形曲折;雌花萼片显著叶状,子房下位,长椭圆形,3 心皮合生 1 室,具 3 个侧膜胎座,胚珠多数,花柱短,膨大,2 裂。果柄有棱和槽,瓜蒂扩大呈喇叭状,瓠果常有数条纵沟,形状多样,因品种不同,肉质,不开裂。

注:也可用黄瓜、丝瓜等瓜类进行观察。

(2)观察内容:

①取一段南瓜茎进行观察,表面有何特征,是空心还是实心的?单叶还是复叶,叶片与卷须着生有何特点?

②取南瓜的雄花进行观察,注意雄蕊的特点。取南瓜的雌花进行观察,注意子房的位置;用解剖刀将子房横切开,观察其侧膜胎座的结构特点(图 18-11)。

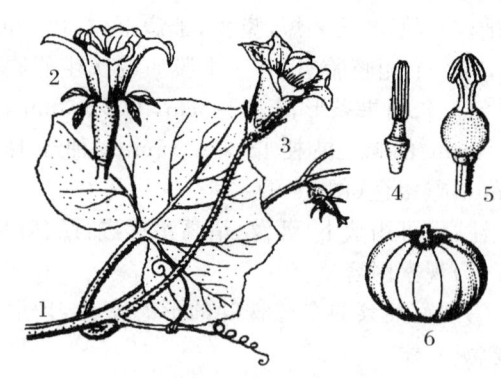

图 18-11 南瓜
1.花果枝;2.雌花;3.雄花;4.雄蕊;5.雌蕊;6.果实

(3)本科代表属：

①丝瓜属 *Luffa*，草质藤本，卷须分枝；叶 5～7 裂；雌雄同株，雄花排成总状花序，雌花单生；花药分离；果长柱状或短棒状，平滑或有棱，内有网状纤维；种子黑色。

②苦瓜属 *Momordica*，一年生或多年生藤本；叶心形，分裂或不分裂；单性同株或异株，雌花单生，雄花单生或排成总状花序、伞房花序，花药分离；花柱 3 裂；果球形至长椭圆形或长柱形，常有小瘤体，开裂或不开裂；种子扁平，平滑或有皱纹。

③赤瓟属 *Thladiantha*，一年生或多年生草质藤本，有卷须；叶全缘或 3 裂，基部心形；花单性异株；果长椭圆形，钝头。

④葫芦属 *Lagenaria*，草质藤本；叶心状卵形，柄顶有腺体 2；花单性同株，单生，易萎；花瓣 5，离生；雄蕊 3，花药合生；子房长椭圆形；果形各式。

⑤栝楼属 *Trichosanthes*，一年生或多年生草质藤本，卷须 2～5 歧；根块状；叶全缘或 3～9 裂；花单性异株，稀同株；雄蕊 3，花丝分离；果肉质，长或短。

⑥绞股蓝属 *Gynostemma*，攀援草本；卷须常分叉；叶为叉指状复叶，小叶 3～7，有锯齿；花小，单性异株，排成腋生、披散的圆锥花序；雄蕊 5，花丝下部合生，花药 2 室；子房球形，2～3 室，每室有胚珠 2 颗；果球形，其大如豆，不开裂。

(4)绘图与总结：

①绘葫芦科侧膜胎座的结构示意图。

②写出以南瓜为代表用分科检索表检索至科的路线。

③用花公式将南瓜花的结构表示出来。

④归纳总结葫芦科的特征及其植物资源的经济价值。

7. 蔷薇科 Rosaceae

(1)代表材料：

绣线菊亚科麻叶绣线菊 *Spiraea cantniensis* Lour.：灌木，高达 1.5m，小枝拱形弯曲，无毛，叶片菱状披针形至菱状矩圆形，长 3～5cm，宽 1.5～2cm，先端急尖，基部楔形，边缘近中部以上具缺刻状锯齿，两面无毛，具羽状叶脉；叶柄长 4～7mm，无毛，花白色，直径 5～7mm，萼筒(托杯)钟状，外面无毛，裂片三角形或卵状三角形，花瓣 5，近圆形或倒卵形，雄蕊 20～28，稍短于花瓣或几与花瓣等长；沿着托杯的边缘有一花边状的环，可能是内轮退化雄蕊的残余物，称为花盘；打开萼筒，中央为 5 枚完全分离的雌蕊，子房上位，胚珠 2～多数。蓇葖果直立开张，无毛，具直立开展萼裂片，花期 4～5 月，果期 7～9 月(图 18-12)。

蔷薇亚科月季 *Rosa chinensis* Jacq.：矮小直立灌木，小枝有粗壮而略带钩的皮刺，有时无刺，羽状复叶，小叶 3～5(7)，宽卵形或卵状矩圆形，长 2～6cm，宽 1～3cm，先端渐尖，基部宽楔形或近圆形，边缘有锐锯齿，两面无毛，叶柄和叶轴散生皮刺和短腺毛，托叶大部分附生于叶柄上，边缘有腺毛。花常数朵聚生，花梗长，少数短，散生短，腺毛，花红色或玫瑰色，直径约 5cm，微香，人工栽培下花瓣均变为重瓣；萼裂片卵形，羽状分裂，边缘有腺毛；托杯壶形；子房上位。瘦果(图 18-13)。

梨亚科苹果 *Malus pumila* Mill.：乔木，高达 15m，小枝幼时密生绒毛，后变光滑，紫褐色。叶椭圆形到卵形，长 4.5～10cm，先端尖，缘有圆钝锯齿，幼时两面有毛，后表面光滑，暗绿色。花白色带红晕，径 3～4cm，花梗与花萼均具有灰白色绒毛，萼叶长尖，宿存，雄蕊 20，花柱 5。梨果为略扁之球形，两端均凹陷，端部常有棱脊(图 18-14、图 18-15)。

李亚科桃 *Amygdalus persica* L.：落叶小乔木，高可达 8m，树冠开展。小枝红褐色或褐绿色。单叶互生，椭圆状披针形，先端长尖，边缘有粗锯齿。花期 3～4 月，花单生，无柄，通常粉红色，单瓣。果实 6～9 月成熟，核果卵球形，表面有短柔毛（图 18-16）。

注：绣线菊亚科也可用川滇绣线菊 *Spiraea schneideriana* Rehd.、光叶绣线菊 *Spiraea japonica* L. f. var. *foltunei*(Planch.)Rehd.、李叶绣线菊 *Spiraea prunifolia* Sieb. et Zucc. 等进行观察；梨亚科也可用沙梨、山楂等进行观察；李亚科也可用李 *Prunus salicina* L.、杏 *Ameniaca armeniaca* Lam. 等进行观察。

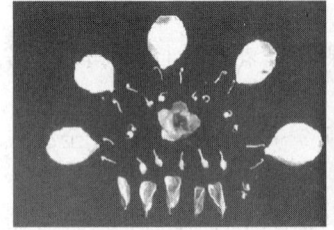

图 18-12　珍珠绣线菊花解剖图　　图 18-13　野蔷薇花解剖图　　图 18-14　沙梨花解剖图

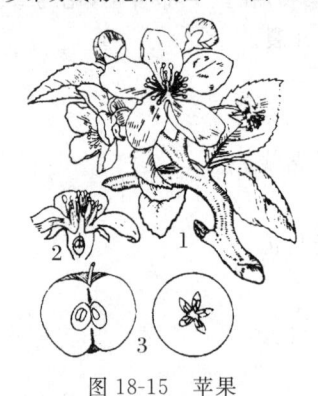

图 18-15　苹果
1.花枝；2.花纵剖；3.果实

图 18-16　桃
1.花枝；2.果枝；3.花纵剖；4.雄蕊；5.果核

（2）观察内容：

取四亚科的代表材料，分别从习性、叶、花、果实等方面进行观察和比较研究。重点观察蔷薇科托杯的结构、各亚科花的结构和果实的类型。

（3）本科代表属：

①龙牙草属 *Agrimonia*，多年生草本；叶为奇数羽状复叶，有大小不等的小叶；花小，黄色，生于纤细的总状花序上；果托有直立的钩刺，故易识别。

②木瓜属 *Chaenomeles*，落叶灌木或小乔木，常有刺；单叶互生，有大托叶；花单生或簇生，常先叶开放；萼片 5；雄蕊多数；花瓣 5；雄蕊 20 或多数；子房下位；梨果。

③山楂属 *Crataegus*，落叶灌木或小乔木，通常具刺；单叶互生，通常分裂，有托叶；花为顶生的伞房花序；萼 5 裂；花瓣 5；雄蕊 5～25；子房下位；梨果。

④枇杷属 *Eriobotrya*，常绿灌木或小乔木；叶大，单叶互生；花排成顶生的圆锥花序；萼片宿存；花瓣 5；雄蕊约 20；雌蕊 1；子房下位；梨果。

⑤草莓属 *Fragaria*，多年生草本，有匍匐枝；叶羽状 3 小叶，托叶与叶柄相连；花排成总状花序式的小花束，副萼比萼片小；花托扩大而肉质；瘦果聚生于花托上。

⑥火棘属 *Pyracantha*，常绿有刺灌木；叶互生，单叶，常有钝齿或锯齿；花多数，排成复伞房花序；萼片和花瓣均 5 枚；雄蕊 1；子房下位；梨果。

⑦悬钩子属 *Rubus*，灌木，直立或攀援状，常有刺；叶为羽状或指状复叶，稀单叶而分裂；花两性，单生或排成聚伞花序、总状花序或圆锥花序；萼5深裂，宿存，常有等数的附萼；花瓣5；雄蕊多数而分离；浆果状聚合果。

⑧樱桃属 *Cerasus*，落叶或常绿灌木或乔木；单叶互生，有锯齿，有时沿叶柄或叶基有腺体；托叶小，脱落；花两性，通常为伞形花序式的花束或为总状花序，有时单生；萼5裂；花瓣5；雄蕊多数，与花瓣同着生于萼管上；雌蕊1个，柱头头状；核果。

(4)绘图与总结：
①绘桃花的纵剖图，示各部分。
②写出以四亚科植物为代表用分科检索表检索至科的路线。
③列表比较蔷薇科四亚科代表植物的形态特征。
④写出代表材料的花公式，比较分析四亚科花结构的异同。
⑤归纳总结各亚科的特征及蔷薇科植物资源的经济价值。

8.豆目 Fabales

(1)代表材料：

含羞草科含羞草 *Mimosa pudica* L.：一年生灌木状草本，茎上有刚毛和表皮刺，各部都有刚毛。叶为二回羽状复叶，排列如掌状，托叶披针形。花很小，淡红色排列为圆球形的头状花序，花序生叶腋间。苞片线形，花萼4片，钟状，有齿裂；花瓣4枚，基部合生，亦如钟状，裂片为三角形，外面有短柔毛，雄蕊4枚，伸出花瓣之外，基部合生，子房无毛，边上有乳状突起，花柱丝状，柱头微小。荚果扁形，有3～5个节，每节只有一枚种子。荚果的内缝线和外线都有刚毛，顶端有喙。

也可用合欢(图18-17)为代表材料进行观察。

云实科紫荆 *Cercis chinensis* Bunge：落叶灌木，单叶，互生，心脏形或圆形，全缘，常有透明白边；叶柄基部和顶端的膨大部分称叶枕；托叶小而早落；花于老茎上簇生成总状花序，早春先叶开放，玫瑰红色；花柄细而短，基部具2～3枚小苞片；花萼阔钟形，顶端5裂；花冠两侧对称，由5枚离生花瓣组成，基部具爪，形状有一定分化，旗瓣最小，位于最内方，中间为两枚翼瓣，两枚龙骨瓣最大，位于最外方，呈上升覆瓦状排列的假蝶形花冠；雄蕊10枚，离生，向上微拱，排成两轮，每轮5枚；单雌蕊，子房上位，具柄，1心皮1室，花柱短于子房，柱头头状，边缘胎座，胚珠多数；荚果扁平，沿腹缝线处有狭翅；种子扁平，数粒。

也可用云实(图18-18)为代表材料进行观察。

图 18-17 合欢
1.花枝；2.果枝；3.小叶；4.花萼；
5.花冠；6.雄蕊及雌蕊；7.花药；8.种子

图 18-18 云实
1.花枝；2.花瓣；3.花萼、
雄蕊及雌蕊；4.雄蕊

蝶形花科蚕豆：二年生草本；茎直立，不分枝；偶数羽状复叶；花2~4朵腋生或排成总状花序；花白色带红，有紫色斑块（浸泡后颜色失真，花瓣变软，解剖有所不便）；萼片5，基部结合；花冠两侧对称，下向式覆瓦状排列，典型的蝶形花冠，旗瓣1枚，最大，位于最上方（最外方），两枚翼瓣位于中间，具黑斑，中间为微靠合的两枚龙骨瓣；雄蕊由龙骨瓣包围，10枚，二体雄蕊，其中9枚雄蕊的花丝联合呈筒状，另外1枚分离，剥开花丝筒即可见子房，单雌蕊，子房上位，1心皮1室，边缘胎座，胚珠多数，荚果长椭圆形（图18-19）。

图18-19 蚕豆
1.植株上部；2.旗瓣、翼瓣和龙骨瓣；3.除去花冠的花；4.荚果；5.种子

(2) 观察内容：

取三科代表材料，依次从习性、叶、花、果实等特征进行观察。重点对三种代表材料的花进行解剖观察，掌握镊合状花冠、假蝶形花冠、蝶形花冠的结构（图18-20）；通过观察，归纳总结被子植物花结构的原始性特征和进化特征。解剖三种材料的果实，归纳总结荚果的形态特征。

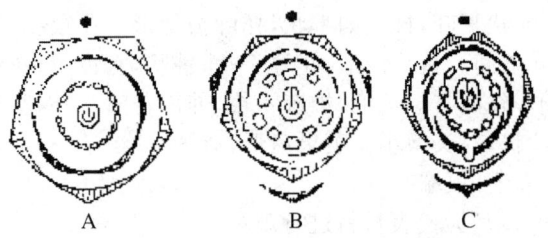

图18-20 豆目三科花图式
A.含羞草科；B.云实科；C.蝶形花科

(3) 本目代表属：

①合欢属 *Albizzia*，二回羽状复叶，小叶两侧偏斜，头状花序集成伞房状，白色，雄蕊多数，基部结合，荚果扁平，不裂。

②落花生属 *Arachis*，托叶与叶柄结合，偶数复叶；花后子房柄转向延长，推送子房入土中发育，荚果蚕茧状。

③豌豆属 *Vicia*，托叶大，抱茎，具叶卷须，花柱扁平，顶端内侧具髯毛，花柱向外面纵折。

④菜豆属 *Phaseolus*，花中龙骨瓣先端具螺卷状长喙，翼瓣与龙骨瓣合生；种子肾形，种脐位于中部。

(4) 绘图与总结：

①绘豆目三科的花图式。

②写出以三科植物为代表用分科检索表检索至科的路线。

③写出代表材料的花公式，比较分析三科花结构的异同。

④归纳总结豆目三科的特征。

9. 大戟科 Euphorbiaceae

(1) 代表材料：泽漆

二年生草本，高达30cm，全部略带肉质，光滑无毛，茎下部呈淡紫红色，上部淡红色，其茎、叶内有白色乳汁,茎下部的叶互生 4~7 片,倒卵形或匙形,长 2~3cm,宽 10~18mm,两边不相称,边缘自中部以上有细锯齿,先端钝圆以至截形成微凹,基部广楔形至窄狭而成短柄,通常不具叶柄,茎上部 5 叶平展,轮生,其形与下部叶相似,叶脉羽状,上面不明显,下部微隆,两侧约有 5 对,愈近顶端愈不明显,此 5 叶之上,支出 5 枝,每枝再 3 小枝,每枝再分 2 或 3 小枝,各小枝分叉枝处,轮生 3 叶,外面 2 叶倒卵形,外向的基部特宽而歪,内面一叶较小,呈广倒卵形以至三角形心形,各小枝顶端向斜上平展排列二歧聚伞花序;花小不显著,黄绿色,单性雄花均无花被,同生于筒状总苞中,总苞杯状,顶端四浅裂,其上着生线状腺体,总苞中有雄花多朵,每花由 1 雄蕊组成,通常有 2~3 雄蕊伸出腺体之上,花丝细圆柱形,上有一关节,顶端分叉成二药;总苞中有雌花一朵,常伸出总苞而下垂,子房三角状卵形,3 室,每室有胚珠 1 粒,花柱 3,顶端分支;果实为蒴果,表面平滑,幼时绿色,熟时变为灰白色而开裂;种子卵圆形、表面有网纹,熟时黑褐色。

注:也可用蓖麻为代表进行观察。

(2)观察内容:

①取泽漆新鲜植株,观察叶片的形态及其着生形式。重点观察,上部叶及茎分枝的对应关系。

②观察泽漆花序的着生特点。取一个杯状花序(鸟巢花序)置于解剖镜下,观察总苞及其上着生腺体的形态;观察伸出花序的雌蕊柱头,几裂?用解剖刀纵剖开杯状花序,观察其内部结构(图 18-21)。

图 18-21 泽漆植株及大戟花序图

(3)本科代表属:

①油桐属 *Vernicia*,落叶乔木,含乳状汁;叶大,全缘或 3~7 裂,柄长,顶端具 2 个腺体;圆锥状聚伞花序单性同株,花具花萼花冠之分,蒴果较大。

②乌桕属 *Sapium*,落叶乔木,呈灌木状,有乳状汁液;叶三角状或菱状卵形,单性同株,无花瓣,蒴果,种子黑色,外被白蜡层。

③橡胶树属 *Hevea*,乔木,有乳汁;三出复叶,单性同株,无花瓣,圆锥状聚伞花序,蒴果。

④木薯属 *Manihot*,亚灌木;叶掌状 3~7 深裂;根圆柱形,肉质,富含淀粉。

(4)绘图与总结:

①绘泽漆杯状花序的纵剖图,示总苞、腺体、雄花及雌花。

②写出以泽漆为代表用分科检索表检索至科的路线。

③写出泽漆的花公式。

④归纳总结大戟科的特征。

10.芸香科 Rutaceae

(1)代表材料:甜橙 *Citrus sinensis*(L.)Osbeck

常绿叶乔木,具长刺或短刺,叶大而厚,为单叶状的复叶,有叶片及翼叶两部分,叶片卵圆形,先端钝或尖,因品种而异。花两性腋生,一般单生于枝梢的叶腋,白色芳香。花浅杯状,顶端浅裂,花瓣白色、肥厚,线状矩圆形,覆瓦状排列,雄蕊着生于花盘周围,花丝扁平,常贴合,成束;子房原形,花柱圆柱形,柱头膨大。果为柑果,圆形而稍扁。

注：也可用酸橙 Citrus aurantium L.（图 18-22）、柑橘、枳橘 Poncirus trifoliata（L.）Raf.、柚 Citrus maxima（Burm.）Merr. 等为代表进行观察。

图 18-22　酸橙
1. 花枝；2. 花纵剖；3. 子房横切；4. 果实横切；5. 果实纵切；6. 种子

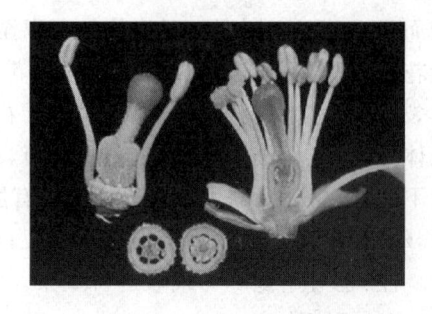

图 18-23　甜橙花解剖图

（2）观察内容：

①取甜橙的叶，观察单身复叶的形态结构；对着光照观察，甜橙叶片上是否具有腺点？揉烂叶片闻闻看，有什么味道？

②取甜橙的花，自外向内进行解剖观察（图 18-23），写出其花公式。（柚花的形态结构与之甚为相似，但较大形，如有条件可比较观察之）甜橙是何种胎座？可横剖如豌豆大的果实观察或通过柑果横切进行观察。

（3）本科代表属：

①花椒属 Zanthoxylum，有刺灌木，奇数羽状复叶，花小，单性，稀有两性，蒴果，种子亮黑色。

②黄檗属 Phellodendron，落叶乔木，奇数羽状复叶对生；具透明小点，花小、单性，核果。

（4）绘图与总结：

①写出以甜橙为代表用分科检索表检索至科的路线。

②写出甜橙的花公式。

③归纳总结芸香科的特征。

11. 伞形科 Umbelliferae

（1）代表材料：野胡萝卜 Daucus carota L.

一年生或二年生草本，高达 1m 以上，全部密被白色细长毛。根肉质，支根较细，橘黄色。茎直立，大部木质化，上部多分枝，具纵条纹和浅沟，密被长硬毛。复叶，互生，叶柄基部扩大为鞘状，叶片 2 至 3 回羽状分裂，裂片披针形或近于线形，先端尖，二面及边缘均有白色细长毛。花多数，白色，排列为复伞形花序，通常生长在长枝的顶端，花开放前呈平头状，开放时呈半圆形，总苞片多数，叶状，羽状分裂，裂片线形；小伞形花序多数，球形，其外缘的花先开放，并较内面的花略大，其基部具小苞片 5~7 个，3 裂或全裂，裂片披针形。萼齿 5 个,三角形,或不明显;花瓣不等大,倒卵形,近基部一侧向内凹入;雄蕊 5,花丝细柔,近于直立或稍弯曲。花柱 2 个,分离或呈叉状,花柱基部具上位花盘;子房椭圆形,下位,2 室,花凋落后,果序逐渐向内卷合呈球状。果实为双悬果,成熟时分离为 2 片(图 18-24)。

注:也可用胡萝卜、芹菜 *Apium graveolens* L. 为代表进行观察。

(2)观察内容:

①取野胡萝卜植株,观察茎、叶的形态。揉烂叶片,是否有特殊气味。

②对照描述,观察野胡萝卜的花序特征;取一朵小花在解剖镜下解剖观察。

③取一个分果片,观察其椭圆形外形,有 5 条主棱,4 条次棱,次棱刺状;将其作一横切,每一次棱有 1 个油管,结合面每侧有 2 个油管。

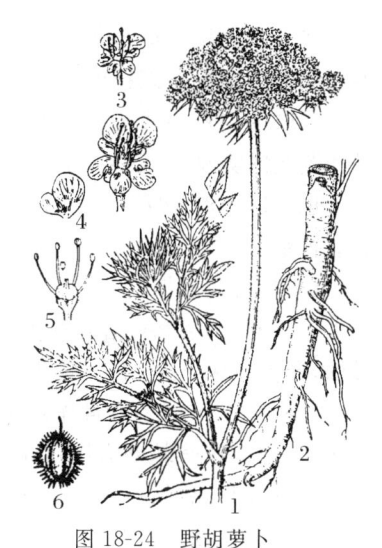

图 18-24 野胡萝卜
1.花枝;2.根;3.花(分中心花和周边花);4.花瓣;5.雄蕊和雌蕊;6.果实

(3)本科代表属:

①当归属 *Angelica*,草本,茎常中空,三出式羽状复叶或三出复叶,复伞形花序,果实侧棱具宽翅。

②柴胡属 *Bupleurum*,草本或半灌木,单叶全缘,叶脉平行或弧形复伞形花序,总苞片叶状。

(4)绘图与总结:

①绘野胡萝卜小花外形图和果实横切图。

②写出以野胡萝卜为代表用分科检索表检索至科的路线。

③写出野胡萝卜的花公式。

④归纳总结伞形科的特征。

12. 杨柳科 Salicaceae

(1)代表材料:毛白杨 *Populus tomentosa* Carr.

大乔木,树高达 25m。树皮灰白色,老时深灰色,纵裂;幼枝有灰色绒毛,老枝平滑无毛,芽稍有绒毛。叶互生;长枝上的叶片三角状卵形,长 10～15cm,宽 8～12cm,先端尖,基部平截或近心形,具大腺体 2 枚,边缘有复锯齿,上面深绿色,疏有柔毛,下面有灰白色绒毛,叶柄圆,长 2.5～5.5cm;老枝上的叶片较小,边缘具波状齿,渐无毛;在短枝上的叶更小,卵形或三角形,有波齿,背面无毛。葇荑花序,雌雄异株,先叶开放。雄花序长 10～14cm;苞片卵圆形,尖裂,具长柔毛;雄蕊 8;雌花序长 4～7cm;子房椭圆形,柱头 2 裂。蒴果长卵形,2 裂。

(2)观察内容:

①观察毛白杨花序和花的构造,注意花序轴的长短,质地(软或硬),有无苞片?花序是何种类型?花是两性花还是单性花?

②取一朵雄花进行观察,注意苞片的形状和特点。数一数,一朵雄花有几枚雄蕊?雄蕊的着生情况是怎样的?

③取毛白杨果实进行解剖观察,是什么果实类型?横剖子房或果实,观察心皮的数目和胎座的类型。观察种子,有何特点?

也可以小叶杨 *Populus simonii* Carr.(图 18-25)、旱柳 *Salix matsudana* Koidz.为代表进行观察,注意杨属和柳属的区别。

(3)本科代表属:

①杨属 *Populus*,落叶乔木,皮光滑或具纵沟;具顶芽,芽有鳞片数枚;单叶互生;雌雄异株,荑黄花序下垂,有杯状花盘,雄蕊常多数。蒴果,种子小,具白色绵毛。

②柳属 *Salix*,落叶灌木或乔木,冬芽有鳞片;单叶互生;花单性异株,无花被,排成荑黄花序,雄蕊花丝基部有腺体 1~2 枚;蒴果,种子有绵毛。

(4)绘图与总结:

①绘毛白杨一朵雌花外形图。

②写出以毛白杨为代表用分科检索表检索至科的路线。

③写出毛白杨的花公式。

④归纳总结杨柳科的特征。

⑤观察思考,棉絮和柳絮属于哪一种毛?二者有何区别?

13. 山茶科 Theaceae

(1)代表材料:油茶 *Camellia oleifera* Abel

常绿灌木或小乔木,高达 4~6m,一般 2~3m。树皮淡褐色,光滑。单叶互生,革质,椭圆形或卵状椭圆形,边缘有细锯齿,长 3~10cm,宽 1.5~4.5cm。花顶生或腋生,两性花,白色,直径 6~9cm,花瓣倒卵形,顶端常二裂。蒴果球形、扁圆形、橄榄形,直径 3~4cm,果瓣厚而木质化,内含种子。

也可用茶 *Camellia sinesis* Ktze.(图 18-26)、山茶 *Camellia japonica* L.为代表材料进行观察,注意和油茶相比较。

图 18-25 小叶杨
1.长枝;2.短枝;3.雄花花芽;4.雄花序;
5、6.雄花及苞片;7、8.雌花及苞片;9.蒴果

图 18-26 茶

(2)观察内容：

①取油茶新鲜材料观察，幼枝有何特点？

②观察油茶花着生的位置和数量。取一朵花进行观察，区分苞片和萼片，数量如何，外形上有何特点？观察雄蕊，数量如何，排列成什么形式，最外面的花丝基部有何特点？

③观察油茶的子房，外形上有何特点？横剖子房，有几室，属何种胎座类型，内有几枚胚珠？

④取油茶种子进行观察，是什么形状的，有没有光泽？

(3)本科代表属：

①山茶属 *Camellia*，常绿木本；花两性，单生或数朵腋生，蒴果，3～5室，有时只有1室发育，果皮木质或木栓质，3～5片自上向下开裂。

②大头茶属 *Gordonia*，常绿灌木或乔木；叶互生；花单生于叶腋内；子房3～5室；蒴果；种子有翅。

③厚皮香属 *Ternstroemia*，灌木至乔木；叶常簇生枝顶；花两性，单生于叶腋内；子房2～3室；蒴果，不开裂。

④核果茶属 *Pyrenaria*，灌木或乔木；花近无柄，腋生；子房5～7室；果核果状，不开裂。

(4)绘图与总结：

①写出以油茶为代表用分科检索表检索至科的路线。

②写出油茶的花公式。

③归纳总结山茶科的特征。

14. 木犀科 Oleaceae

(1)代表材料：紫丁香 *Syringa oblata* Lindl.

落叶灌木或小乔木。高可达4m，枝条粗壮无毛。叶广卵形，通常宽度大于长度，宽5～10cm，端尖锐，基心形或楔形，全缘，两面无毛。圆锥花序长6～15cm；花萼钟状，有4齿；花冠堇紫色，端4裂开展；花药生于花冠中部或中上部。蒴果。

也可用白蜡树 *Fraxinus chinensis* Roxb. 或女贞 *Ligustrum lucidum* Ait.（图18-27）进行观察。

图18-27　女贞
1.花枝；2.果枝；3.花；4.雄蕊；5.雌蕊；6.种子

(2)观察内容：

①取一朵紫丁香花浸制标本进行观察，注意花萼的着生特点和裂片的数目，和花冠裂片数目是否对应？

②去除花萼和花冠，观察雄蕊，有多少枚，着生位置如何？观察雌蕊，柱头的数目如何？取子房作横切，观察心皮数和子房室数。

③取紫丁香的果实柑制标本进行观察，其外形特点如何？

(3)本科代表属：

①木犀属 *Osmanthus*：常绿灌木或小乔木；叶对生；花两性或单性，雌雄异株或雄花、两性花异株，簇生于叶腋或组成聚伞花序，有时成总状花序或圆锥花序；萼4齿裂；花冠4浅裂或深裂至近基部而冠管极短，裂片花蕾时覆瓦状排列；核果，种子通常1颗。

②丁香属 Syringa：落叶灌木或小乔木；花两性，组成顶生或侧生的圆锥花序；萼钟状 4 裂，宿存；花冠裂片 4；蒴果。

③女贞属 Ligustrum：灌木或小乔木；花两性，组成聚伞花序再排成顶生的圆锥花序；萼钟形，不规则齿裂或 4 齿裂；花冠裂片 4；浆果状核果，有种子 1～4。

④素馨属 Jasminum：小乔木或攀援状灌木；花两性，排成聚伞花序，聚伞花序再排列成圆锥状、总状、伞房状、伞状或头状；花萼钟状、杯状或漏斗状，具齿 4～12 枚；花冠裂片 4～12；浆果双生或其中一个不育而成单生。

⑤连翘属 Forsythia：灌木；先叶开花，1～3(5) 朵生于叶腋；萼 4 深裂；花冠 4 深裂，裂片狭长圆形或椭圆形；果卵球形或长圆形，室背开裂；种子有狭翅。

(4) 绘图与总结：
①写出以紫丁香为代表用分科检索表检索至科的路线。
②绘紫丁香的花图式，写出油茶的花公式。
③归纳总结木犀科的特征。

15. 茄科 Solanaceae

(1) 代表材料：马铃薯

多年生草本，但作一年生或一年两季栽培；高 30～80cm，无毛或被疏柔毛。地下块茎呈圆、卵、椭圆等形，直径约 3～10cm，有芽眼，皮红、黄、白或紫色；地上茎呈棱形，有毛；奇数羽状复叶，总叶柄长 3～5cm，小叶柄长 1～8mm；小叶 6～8 对，常大小相间，卵形或矩圆形，最大者长约 6cm，最小者长宽均不及 1cm，先端钝尖，基部稍不等，全缘，两面均被白色疏柔毛，叶脉在下面突起，侧脉每边 6～7 条，先端略弯；聚伞花序顶生，花萼钟形，直径约 1cm，外被疏柔毛，5 裂，裂片披针形，先端长渐尖；花冠辐射状，白色或蓝紫色，直径 2.5～3cm，花冠筒隐于萼内，先端渐 5 裂，裂片略呈三角形；雄蕊 5，花丝短，花药长圆形，约为花丝的 5 倍长；雌蕊 1，子房上位，2 室，花柱较雄蕊稍长，柱头头状，结实少；浆果球形，绿或紫褐色；种子肾形，黄色。(图 18-28)

也可用番茄进行观察，注意同马铃薯的区别。

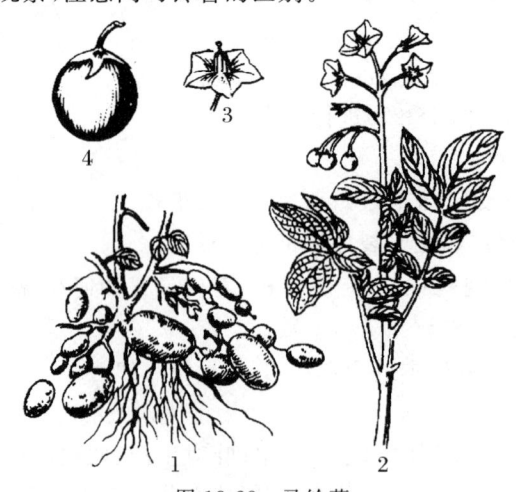

图 18-28 马铃薯
1. 块茎；2. 植株；3. 花；4. 果实

(2)观察内容:

①观察马铃薯的蜘蛛外形,注意叶形特征以及地下的块茎。观察马铃薯的花序,属何种类型?

②取一朵马铃薯花进行观察,注意花萼和花冠裂片的数目,雄蕊和花冠裂片的关系。观察雄蕊,靠合的情况如何?花药以什么样的方式开裂?

③取马铃薯的子房进行横切,观察胎座的类型。

(3)本科代表属:

①枸杞属 *Lycium*:落叶或常绿灌木,有刺或无刺;花单生或成束;萼钟状,2~5齿裂;花冠5裂,很少4裂;浆果,有种子数颗至多颗,通常大红色。

②辣椒属 *Capsicum*:一年生草本,或灌木、亚灌木;花1~3朵聚生,5裂,雄蕊5;浆果,常有辛辣味;种子多数,扁圆盘形。

③曼陀罗属 *Datura*:一年生直立草本植物;花两性,五裂;蒴果。花萼在结果时近基部环状断裂,仅基部宿存。

④烟草属 *Nicotiana*:一年生或多年生植物,常有粘质柔毛;花排成顶生的圆锥花序或偏于一侧的总状花序;萼在结果时常宿存并稍增大,不完全或完全包围果实;蒴果;种子微小,多数。

⑤碧冬茄属 *Petunia*:一年生或多年生草本,被粘质柔毛;萼5深裂,裂片长椭圆形或线形;蒴果2瓣裂;种子表面有网状小窝孔。

⑥茄属 *Solanum*:草本、灌木或小乔木;单叶,偶复叶;花冠常辐射状;花药侧面复合,顶孔开裂;浆果。

(4)绘图与总结:

①绘马铃薯花纵切图。

②写出以马铃薯为代表用分科检索表检索至科的路线。

③归纳总结茄科的特征。

16. 石竹科 Caryophyllaceae

(1)代表材料:繁缕 *Stellaria media* (L.) Villars

一年或二年生草本,高10~30cm。匍茎纤细平卧,节上生出多数直立枝,枝圆柱形,肉质多汁而脆,折断中空,茎表一侧有一行短柔毛,其余部分无毛。单叶对生;上部叶无柄,下部叶有柄;叶片卵圆形或卵形,长1.5~2.5cm,宽1~1.5cm,先端急尖或短尖,基部近截形或浅心形,全缘或呈波状,两面均光滑无毛。花两性;花单生枝腋或成顶生的聚伞花序,花梗细长,一侧有毛;萼片5,披外形,外面有白色短腺毛,边缘干膜质;花瓣5,白色,短于萼,2深裂直达基部;雄蕊10,花药紫红色后变为蓝色;子房卵形,花柱3~4。果蒴果卵形,先端6裂。种子多数,黑褐色;表面密生疣状小突点(图18-29)。

图18-29 繁缕植株形态及花果外形图

也可用石竹 *Dianthus chinensis* L. 为代表材料进行观察,注意对石竹亚科和繁缕亚科的特征进行比较。

(2)观察内容:

①观察繁缕的茎叶形态特点。拔断繁缕的茎,观察一下有何现象?为什么?

②取一朵繁缕的花浸制材料进行观察,观察各部分数目,观察萼片是否联合,花冠是否具爪?将繁缕的子房进行纵切和横切,观察并判断其胎座类型。

③取繁缕的果实进行观察,果实先端有何特点?将果实剖开,观察种子的数量及形态。

(3)本科代表属:

①繁缕属 *Stellaria*:草本;叶对生;花排成顶生的聚伞花序,稀单生于叶腋;萼片 5(4);花瓣与萼片同数,2 裂,或有时缺;蒴果。

②卷耳属 *Cerastium*:一年生或多年生、被毛草本;花排成二歧状的聚伞花序;萼片 5,稀 4,分离;花瓣与萼片同数,先端 2 裂;蒴果。

③漆姑草属 *Sagina*:一年生或多年生草本,腋生;花生于腋生的长花柄上,稀排成聚伞花序;萼片 4~5;花瓣全缘,4~5 或缺;蒴果。

④狗筋蔓属 *Cucubalus*:披散草本;花 1~3 朵聚生或单生于分枝的叉上;萼阔钟形,5 齿裂;花瓣 5,顶端 2 裂;果球形,肉质,最后不规则的开裂。

⑤石竹属 *Dianthus*:一年生或多年生草本;叶狭,禾草状;花单生或排成聚伞花序;萼管状,5 齿裂,下有苞片 2 至多枚;花瓣 5,具柄,全缘或具齿或细裂;蒴果顶端 4~5 齿裂。

⑥大爪草属 *Spergula*:一年生或多年生草本,具叉状或簇生的分枝;叶因叶腋内又生叶芽而呈假轮生状;花排成圆锥花序状的聚伞花序;萼片、花瓣 5;蒴果开裂为 3 或 5;种子有边或翅。

(4)绘图与总结:

①绘繁缕花纵切图。

②写出以繁缕为代表用分科检索表检索至科的路线。

③归纳总结石竹科的特征。

④列表比较石竹亚科和繁缕亚科的异同点。

17. 唇形科 Lamiaceae

(1)代表材料:一串红 *Salvia splendens* Ker-Gawl.

亚灌木状草本,高 40~90cm,茎方形,有分枝,无毛;叶为单叶对生,圆卵形,顶端渐尖,基部宽楔形或圆形,边缘具锯齿,两面无毛,背面有小腺点,叶柄长 1~5cm,无毛;轮伞花序、有 2~6 朵花,组成顶生总状花序,花序轴,被短柔毛,花柄密被红色具节长柔毛;苞片红色、卵形、大、顶端尾状渐尖,开花前包裹花蕾,花开后脱落;花萼钟形,鲜红色,外面沿脉被具节长柔毛,上唇阔三角形,顶端骤尖,下唇深二裂,裂片三角形,萼筒长 1.2~1.4cm;花冠鲜红色,长 3.5~4.8cm,冠筒直伸,长 0.8~1cm,顶端微凹,下唇比上唇短,侧裂片卵形,中裂片半圆形,顶端圆,与侧裂片近等长;雄蕊 4 枚,两枚退化雄蕊生于上唇基部,上臂外伸,花丝长约 5mm,药隔长 1.3~2cm,近伸直,上、下臂近等长,两下臂靠合,顶端分离,药隔上端的药室发育,药隔下端的药室较小,不育;子房上位,由 2 个心皮合成,起初为 2 室,每室各有 2 枚胚珠,由于次生的横膈膜从每一室的背部向着子房内生长,把室分为 2 部分,形成 4 室子房,每室有一个胚珠,花柱细长,外伸,着生于子房的基部,顶端不等或近相等的2裂,子房基部具有下位花盘;果实为四分坚果,小坚果椭圆形,长3~4mm,暗褐色,顶端有皱褶突起;花果期7~9月(图18-30)。

(2)观察内容:

①取一段一串红新鲜茎,观察茎的外形特征。叶在茎上的着生方式如何?

②取一朵花,由外向内依次观察花萼、花冠、雄蕊、雌蕊等。注意观察一串红唇形花冠的结构特征。轻轻拨开唇形花冠,观察其雄蕊的着生,与花冠管有何关系?观察花药的着生形式,理解杠杆雄蕊对虫媒传粉的适应性。

③将花的花萼、花冠、雄蕊等去掉,观察雌蕊和子房(或四分坚果)的位置关系。观察四分坚果的发育情况。

图18-30 一串红
1.植株的一段;2.花序;3.花冠;4.花萼;5.雌蕊;6.坚果

(3)本科代表属:

①筋骨草属 *Ajuga*,花冠为假唇形,即上方2裂片退化,下方上3裂片发达,中央裂片特长,子房呈4裂或中裂。

②黄芩属 *Scutellaria*,轮伞花序,由2花组成,偏于一侧,萼钟状唇形,上唇背部具一个半圆形唇状附属体,下唇花后封闭;花冠筒长,基部弯曲而上举,上唇盔状。

③夏枯草属 *Prunella*,轮伞花序密集成短穗状,萼下苞片阔卵形,萼具极不相等的齿;2唇,花冠上唇盔状,后对雄蕊短于前对雄蕊。

④益母草属 *Leonurus*,花萼漏斗状,5脉,萼齿近等大,内面无或具斜向或近水平向的毛环。

⑤薄荷属 *Mentha*,草本,叶背有腺;常腋生轮伞花序,花冠裂,近辐射对称,雄蕊4。

(4)绘图与总结:

①绘一串红的花图式。

②写出以一串红为代表用分科检索表检索至科的路线。

③写出一串红的花公式。

④归纳总结唇形科的特征及其对虫媒传粉的适应性。

18. 菊科 Asteraceae

(1)代表材料:

管状花亚科金盏菊 *Calendula officinalis* L.:一年生草本,高30~60cm,稍有柔毛;茎直立,上部有分支枝,下部叶全缘;上部叶长椭圆形至长椭圆状倒卵形,长5~9cm,宽1~2cm,全缘或具稀疏的细齿,先端钝或尖,基部略带心脏形,稍稍包茎;头状花序单生,总苞片线形,先端渐尖,边缘膜质。舌状花位于花序边缘,淡黄色至橘黄色,雌性,1至2层,孕育,舌片全缘,先端齿裂舌状花白日开放,入夜闭合,开放时舌片水平开展,花序之中央管状花,管状花两性,不孕育,花冠裂片5枚,萼片5枚,但不明显,管状花内雄蕊5枚,着生在花冠上,花药间互相靠合成管状,花药基部箭形,内向开裂,其花柱不裂,瘦果,其长度较苞片为长,内向钩曲,背部有横褶皱,两侧具窄翼,冠毛缺乏。

注：也可用蒲儿根 *Senecio oldhamianus* Maxim.、小白酒 *Conyza canadensis*（L.）Cronq. 等为代表进行观察。

舌状花亚科黄鹌菜 *Youngia japonica*（Linn.）DC.：一年生草本高 20～90cm，茎直立，基生叶丛生，倒披针形，琴状或羽状半裂，长 8～14cm，宽 1.3～3cm，顶裂片较侧裂片稍大，侧裂片向下渐小，有波状齿，无毛或有细软毛，叶柄具翅或有不明显的翅。茎生叶少数，通常 1～2 片。头状花序小，有 10～20 朵花，排成聚伞状圆锥花序；总苞果期钟状，长 4～7mm，外层总苞片 4，极小，三角形或卵形，长不到 0.5mm，内层总苞片 8，披针形，长约 5mm；花黄色，舌状，两性，长 4.5～10mm，舌长管 2 倍，管有细毛；雄蕊花粉囊下端箭头形，细长，冠毛长等于花冠管。瘦果，红棕色或褐色，纺锤形，长 1.5～2mm，扁平，有 11～13 条粗细不等的纵肋，冠毛白色。

（2）观察内容：

对照特征描述，对两亚科代表材料的习性、叶、花、果实特征进行观察，重点理解菊科植物的头状花序、聚药雄蕊和连萼瘦果的典型特征。比较两亚科在体内是否有浆汁以及花冠类型等结构上的不同之处（图 18-31）。

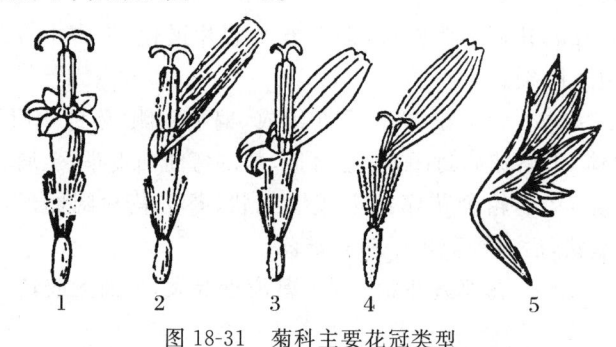

图 18-31　菊科主要花冠类型
1. 管状花；2. 舌状花；3. 两唇花；4. 假舌状花；5. 漏斗状花

（3）本科代表属：

①艾属 *Artemisia*，草本或半灌木，常被绢毛或蛛丝状毛，头状花序小，长下垂，集成总状或圆锥状，总苞半球形至卵形，苞片边缘膜质，数列全为筒状花，盘花两性，缘花雌性，瘦果小，无冠毛。

②白术属 *Atractylodes*，草本，根茎粗大，拳状；头状花序顶生，总苞钟形，外有一轮直立，羽毛状深裂，裂片呈针刺状苞片，最外还有数片线状披针形的苞叶。

③红花属 *Carthamus*，草本，叶质硬，边缘不规则浅裂头状花序单生，或伞房状排列，总苞多列，外方 2～3 列呈叶状，边缘有针刺，头状花序全为两性筒状花。

④菊属 *Dendranthema*，草本，头状花序枝端单生，或伞房状排列。总苞半球形，多数，边缘常干膜质，盘花筒状，花药基部全缘，顶端有椭圆形附属物，缘花一至多列，雄性，假舌状，两者结实，瘦果多纵肋，无冠毛。

⑤向日葵属 *Helianthus*，叶下部对生，上部互生。头状花序单顶生，或排成伞房状。总苞片数层，外层叶状。缘花假舌状，中性，盘花两性，筒状。瘦果倒卵形，稍压扁，顶端具 2 鳞片状脱落的芒。

⑥风毛菊属 *Saussurea*，头状花序为两性筒状花，花托常有密披刚毛。冠毛 1～2 轮，内轮羽状，外轮常为刚毛状或羽状，瘦果 4 棱。

⑦千里光属 *Senecio*，常呈蔓生状草本，亚灌木，或灌木；叶常全缘或各种分裂；头状花序之总苞片1层或近2层，等长，基部常有数枚外苞片；缘花假舌状、雌性，盘花两性，二者结实，花柱顶具画笔状附属物，瘦果圆锥形有棱，冠毛丰富。

⑧莴苣属 *Lactuca*，草本，总苞圆筒形，总苞片数列，外列短向内渐长；全为舌状花，瘦果扁平，具喙，冠毛多而细。

⑨蒲公英属 *Taraxacum*，叶丛生基部，倒向羽列或琴状羽列；头状花序单生花茎顶端，全为舌状花，黄色，总苞片2列，外列小而下弯，内列直立而细狭；瘦果纺锥形，有长喙，多白色冠毛。

(4)绘图与总结：

①绘金盏菊的管状花纵剖面图，示子房与花柱、雄蕊、花冠的着生部位与形态。

②绘黄鹌菜的舌状花，示花的各部着生位置与形态。

③写出以金盏菊、黄鹌菜为代表材料，检索至科的检索路线。

④归纳总结菊科的主要特征及2亚科的不同点。

19. 莎草科 Cyperaceae

(1)代表材料：莎草 *Cyperus rotundus* L.

多年生草本，地下有匍匐茎，其先端具块茎，块茎上有黄褐色鳞片；地上茎通常单生直立，三棱形，表面光滑，绿色。叶由茎的基部丛生，三行排列，叶片线形，长与茎相等或超过它，先端尖；全缘，具平行脉，中肋于背面稍隆起。叶的基部有鞘，包茎，叶鞘短于叶片，总穗状花序生于茎的顶端，3至8枚，长短不等，通常居中的一总穗状花序最短或近于无柄，下有叶片状总苞片3至6枚，长有超过花序者；小穗成总状或伞状排列，赤褐色，广卵圆形，先端钝，带膜质而淡绿，背面光滑，中央有数条平行脉较明显，基部着生于小穗轴上；花两性，无花被；雄蕊三个，花药线形，直立，基部着生于花丝顶端；雌蕊一枚，子房椭圆形，柱头呈三裂状，较花柱为长。坚果(图18-32)。

图18-32 莎草及各部形态示意图
1.植株；2.穗状花序；3.小穗顶端一部分；
4.鳞片；5.雌蕊和雄蕊；6.未成熟的果实

注：也可用栗褐苔草 *Carex brunnea* Thunb. 等为材料进行观察。

(2)观察内容：

①取一完整莎草植株观察，地下茎先端有块茎，用解剖针将块茎的鳞片刮掉，观察节、节间和不定根。

②观察茎的形态以及叶片在茎上的着生形式。

③观察莎草穗状花序的组成特点。取一小穗置于解剖镜下观察，哪些是能育的花，哪些是不育的花？

④观察莎草的坚果，其形状是怎样的？

(3)本科代表属：

①藨草属 *Scirpus*，杆三棱形；聚伞花序简单或复出；花序下苞片似杆的延长或叶状，小穗上的鳞片螺旋排列，每鳞片内包1两性花，下位刚毛2～9，花柱基不膨大。

②苔草属 Carex, 小穗1至多数,单生或组成穗状、总状花序;花单性,雌雄同株,稀异株;鳞片螺旋状排列;小坚果具囊苞,无下位刚毛。

(4)绘图与总结:

①绘莎草的一段穗状花序外形图,及一朵小花的展开图示鳞片、雄蕊、雌蕊。

②写出以莎草为代表材料检索至科的检索路线。

③归纳总结莎草科的主要特征。

20. 禾本科 Poaceae

(1)代表材料:

竹亚科慈竹:乔木状。秆高5~10m,木质化,地下茎为合轴型,中空,内径2~4.6cm,节间贴生灰白色或灰褐色的小刺毛,小刺毛脱落后于秆的表面具1小凹痕或留1小疣点,箨环甚显著,节间长约1cm,在秆基数节的箨环常有一圈紧密贴生的银白色绒毛,宽5~8mm,箨鞘革质,长20~25cm,背部密集贴生棕黑色刺毛,其内面有一具流苏状的箨舌,箨叶在秆上部者长达10cm,宽4~5cm。枝条在每节上约为20枚,主枝下部的节间有长达10cm者,直径约5mm。普通叶在最后小枝上有数片乃至10片以上,叶鞘长4~8cm,具纵脉无毛,叶舌截平形或呈齿蚀形,高1~15mm,棕色或炭色,叶片长10~30cm,宽1~3cm,先端渐细尖,基部作圆形或楔形,叶柄长2~3mm,具与叶鞘相连处成一关节,帮叶片容易在此处脱落,无叶耳;花枝常呈束,不具叶,长达20~60cm,甚柔软,其节间长15~55mm,小穗常以2~4枚生于一节,各含花4~5朵,长达15mm,小穗轴节间长约2mm,无毛,颖2至数片,长2~6mm;外颖长8~10mm,顶端具小尖头,边缘生纤毛,内颖长7~9mm,背部的2脊上生有纤毛;鳞被通常3片,有时4片,形状相等,均具流苏状的纤毛;雄蕊6枚,花丝长4~7mm,花药长4~6mm;子房长约1mm,上位,由3心皮合生,1室,内生1胚珠,花柱1枚,柱头2~3枚。果实成纺锤形,长75mm,果皮薄质,黄棕色。可与种子相分离。笋期6~9月或12月或12月至次年3月。花期多在4~7月(图18-33)。

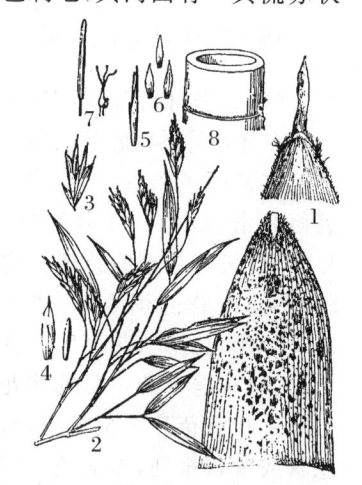

图18-33 慈竹各部形态示意图
1.箨叶;2.叶枝和花枝;3.小穗的一部分;4.颖和小穗下方的前叶;5.小花及小穗轴延伸的部分;6.浆片;7.雄蕊和雌蕊;8.秆的一段

禾亚科小麦:一年生,在栽培状况下为越年生(普通冬小麦)草本,须根,地下茎为合轴分枝,分蘖多少因土壤瘠肥和环境异同而有变化,秆高达1m以上,通常具6~8节,叶鞘通常短于节间,叶舌较短,膜质;叶片长披针形,穗状花序普通长5~10cm(芒除外),普通宽1cm左右,穗轴节间长2~3mm,小穗含3~9朵花,长10~15mm,上部的花常不结实,小穗轴节间长约1mm,小穗基部有两片苞片,称为颖片,在远轴的为第一颖(外颖),在近轴的为第二颖(内颖)革质,背具5~9脉,顶端具短突的尖头,取一小花在解剖镜下观察可见,在颖的上部为小花,两性,外稃具5~9脉,顶端通常具芒,其长度变化极大,内稃边缘内折与外稃等长,脊具窄翼,雄蕊3枚,轮生,花丝线状,着生于花药基部(顶着药)。但由于药室基部深裂,使其外形面为丁字着生,子房的基部有2片肉质状的鳞被称为浆片,相当于外轮花被;1 枚雌蕊,位于花的中央,子房上位,1 室,由 3 心皮组成,内含 1 胚珠,花柱 2 枚,羽毛状。取一果实观察,颖果,在向柱头的一端具一簇毛,在和内面的一侧有一条槽,以槽表示种子附生在子房之处,胚位于麦粒的基部(图 18-34)。

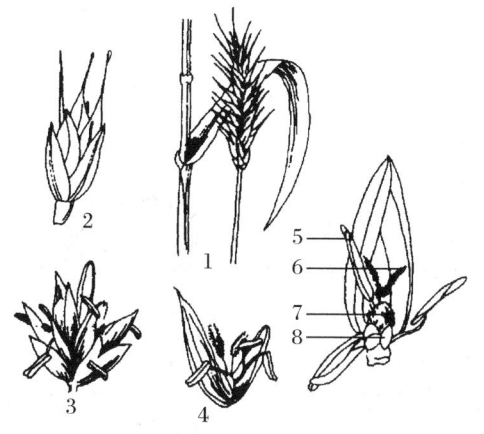

图 18-34 小麦
1.植株的一部分;2.小穗;3.开花的小穗;
4.小花;5.雄蕊;6.柱头;7.子房;8.浆片

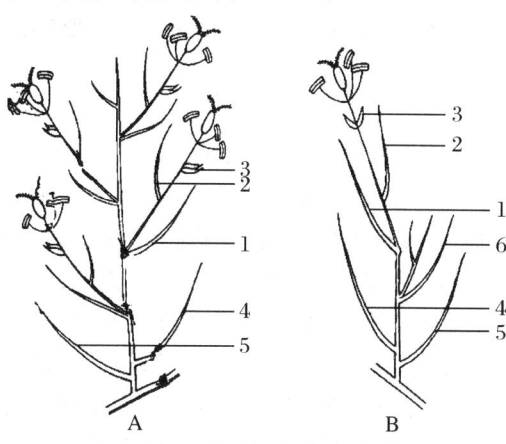

图 18-35 禾本科小穗典型结构
A.无限小穗;B.有限小穗
1.外稃;2.内稃;3.浆片;4.内颖;5.外颖;6.空稃

(2)观察内容:

根据特征描述,对代表材料的特征进行观察。重点观察并理解、掌握禾本科穗状花序的结构,注意区分两个亚科在花结构上的不同之处(图 18-35)。

(3)本科代表属:

①刺竹属 *Bambusa*,秆丛生,节间圆形,节上分枝多,箨叶直立,基部与箨鞘顶端等宽,箨耳显著,常见有凤凰竹,凤尾竹(变种)、佛肚竹。

②箬竹属 *Indocalamus*,灌木状竹类,秆散生或丛生,每节上具 1~4 分枝,与主秆同粗,叶片大型。

③刚竹属(毛竹属)*Phyllostachys*,秆散生,圆筒形在分枝的一侧扁平或具沟槽,每节有 2 分枝。

④稻属 *Oryza*,小穗两性,两侧压扁,含 3 花,但仅 1 花结实(顶端小花),基部 2 小花退化仅存极小的外稃,位于顶端小花之下,颖片通常成半月形,附着小穗柄的顶端;结实小花之外稃硬纸质(即谷壳)。雄蕊 6 枚。

⑤芦苇属 *Phragmites*,多年生高大草本,圆锥花序顶生,小穗含 3~7 小花;基盘细长,具丝状柔毛。

⑥大麦属 *Hordeum*,穗状花序,穗轴上每节着生小穗 3 个,含 1 花。

⑦燕麦属 *Avena*,圆锥花序,小穗下垂,含 2 至数花,颖片长于下部小花,子房有毛。

⑧狗尾草属 *Setaria*,圆锥花序紧密呈圆锥状,小穗两性,含 1~2 小花,小穗下托以 1 至数枚刚毛状不充满小枝,小穗脱节于杯状的小穗柄上。

⑨甘蔗属 *Saccharum*,多年生草本,秆粗状,圆锥花序;小穗两性,成对生于穗轴各节,一无柄,一有柄,穗轴逐节脱落。

⑩玉蜀黍属 *Zea*,单性同株,雄花序圆锥状,顶生,雌花序圆柱状,叶腋生,外包有多数鞘状总苞片,雌小穗密集成纵行排列于穗轴上。

(4)绘图与总结：
①绘小麦一朵小花解剖图，示外稃、内稃、浆片、雄蕊和雌蕊。
②写出以慈竹、小麦为代表材料检索至科的检索路线。
③归纳总结禾亚科和竹亚科的主要特征。

21. 百合科 Liliaceae

(1)代表材料：黄花菜 *Hemerocallis citrina* Baroni

多年生草本，全株光滑无毛，块根多数，肉质圆柱形表面淡灰褐色，支根疏生呈须状，其间也有呈纺锤状的块根；叶茎部簇生，线形，先端渐尖，全缘，脉粗，上面稍下陷于下面隆起，二侧多平行脉，于下面较隆起。花茎高出叶上，圆柱状，无叶，顶端分枝成疏生圆锥花序，花大，鲜黄色，近直立，花被管细柔，呈管状，表面光滑，带黄绿色，上端花被 6 裂呈钟状，2 轮，每轮有裂片 3 枚，裂片卵状至线状披针形，雄蕊 6 枚，着生于花被喉部，较雌蕊稍短，花丝丝状，花药稍丁字形着生，花药 2 室，纵向开裂。雌蕊位于花的中央，子房矩圆形，花柱细长，柱头头状；子房三室，中轴胎座，胚珠多数；蒴果。

注：也可用萱草 *Hemerocallis fulva* (L.) L.、百合（图 18-36）、卷丹 *Lilium lancifolium* Thunb. 等为代表进行观察。

图 18-36　百合植株及雌蕊、雄蕊外形图

(2)观察内容：
①取一花自外向内解剖观察，并写出其花公式。
②观察雄蕊的特征，注意观察雄蕊的着生位置并理解丁字着药的特点。
③将子房作横切片，在解剖镜下观察，理解中轴胎座的特点。

(3)本科代表属：
①百合属 *Lilium*，鳞茎的鳞片肉质，无鳞被，花大，花被漏斗状，丁字药，柱头头状。
②贝母属 *Fritillaria*，鳞茎的鳞片少数，肉质。叶对生，轮生或散生。花钟状下垂，单生或总状，花被片基部具腺穴；花药基生或近基生。
③葱属 *Allium*，植物体具刺激性葱蒜气味，鳞茎具鳞被，膜质。叶基生，伞形花序顶生，具大总苞；花被分离或基部结合。
④天门冬属 *Asparagus*，具根状茎或块茎，叶退化呈膜质鳞片状，枝呈针形叶状，绿色。
⑤黄精属 *Polygonatum*，根状茎肉质，匍匐状，具节。茎叶互生或对生轮生，花被片合生成管状钟形，雄蕊生于花被管内不外露，浆果。
⑥菝葜属 *Smilax*，攀援状灌木。根茎块状。叶片具 3~7 条弧形大脉，并具网状小脉，叶柄中部上下两侧有托叶变成的卷须，花单性，腋生伞形花序。浆果。

(4)绘图与总结：
①绘黄花菜花的纵剖图，示花被、雄蕊与雌蕊。
②写出以黄花菜为代表材料检索至科的检索路线。
③归纳总结百合科的主要特征。
④试举例论述百合科与人类生活的关系。

22. 兰科 Orchidaceae

(1)代表材料:小舌唇兰 *Platanthera minor* (Miq.) Rchb. f.

陆生兰,高 20~60cm,具几条指状肉质的粗根,茎直立,稍粗。叶互生,散生于茎的下部,最下面的 1 或 2 枚最大,椭圆形或矩圆状披针形,渐尖。总状花序长 10~18cm,疏生多数花;花绿色,花苞片卵状披针形,萼片 3 枚,离生,中萼片阔卵形,顶端钝急尖与花瓣靠合成盔状,侧生萼片较中萼片为长,偏斜矩圆形,顶端钝,基部一侧扩大,离生;面 2 枚花瓣直立,偏卵形,渐窄,顶端钝,基部一侧扩大,2 脉及一侧生支脉,中间一枚特化成唇瓣,舌状,钝肉质,基部下延成,矩悬垂,细圆筒状,稍向前弧曲,和子房等长或稍较长。取一朵小花在解剖镜下观察,可见雄蕊与花柱合生而成蕊柱,位于唇瓣上方并与之相对;能育雄蕊 1 枚,花药直立,2 室,药室叉开,药隔较宽阔,中部稍缺,每药室具花粉块 1 枚,粘盘裸露,用解剖针挑出花粉块,可见花粉块的基部具柄,柄端为呈圆形的粘盘,雌蕊子房作 180°扭转,下位,圆柱状,向上渐狭,3 心皮合生 1 室,侧膜胎座,胚珠多数,花柱与雄蕊合生,柱头 3 枚,位于蕊柱的顶端,中间 1 枚柱头变为不育的喙状突起,称为蕊喙,短、宽三角形,位于能育柱头的中央偏上,能育柱头 2 枚,位于蕊喙的下方,两者不分开,柱头区多皱褶并具粘液。蒴果,纵裂。种子极多数,微小,具一个未分化的胚。花期 5~6 月。

注:也可用白芨 *Bletilla striata* (Thunb. ex A. Murray) Rchb. f.、美花石斛 *Dendrobium loddigesii* Rolfe 等为代表进行观察。

(2)观察内容:

对照特征描述,对代表材料进行解剖观察。重点观察兰科花的特点,包括花被的数量及排列形式、唇瓣的特化、合蕊柱的结构、子房的扭转、花粉团块的结构等(图 18-37)。

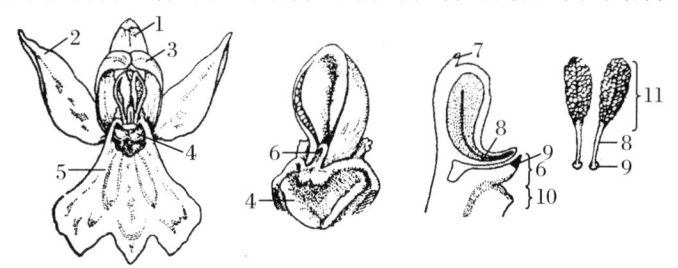

图 18-37 兰科植物花的结构

1.中萼片;2.侧萼片;3.花瓣;4.柱头;5.唇瓣;6.蕊喙;7.花药顶端;
8.花粉块柄;9.粘盘;10.柱头侧裂片;11.花粉团

(3)本科代表属:

①杓兰属 *Cypripedium*:陆生草本,唇瓣成囊状,内轮的 2 个侧生雄蕊能育,外轮的 1 个雄蕊退化;花粉粒不成药粉块。

②白芨属 *Bletilla*:陆生草本,球茎扁平,上有环纹,唇瓣 3 裂,无矩。

③石斛属 *Dendrobium*:附生草本,茎黄绿色节间明显,花大艳丽,花被片开展,侧萼片和蕊柱基部相连成囊状,花药药柄丝状,花粉块 4,药囊 2 室。

④兰属 *Cymbidium*:附生、陆生或腐生草本,茎很短或为变态的假鳞茎。叶革质,带状,花大而艳丽,有香味,花被张开,蕊柱长,花粉块 2 个。

⑤天麻属 Gastrodia：腐生草本，块茎肥厚。表面有环纹。茎直立，节上有鞘状鳞片，花小，萼片与花瓣合生成筒状，花粉块2，多颗粒。

(4) 绘图与总结：
①绘小舌唇兰一朵花的外形，示各部；绘一合蕊柱放大示意图。
②写出以小舌唇兰为代表材料检索至科的检索路线。
③归纳总结兰科植物的主要特征。

思考题

1. 通过实验观察，列表比较木兰科和毛茛科的异同点。
2. 试述十字花科与人类生活的关系。
3. 为什么说菊科植物是双子叶植物中最年轻最进化的类群？
4. 试根据植物的价值，对本章资源植物进行分类。
5. 试根据真花学说解释木兰目是现代被子植物中最原始的类群。
6. 双子叶植物和单子叶植物在形态上有哪些主要区别？
7. 通过实验观察，列表比较莎草科和禾本科的异同点。
8. 列举蔷薇科、唇形科、菊科、百合科、禾本科的重要经济植物。
9. 为什么说兰科植物是双子叶植物中最进化的类群？
10. 根据本章代表植物的形态特征，试编制能对其进行检索的定距式检索表。

第三部分
探究性实验

第十九章　叶脉书签的制作

叶脉是生长在叶片上的维管束,是茎中维管束的分枝;这些维管束经过叶柄分布到叶片的各个部分,位于叶片中央大而明显的脉称为中脉或主脉,由中脉两侧第一次分出的许多较细的脉称为侧脉。叶脉支撑起了整个叶片的形状,形象地说,叶脉就如同叶片的骨骼和血管。利用化学药物的腐蚀作用,去除掉叶片的叶肉组织,剩下的就是叶脉,能清晰地展示出叶片叶脉的走向。当然,染上各种鲜艳颜色,再配上小的动植物,就能制作出一张漂亮的叶脉书签了。

一、目的要求

掌握制作叶脉书签的原理和方法,理解植物叶脉的结构特点。

二、材料准备

(1)材料:桂花叶片。
(2)用具和药品:碳酸钠、氢氧化钠、漂白粉、碳酸钾、染料、电炉、石棉网、瓷盘、烧杯、吸水纸、镊子、牙刷、玻棒等。

三、内容和方法

(1)除去叶肉
将选好的叶片用清水洗刷干净后,浸泡在腐蚀液中,加热 10min 左右,使其腐烂。
腐蚀剂的配制:碳酸钠 2.5g+氢氧化钠 3.5g,加入 1L 水。
注意:在煮制叶片时,不宜一次性煮得过多;在煮制过程中,要不时用玻棒轻轻搅动使各叶分离,受热均匀,并注意补充水分;加热时间长短要根据叶片而定,可以过 2~3min 取一片出来观察,直至叶片变成褐色,或当叶的表面有凸泡出现的时候,叶肉容易脱落即可。
停止加热,用镊子将煮制好的叶片捞出,在盛有清水的小塑料桶中漂洗 2~3 次;将漂洗好的叶片放在瓷盘中,加入一层水,使牙刷与水平面大约成 45°角顺叶脉轻轻地刷除叶肉,注意刷时只能向一个方向刷(绝对不能来回刷),以免将叶脉刷坏。刷时先从背面开始,刷净背面再刷正面,主叶脉边沿处可用敲除法。刷洗干净后用吸水纸(或草纸)吸去多余水分。

注:腐蚀叶片的方法还有:

①水泡腐烂法:把洗净的叶片放在水罐或其他容器中,用水浸泡;特别是夏天,水中的细菌会使叶肉腐烂,叶片颜色由绿变为褐色(如果发出臭味应该立即换水)。大约过1～2周,晃动容器,随着水的振动有叶肉脱落下来即可。

②酶解法:将叶片放入含有果胶酶溶液的烧杯中,使细胞壁间的原果胶分解,叶肉细胞相互离散,再用流水冲洗或用刷子刷洗叶片,即可得到完整的叶脉。

③用洗衣粉作腐蚀剂:在500mL水中加入50g洗衣粉,放入烧杯或者其他容器里,然后放在火上煮沸,放入洗干净的叶片,并用玻璃棒或者筷子旋转搅动,使叶片受热均匀并与煮液充分接触。煮沸约15min(时间长短视叶片老嫩和质地而定)即可。

(2)漂白

将刷洗好的叶脉放入漂白液中漂白。

漂白液的配制:甲液——漂白粉 8g 溶于 40mL 水中。

乙液——碳酸钾 5～8g,溶于 30mL 热水中。

将甲液和乙液混合拌匀,待冷却后,加水 100mL,滤去杂质即可。

漂白时,将叶脉标本浸入漂白液片刻,再取出用清水漂洗干净,再用吸水纸(或草纸)吸去多余水分。

(3)染色

用1%番红水溶液(染成红色)或1%甲基绿水溶液(染成绿色)或结晶紫水溶液(染成紫色)染色0.5～1h。然后用清水漂洗一下,取出,置于两块玻璃板中压平,自然风干。取出,系上漂亮的丝线,一个美丽的叶脉书签就制成了。

如缺少生物染料,也可用普通染布的染料或红、蓝墨水代替。

实验中,除了桂花外,还可以用什么植物的叶片进行叶脉标本的制作呢?请选择多种植物叶片进行实验,并归纳总结具哪些特征的叶脉能更容易、更好地制作出叶脉标本。

附:

①番红酒精液的配制:番红 1g+50% 酒精 100mL。

②固绿酒精液的配制:固绿 0.5g+95% 酒精 100mL。

第二十章　植物叶片形态结构对环境的响应观察

植物生长于自然环境中,在各种环境因子的影响下,植物对所生存的不良环境具有特定的适应性和抵抗力,其响应过程有形态结构、解剖结构以及生理生化上的变化。叶片暴露在空气中的面积比例在整个植物体上最大,而又是植物最基本、最主要的生命活动场所,因此它是植物对不同环境反应最敏感的器官,而叶片结构对不同环境的响应模式也是当前研究的热点。

一、目的要求

通过观察不同环境中不同植物叶的形态和结构,理解植物叶片功能与结构的适应性及其对生长环境的适应性。

二、材料准备

(1)选择不同生境中不同生活习性的植物叶片为实验材料。
(2)用具和药品:记录本、笔、直尺、游标卡尺、显微镜、放大镜、刀片等。

三、内容和方法

采集不同生境中不同习性(旱生、中生、水生等)的植物叶片,观察其形态和解剖结构,认真做好记录。

数据记录表可自行设计,其内容应包括:

(1)叶的外形:叶片形状、叶尖形状、叶缘形状、叶基形状、叶片质地、叶片厚度、叶脉类型、叶片长宽比。

(2)表皮:有无表皮毛、表皮毛的类型、角质层的厚度、上下表皮气孔数、气孔的类型、气孔的分布、表皮细胞层数、表皮细胞是否增厚、表面积。

(3)叶肉:等面叶或异面叶、栅栏组织层数、栅栏组织长度、海绵组织层数、海绵组织分支数。

(4)叶脉:叶脉的类型、叶脉的分布、木质部与韧皮部的比例、维管束鞘层数、维管束鞘与叶肉的关系、是否具维管束鞘延伸。

根据实验数据分析,不同的生长环境下植物的形态和结构会出现怎样的适应性特征?同种植物的叶片在不同的环境中发生了哪些变化?归纳总结植物叶的形态与生长环境之间的关系。

思考:①同一株植物或同一群体中,因各叶所处的位置不同,会出现阳生叶和阴生叶之分,试设计两种不同生态叶型的横切(如麻栎),比较其结构上的差异。②旱生植物的叶片结构主要朝向降低蒸腾作用和发展贮水组织两方面发展,以保证其在干旱条件下能正常生长。试以夹竹桃 *Nerium oleander* L. 和马齿苋 *Portulaca oleracea* L. 叶作横切片,比较其结构差异。

第二十一章　变态营养器官的调查与鉴别

在自然界中，由于环境的变化，植物器官因适应某一特殊环境而改变它原来的功能，因而也改变其形态和结构，经过长期的自然选择，已成为该种的特征，这种由于功能的改变所引起的植物器官的一般形态和结构上的变化称为营养器官的变态。这种变态与病理的或偶然的变化不同，能健康地、正常地遗传。植物的根、茎、叶都有变态的现象。

一、目的要求

通过观察根、茎、叶各种变态器官的形态、构造，巩固植物营养器官的变态的理论知识，并掌握其判断依据；理解同功器官和同源器官的生物学意义。

二、材料准备

(1)材料：红薯、萝卜、胡萝卜、玉米、爬山虎、小叶榕、马铃薯、莲藕、洋葱、葡萄、竹节蓼、芋头、大蒜、仙人掌、向日葵等。

(2)用具：放大镜、镊子、解剖刀等。

三、内容和方法

(1)变态营养器官外形观察

判断营养器官变态的依据是相对正常结构而言，因此在实验时采用正常结构的总原则去比较分析，就容易将其区分开来。

以下是营养器官的典型特征及其变态形式：

①根　典型特征：不具节和节间；不产生叶；不具腋芽、顶芽；可形成分支的侧根；少数植物根上产生不定根和不定芽。变态形式有肉质根、块根、气生根、支柱根、寄生根、菌根和根瘤等。

②茎　典型特征：具有节和节间；节上有叶；叶腋内有腋芽；枝顶端有顶芽；落叶后有叶痕。变态形式有茎刺、茎卷须、叶状茎、小鳞茎（珠芽）、匍匐茎、肉质茎、根状茎、块茎、鳞茎、球茎等。

③叶　典型特征：叶生在茎节上；有一定叶序；腋芽在叶腋内；叶上可生不定根和不定芽。变态形式有苞片、总苞、鳞叶、叶卷须、捕虫叶、叶状柄、叶刺等。

实验操作:对提供的实验材料进行观察和鉴别,哪些植物的营养器官具有根、茎、叶的变态,其具体变态形式是什么？请列表示之。

(2)变态营养器官的结构观察

用解剖刀横切萝卜和胡萝卜直根,用肉眼或放大镜进行观察,注意区分二者的皮层、韧皮部和木质部,列表比较二者的异同。

再用刀将红薯和马铃薯作横切进行观察,结合外形特征,列表比较二者的不同,并总结归纳二者在变态形式上的区别性特征。

(3)结合校园或某一地区植物的调查,总结周边植物营养器官的变态情形。

第二十二章　虫媒花的结构与传粉过程的观察

靠昆虫为媒介进行传粉的方式称虫媒,借助这类方式传粉的花称虫媒花。多数有花植物是依靠昆虫传粉的,常见的传粉昆虫有蜂类、蝶类、蛾类、蝇类等,这类昆虫有的是为了在花中产卵,有的是以花朵为栖息场所,也有的是采花粉、花蜜作为食料。在这些活动中,不可避免地要与花接触,这样也就将花粉传送出去。适应昆虫传粉的花,具有典型的特征;而且虫媒花的结构常和特定传粉昆虫的特点相适应。

一、目的要求

通过观察,了解虫媒花的形态结构对虫媒传粉的适应性,巩固传粉过程的理论知识;也可深入研究某种虫媒花的具体传粉过程。

二、材料准备

用具:放大镜、记录本、标签纸等。

三、内容和方法

(1)虫媒花的选择

参考教材或相关资料,掌握虫媒花的归类特征和大致的物种类群。依托校园及其周边环境,选定用于观察的对象。

(2)媒介昆虫访花峰期的观察和记录

选取某种正在开花的植物,记录开花当天媒介昆虫光临的次数、媒介昆虫密集访花的时段,连续观察开花次日至数日后媒介昆虫的访花次数。

以同样的方法观察媒介昆虫对其他物种的访花记录。

(3)虫媒花的结构观察与比较

对区域内虫媒花的形态、大小、颜色、气味、花粉等进行观察,结合上述媒介访花的记录,归纳总结虫媒花引诱媒介昆虫的手段是什么?研究比较花的大小、花的结构与媒介昆虫体征的匹配状况,以及媒介昆虫进出花朵的部位及途径。

(4)媒介昆虫的携粉部位的观察

同一种花可能会有不同的媒介昆虫(如蜂类、蝶类、蛾类、蝇类等),仔细观察访花媒介昆虫的种类和数量,它们携带花粉的部位是哪里(头部、尾部、背部、腹部等)?探讨其形态结构是如何与花的结构相适应的?

(5)开花过程与传粉过程的观察

选择某一种植物,从花蕾形成到开花,连续观察开花过程中花的结构变化(包括大小和色彩的改变、香味的差异、雌蕊和雄蕊的变化等)和媒介昆虫访花的情况,探寻其传粉规律。

(6)根据对上述研究内容的观察,撰写一篇科学论文,阐述虫媒花的结构与传粉过程的适应,题目自拟。

第二十三章　藻类植物的采集和观察

藻类植物是自然界中非常重要的一大类生物类群，种类繁多、分布广泛，在自然界与人类经济上都有重要的意义。它们不仅是用于科学研究的良好材料，在医药、食品、精细化工、净化水质、环境监测、水产养殖等方面都有着广泛的应用。研究观察藻类不但有一定的理论意义，也具有重要的应用价值。

一、目的要求

了解淡水藻类的常见种类及其生活环境，以加深扩大藻类知识；学习和掌握藻类植物的采集、观察、标本保存和物种鉴定的方法。

二、材料准备

用具和药品：显微镜、显微图像采集系统、采集瓶、培养瓶、吸管、镊子、刀、标签、浮游生物网、4%的甲醛溶液、碘液等。

三、内容和方法

(1) 淡水藻类的生境及生活方式

① 浮游藻类：在小水坑、临时积水处、水田、池塘、湖泊等水域均有分布，一般体型较小、较轻，或有鞭毛，或生有刺突，常有单细胞或群体种类，多在水的上层浮游生活。当某种浮游藻类大量繁殖时，可在水表面形成一层被膜或泡沫状，使水体呈现一定颜色，这种现象叫做"水华"。

② 附生藻类：常附生在水生植物、大型藻体或龟甲、贝壳上面。附生方式是靠特殊的基细胞或附着器，有的靠胶质物。

③ 底栖藻类：生活在水底泥土或其他基物上。绿藻、蓝藻、硅藻中均有底栖藻类，虽然它们有的附着在各种基物上，但有些可脱离基质而浮游，成为暂时的浮游藻类。

④ 气生藻类：生于气生环境的藻类，多生长在阴湿的地面、墙壁以及树干的背荫面。它们有较强的抗旱能力，主要从空气中获得水分。绿藻、蓝藻、硅藻中有不少种类可在气生环境生活。

(2) 淡水藻类标本的采集

① 注意野外观察

认识藻类植物要从野外观察开始，绝不能只依靠别人采集。因不同的藻类植物有不

同的生境和外貌特征,所以观察各种藻类的生存环境及其生长状态是认识藻类的基本方法之一。在野外观察时要特别注意两点:

　　a. 生活方式:浮游、附生、气生或其他方式;
　　b. 生长情况:形态、颜色、数量、群落特征等。

　　为进一步认识和研究,室内的详细观察和培养是不可缺少的工作。因此,采集和保存材料就很必要。

　　②采集方法

　　大型的丝状种类可用镊子采集。对固着于石块等物体上的藻可用刮刀将藻从基部刮下或连同附着物一起采集。将采集到的标本放入标本瓶中并加入一些水,但水不要加得太满,应留有一定的空间,标本瓶盖应注意密封,防止样品流失。

　　浮游种类要用专用的浮游生物网采集,在水中作"∞"形拖曳取得。也可采取已定水量(通常1L)加固定液,用浓缩沉淀法取得。得到的藻体放入标本瓶中。

　　气生藻类用小铲刀采集,连同基质刮取,用牛皮纸包好,风干后保存。观察时,可用镊子镊取少许藻体,放在载玻片上,滴一小滴水使藻类恢复原状后进行观察。

　　采集时,标本瓶上要贴上标签,标签上须注明该标本采集的地点、日期和采集者。同时还应详细记下各标本的采集环境、气温、水温、pH、藻的附着基质、水体透明状况、藻体的手感是否滑腻等用于鉴定藻类的参考条件。

　　在水体中采集的新鲜藻,如要进行活体观察,就不要装满容器,并使瓶口保持通气,应尽快对标本进行观察鉴定;如不需要进行活体观察,可以先进行固定。

　　(3) 固定与保存

　　固定淡水藻体标本,常用甲醛或鲁哥氏液。如果标本只作一般形态分类观察,用4%的甲醛溶液(福尔马林溶液)固定即可。此外,FAA液、弱铬酸-醋酸液等也是常用的固定剂,而且保存藻类结构的效果较好。几种固定液的配制:

　　①鲁哥氏液:碘4g+碘化钾6g+蒸馏水100mL。使用时,1000mL水样中加15mL鲁哥氏液。

　　②FAA液(标准固定液):甲醛液5mL+冰醋酸5mL+50%或70%酒精90mL。

　　③弱铬酸-醋酸液:10%铬酸水溶液2.5mL+10%冰醋酸水溶液5mL+蒸馏水92.5mL。

　　(4) 观察和鉴定

　　浮游藻类的浓缩水液,用吸管吸取水液一滴,制成临时装片观察;如为胶质物、皮膜状、浅绒状或丝状体,则用镊子挑取少许制成水装片进行观察。观察时要细心,先用低倍镜寻找观察对象,再用高倍镜进行观察,弄清形态特征,并借助检索表和参考书予以鉴定。

　　对每号标本要做2～3张装片,才能基本了解所含的种类。

　　有的藻类的显微结构要作一些特殊处理才能观察清楚。例如,观察硅藻硅质壁上花纹要用酸去掉原生质体;又如黄藻门藻类的细胞壁常由2半套合,形成H形节片,但通常不易观察清楚,若用浓氢氧化钾或30%～40%的铬酸溶液处理,便可看到这种H形套合的壁。

在观察有的细微结构时,选用适当的染色剂可收到良好的效果。如水绵的核,加碘后呈棕褐色,悬挂在细胞中央的核便清晰可见;如果检查藻类中的淀粉物质,也可用碘液处理;藻类的鞭毛很重要,但一般都看不清楚,如加一滴淡碘液或鲁哥氏液,就显得较明显。

蓝藻的胶质鞘有厚有薄,厚而明显者较易观察到,而高度水化极不明显的则不易观察到,如在标本上加一滴较淡的墨汁,盖上盖玻片,在显微镜下就可以看到衣鞘明显的轮廓。

(5) 利用藻类监测水质的常用方法介绍

① 现存量法　根据水体中藻类的现存量来评价水体的营养状况是分析水环境质量的基本方法之一。用于表示藻类现存量的指标很多(密度、生物量、叶绿素 a),其中藻类的生物量以及叶绿素 a 浓度都是指示水体营养状态的良好指标。

② 指示生物法　在藻类种类鉴定基础上,根据寡营养到富营养条件下藻类名录,判断水体情况。常用的方法具体包括污水生物系统法和优势种群法。

a. 污水生物系统法　按生物对不同污染程度的耐受量进行分类,将水体的污染程度分为多污带、α-中污带、β-中污带、α-寡污带和 β-寡污带,称为污水生物系统。污水生物系统法可以直观地根据污染指示种及其数量分布划分所评价水体的水质,在监测、评价河流污染、自净程度方面起着积极的作用。

b. 优势种群法　用藻类群落组成和优势种的变化来评价水体污染状况的方法,是目前应用较为广泛的一种水质评价方法。Hutchinson 和 Wetzel 总结了不同营养型湖泊的藻类优势种群,对于评价湖泊营养状况有很大的参考价值。

③ 生物指数法　根据藻类的种类特征和数量组成情况,用简单的数字评价水域环境的有机污染。藻类生物指数的种类很多,包括藻类综合指数、浮游植物营养指数、硅藻指数、藻类种类商、种类数比值、藻类污染指数、污生指数等。相对指示生物法而言,藻类生物指数更容易操作和掌握,因此,评价水质时较多采用。

④ 多样性指数法　藻类的种类多样性指数能反应出不同环境下藻类个体分布丰度和水体污染程度,主要以藻类细胞密度和种群结构的变化为基本依据判定湖泊营养状况、富营养化程度和发展趋势。分析藻类群落结构的多样性指数很多,包括 Shannon-Weaner 指数、Simpson 指数、Brillouin 指数、Margalef 指数、Pielou 均匀度指数、Frontier 等级频率图、Menhinick 指数、Berger-Parker 指数、McIntosh 指数等。鉴于指数计算的复杂性和适用性,被广泛用于水质评价的多样性指数有:Pielou 均匀度指数(e)、Shannon-Weaner 多样性指数(H')及 Margalef 多样性指数(d),而其他几种指数使用较少。

(6) 按照上述方法,可分组对所在地区某一水体中淡水藻类植物进行采集和鉴定,并试对该水体水质进行评价,完成一篇科学论文。

第二十四章　大型真菌的采集与鉴定

大型真菌也称为蕈菌,包括子实体大型的子囊菌和担子菌,泛指广义上的蘑菇。有些大型真菌由于具有比较特殊的形态和结构,可以通过肉眼就识别到科、属,甚至到种;但多数种类如伞菌目和非褶菌目,其担子果在形态上有很大的趋同性,不仅属间、种间、科间常有相似的特征,甚至在这两个目之间,某些种类的形态结构也有极大的相似之处,只有显微结构特征是分类最重要的依据。因此,仅凭宏观形态特征来区别大型真菌,对于缺乏经验的人和初学者来说,是难以做到的。因此,要在正确采集大型真菌标本的基础上,学会如何结合大型真菌的显微结构特征,借助参考书对真菌加以鉴定。

一、目的要求

掌握野外采集大型真菌标本的方法和注意事项,学会制作大型真菌标本的方法,了解部分科属的主要特征,学习利用参考书辨识常见大型真菌的方法,在此基础上认识常见的大型经济真菌。

二、材料准备

用具和药品:平底背筐或手提筐、小纸盒若干(自制)、刀、锯、铲子、刻度尺、放大镜、记录本、记号笔、号牌、线或细绳、甲醛、酒精、旧报纸、塑料布等。

三、内容和方法

(1)大型真菌的采集

①准备工作　在采集开始前要做好相应的准备工作,一般包括准备以下三个方面。

采集时间:不同真菌子实体发生的季节不同,一般选择春末夏初或夏末秋初,采集地天气以三晴两雨为主,雨后2~3天是采集的最佳时期。重庆市主要是5~10月是大型真菌的多发季节。

采集地点:不同真菌其生境与习性不同,就某种讲是比较固定的。标本采集应根据其特点确定采集地点,在普查基础上选择真菌发生多的地方采集,然后进行补点采集。

采集物品:除采集标本的一些必备工具用品外,应穿防护衣物并携带一定的药品,如防蚊虫叮咬的花露水、防蛇虫的蛇药等。

②大型真菌采集流程　包括以下步骤:

搜索:按一定层次顺序进行,如树木、枯枝、落叶层、草丛。

记录:采集前先详细记录其生境、习性和特征,填写记录卡(根据需记录的大型真菌的特征,自行设计)。

拍照:对真菌的正面、上面、腹面及各部分采集照片。

采集:采集标本时应按照从小到大的顺序采集,并尽量保持标本的完整性。采集的标本视其质地情况分别用软纸、报纸包裹,然后标本和采集记录卡一一对应放入采集箱中。

③注意事项

a. 注意标本的完整性:对地上的伞菌类和盘菌类,要带根轻轻拔起或使用铲子挖掘;对树干上的菌类,可用刀带树皮一起剥下或锯下一段树枝。特别注意,不同质地的菌类要分开放置。

b. 标本较多时,应采集不同发育期的个体。

c. 采集时要立即进行记录,把标本的形态大小、颜色、附属物、着生位置、乳汁颜色、特殊气味等作详细的记录。

d. 注意记录信息和真菌的对应(使用标签),图片采集、记录卡信息和实物要一一对应。

(2)大型真菌标本的制作

①标本的整理

采集的标本务必于当天及时整理。首先根据质地、性质等把标本分为三类,以便分别整理。

第一类:肉质、含水多、脆、小、粘和易腐烂的标本。

第二类:肉厚、致密、坚实、含水少、腐烂慢的标本。

第三类:革质、半革质、膜质、木质和木栓质等不易腐烂的标本。

首先把塑料布铺在桌上、木板上或干燥的平地上;其次在塑料布上铺上白纸或旧报纸;最后把标本按不同的种类分别晾晒在纸上。应注意在摆放标本时要使菌褶或菌孔朝上,清除标本上的杂物,但与其生态环境有关系的枯枝叶、木屑、砂砾和昆虫尸体等应妥善保留,以供鉴定时参考。按时间先后依次整理第一类和第二类标本。需制成液浸标本时,尤其要及时处理;当日整理不完时,可于次日早晨再整理(通常标本不整理完不外出采集)。至于第三类标本可先放于通风处晾干,待有时间时再整理。

②标本的制作

标本的制作,包括干制标本的制作和浸制标本的制作。

a. 干制标本　干制标本的制作实际就是在标本整理鉴定后,依其自然状态进行适当整形。主要有两种方法:

方法一:烘烤。根据大小、质地、数量进行日晒、风干或加热烘烤等干燥处理。烘可用明火或红外线烤箱,用明火烘烤要在火焰上方用铁片或瓦片隔住火焰,将标本放在架上烘烤。

具体操作方法:即40℃低温烘2~3h,停烘一段时间,再加温至40~60℃到6成干再停一次,9成干停一次,重复数次,标本含水量降至10%~14%时可进行干燥保存。干标本置于聚丙烯塑料袋中封口保存或置于标本盒中,然后将标本放在通气良好的特制标本柜或标本橱中存放,以免霉变。

方法二:将新鲜标本冷冻干燥后浸于聚氨基甲酸乙酯的酒精液中进行处理,然后在

50~60℃烘箱中烘干制成干标本进行保存。此法制成的标本,外表形成一层透明的保护层,不易损伤其结构,适于长期保存,但成本较高。

附:切片保存法。用薄而锋利的刀片,将新鲜标本的子实体纵切成3片,这样基本上可将子实体的形态、结构和附属物保存齐全。然后把切好的菌片放在标本夹内的吸水纸上吸干压平。在压制标本期间要经常换纸,直到菌片干燥为止。

b. 浸制标本　　大型真菌浸制标本的制作方法和植物、动物标本的制作方法一样。就是将已鉴定的标本适当处理后放在盛有保存液的标本瓶中,尽量保持其自然状态,用石蜡或凡士林封口后,将标签贴在标本瓶上进行保存。

浸制标本的保存液多种多样。常用浸泡液:在1000mL 70%的乙醇中加入6mL甲醛(福尔马林)即成。将标本清理干净后,即可直接投入该固定液中保存。如果子实体在固定液中飘浮,可把标本拴在长玻璃条或玻璃棒上,使其沉入保存液中。

附:色深(红、绿、黑等)标本的保色保存。先将标本在A液(硫酸铜蒸馏水溶液:硫酸铜2%~10%+蒸馏水90%~98%)中浸泡24h,然后取出再用清水浸24h,最后浸泡在B液(无水亚硫酸钠21g+浓硫酸1g,溶于10mL水中,再加水至1000mL)中保存。

(3)大型真菌的鉴定

对大型真菌进行鉴定是一个很难的课题。最直接最常见的鉴定方法就是形态学观察方法,即根据所观察和记录的真菌子实体的形态特征信息,通过查阅相关资料,逐项比对,确定名称。在条件许可的情况下,也可通过观察菌丝、孢子等细微特征以及相关的化学反应进行比对。

(4)感兴趣的同学可组成研究小组,选择就近的森林环境,开展大型真菌的采集、标本制作和鉴定,完成一份调研报告(参考相关论文格式)。

第二十五章 蕨类植物原叶体的培养和观察

原叶体是蕨类植物有性世代的配子体,含叶绿体,有假根,能独立生活;其贴地一面有颈卵器和精子器,可分别产生卵细胞和多数精子,精子借水游动到颈卵器中与卵细胞结合,合子在颈卵器内发育成胚,再发育成孢子体蕨类植物的配子体。原叶体平时难以发现,需人工培养,即本实验的主要研究内容。

一、目的要求

掌握蕨类植物孢子的采集和培养的工作方法,观察并掌握蕨类植物原叶体的形态结构。

二、材料准备

用具和药品:采集袋、花盆、铲子、镊子、培养皿、烘箱等。

三、内容和方法

(1)采集成熟的孢子

从野外或盆栽的蕨类上采集孢子。蕨类植物孢子小,一般都聚生成孢子囊群或孢子囊穗。在孢子成熟时用手搓摸着生孢子囊群或孢子囊穗的叶片或羽片,会有棕褐色的粉末状孢子散出。采下这些部位,放于采集袋内风干;同时采一份植物标本,便于进行物种鉴定。

(2)配制培养基

培养蕨类原叶体的容器可用平时栽花草用的高15~20cm左右的泥盆。底下先用碎瓦片盖住泥盆的出水孔,然后放入直径0.5~1cm的碎石或煤渣和粗沙,约占泥盆的1/3;上面加消毒过的菜园土(或市售山泥)和河沙(或糠灰)1∶1混合的混合土,并压实压平,使表面低于泥盆口1cm,盆口上面盖上玻璃,放于盛水的大培养皿或其他容器(如可盛水的小盆或碗等)中央,使盆底部浸入1cm深的水中。

注:培养用混合土可用蒸气灭菌30min或用烘箱在100℃下烘20min,也可于铁锅内炒干后再炒10min。

(3)孢子播种和培养

待上述泥盆中培养土的表面已渗上水并变得湿润时,即可将装有孢子的纸袋打开,把孢子均匀地播种于培养土上,做好标记,然后盖上玻璃,进行培养。

我国大部分地区在夏秋都可在自然状态下培养,只需置于太阳不直接照射到的室内即可。培养期间只需要于泥盆下的大培养皿或其他容器内始终保持有浸没泥盆底1cm左右的水即可。如有条件,可在温室或培养箱中培养,温度保持为25℃,湿度保持85%以上,每天照光4h以上,则4周左右孢子即可萌发成绿色原丝体,然后长成扁平心脏形原叶体。如温度较低,则孢子萌发形成原叶体需5~7周。

(4)原叶体结构观察

在原叶体直径达0.2~0.3cm时即可用钝头的镊子挖取,清洗干净后制成装片置于显微镜下进行观察。

实验结束后,提交原叶体永久装片一份。

第二十六章　植物物候期的观察

植物在一年的生长中,随着气候的季节性变化而发生萌芽、抽枝、展叶、开花、结实及落叶、休眠等规律性变化的现象,称之为物候或物候现象。物候的变化是气象因子、自然地理条件、生态环境的综合影响结果,是各种因素的综合体现。树木的物候期一般划分为芽期、绿叶期、花期、果期(种子期)4个阶段,在研究中可细分为萌动期、展叶期、开花期、果熟期、叶秋季变色期、落叶期等阶段,每个阶段又可进行细分;草本植物的物候期划分为9个阶段,即萌动期、展叶期、花序和花蕾出现期、开花期、果实和种子成熟期、果实脱落期、种子散布期、第二次开花期、黄枯期。

一、目的要求

熟悉物候期观察的项目和方法,掌握当地几种重要树木在年生长周期中的物候变化。

二、材料准备

用具:皮尺、游标卡尺、放大镜、记录本、望远镜、高枝剪等。

三、内容和方法

物候期的观察是周年进行的工作,本实验应在萌芽前做好标记,制定记载项目、标准和要求等。随着物候的变化,按照物候期观察项目和标准,进行记载观察。

(1)观测地点的选定:观测地点必须具有代表性,便于多年观测,不轻易移动。观测地点选定后,将其名称、地形、坡向、坡度、海拔、土壤种类、pH等项目详细记录在园林树木学物候期观测记录表中。

(2)观测目标的选定:在本地从露地栽培或野生(盆栽不宜选用)树木中,选生长发育正常并已开花结实3年以上的树木。对属雌雄异株的树木最好同时选有雌株和雄株,并在记录中注明雌、雄的性别。为保证实验结果的可靠性,每种植物应选取不同地点或生境下的植株5株。观测植株选定后,应作好标记。

(3)观测时间与方法:一般3~5天进行一次。展叶期、花期、秋叶叶变期及落果期要每天进行观测,时间在每日下午2~3时。冬季休眠可停止观测。

(4)观测部位的选定:应选向阳面的枝条或中上部枝(因物候表现较早)。高树项目不易看清,宜用望远镜或用高枝剪剪下小枝观察。观测时应靠近植株观察各发育期,不可远站粗略估计进行判断。

(5)观测内容与特征

①萌芽期:树木由休眠转入生长的标志。

a. 芽膨大始期:具鳞芽者,当芽鳞开始分离,侧面显露出浅色的线形或角形时,为芽膨大始期(具裸芽者如:枫杨、山核桃等)。不同树种芽膨大特征有所不同,应区别对待。

b. 芽开放期或显蕾期(花蕾或花序出现期):树木之鳞芽,当鳞片裂开,芽顶部出现新鲜颜色的幼叶或花蕾顶部时,为芽开放期。

②展叶期

a. 展叶开始期:从芽苞中伸出的卷须或按叶脉褶叠着的小叶,出现第一批有1~2片平展时,为展叶开始期。针叶树以幼叶从叶鞘中开始出现时为准;具复叶的树木,以其中1~2片小叶平展时为准。

b. 展叶盛期:阔叶树以其半数枝条上的小叶完全平展时为准。针叶树类以新针叶长度达老针叶长度1/2时为准。有些树种开始展叶后,就很快完全展开,可以不记展叶盛期。

③开花期

a. 开花始期:见一半以上植株有5%的(只有一株亦按此标准)花瓣完全展开时为开花始期。

b. 盛花期:在观测树上见有一半以上的花蕾都展开花瓣或一半以上的荑荑花序松散下垂或散粉时,为开花盛期。针叶树可不记开花盛期。

c. 开花末期:在观测树上残留约5%的花瓣时,为开花末期。针叶树类和其他风媒树木以散粉终止时或荑荑花序脱落时为准。

d. 多次开花期:有些一年一次于春季开花的树木,有些年份于夏季间或初冬再度开花。即使未选定为观测对象,也应另行记录,并分析再次开花的原因。内容包括:

树种名称、是个别植株或是多数植株、大约比例;

再度开花日期、繁茂和花器完善程度、花期长短;

原因:调查记录与未再开花的同种树比较树龄、树势情况;生态环境上有何不同;当年春温、干旱、秋冬温度情况;树体枝叶是否(因冰雹、病虫害等)损伤、养护管理情况等;

再度开花树能否再次结实、数量、能否成熟等。

④果实生长发育和落果期:自座果至果实或种子成熟脱落为止。

a. 幼果出现期:见子房开始膨大(苹果、梨果直径0.8cm左右)时,为幼果出现期。

b. 果实成长期:选定幼果,每周测量其纵、横径或体积,直到采收或成熟脱落为止。

c. 果实或种子成熟期:当观测树上有一半的果实或种子变为成熟色时,为果实或种子的全熟期。

d. 脱落期:成熟种子开始散布或连同果实脱落。如见松属的种子散布,柏属果落、杨属、柳属飞絮,榆钱飘飞,栎属种脱,豆目有些荚果开裂等。

⑤新梢生长期:由叶芽萌动开始,至枝条停止生长为止。新梢的生长分一次梢(习称春梢),二次梢(习称秋梢)。

a. 春梢开始生长期:选定的主枝一年生延长枝上顶部营养芽(叶芽)开放为春梢开始生长期。

b. 春梢停止生长期：春梢顶部芽停止生长。

c. 秋梢开始生长期：当年春梢上腋芽开放为秋梢开始生长期。

d. 秋梢停止生长期：当年二次梢（秋梢）上腋芽停止生长。

⑥秋季变色期：系指由于正常季节变化，树木出现变色叶，其颜色不再消失，并且新变色之叶在不断增多到全部变色的时期。不能与因夏季干旱或其他原因引起的叶变色混同。常绿树多无叶变色期。

a. 秋叶开始变色期：全株有5%的叶变色。

b. 秋叶全部变色期：全株叶片完全变色。

⑦落叶期

a. 落叶初期：约有5%叶片脱落。

b. 落叶盛期：全株有30%~50%叶片脱落。

c. 落叶末期：全株叶片脱落达90%~95%。

(6) 注意事项

①各物候期观测项目繁简依实验要求而定，记载方法要有统一的标准和要求，且记清每一物候期的起止日期。

②物候期的观测时间，应根据不同时期而定，灵活掌握。

③观察要细致，注意物候转换期。同时应注意气候条件变化对物候期变化的影响，如有条件，应连续进行多年的观察。

④物候观测应随看随记，不应凭记忆，事后补记。

⑤物候观测须选责任心强的专人负责。人员要固定，不能轮流值班式观测。专职观测者因故不能坚持时，应由经培训的后备人员接替，不可中断。

(7) 具体实施

根据上述内容，选定3个树木物种进行周年物候期观察，最后整理出物候期观察结果并进行分析。物候期观察记录表根据观察内容自行设计。

第二十七章　野生资源植物的调查与分类

资源植物是指对人类有用的植物的总称，包括经济植物和具有开发利用价值而未形成商品生产规模的植物。资源植物分类和植物系统分类不同，它是根据一定的标准和规律，对资源植物进行归类安排，主要体现的是资源植物的利用价值。当前较为科学的分类方法是，资源植物按用途分为食用、药用、工业用、保护和改造环境、种质资源5大类，再细分为28小类。本实验将介绍野生油脂植物、纤维植物、淀粉植物、鞣料植物、药用植物、树脂树胶植物的识别和简易测定。

一、目的要求

熟悉实验中各类资源植物的典型特点，掌握几类野生资源植物的识别和简易测定的方法。

二、材料准备

用具和药品：放大镜、解剖刀、白纸、碘酒、三氧化铁溶液、氯化汞、碘化钾、盐酸、高枝剪等。

三、内容和方法

选取某一地区物种为研究对象，参考下面的方法进行调查研究，对资源植物进行分类，完成调查报告一份。

(1) 野生油脂植物的识别与测定

能贮藏植物油脂的植物统称油脂植物。植物的果实、种子、花粉、孢子、茎、叶、根等器官都含有油脂，但一般以种子含油量最高。

最简单的识别方法是，以植物叶对光透视，如发现叶面或边缘有许多透明微点，即可证明叶片具有油细胞；进而可将叶片或植物体撕破，如嗅到芳香味等，便可确认是油脂植物，如樟科、唇形科、芸香科、菊科等。

采到果实或种子时，可取核仁或种子，把它夹在白纸之间压碎，如含油，油渍会浸透纸层，待纸晒干失去水分，但油渍仍会留在纸上。也可用刀切开核仁，擦上碘酒，若马上变成蓝黑色，则不含油脂，若不变色则含有油脂。也可将核仁捣碎投入水中，由于油的比重比水轻，若见水面有油点浮现，则可证明含油脂。

(2) 野生淀粉植物的识别与测定

植物体的某些器官，如果实、种子、根、茎等贮藏有大量淀粉的植物，称为淀粉植物。因此，如发现植物有较大地下茎或果实时，可用刀将其切开，用手指摸一下，待干后如手指上有白色粉末,则证明该植物含有淀粉。而较为科学的方法是,把待试材料切成薄片,置于载玻片上,加碘化钾溶液,如变成蓝色或蓝黑色,则证明含有淀粉;此时,如用解剖镜或放大镜进行观察,还可见到有蓝黑色颗粒。

(3)野生纤维植物的识别与测定

纤维植物是指在植物体某一部分的纤维细胞特别发达,能够产生天然纤维并作为主要用途而被提取利用的植物。植物纤维是植物体的一种特殊细胞组织,主要成分是纤维素,其余是半纤维素、木质素、蜡质、脂肪、果胶质、水分及其他杂质等,广泛分布于植物体各器官。

在野外工作条件下,主要依靠器官的感觉方法和显微观察方法来识别和测定。器官感觉的方法是,采集植物的茎、叶或剥取树皮,用手试其拉力、扭力和揉搓情况,以及观察剥取下来的纤维的长短、粗细以及数量的多少,来确定纤维是否可用。显微观察则较为复杂,将剥取下来的材料横切成断片,在显微镜下观察纤维束的形状、大小、排列方式等,并用测微尺测定其宽度、长度、壁的厚度和单位面积的数量。调查纤维植物时还应选用不同生境、年龄和部位,分别进行对比实验观察,这样可以得到较全面的资料,便于确定能否作为纤维植物资源加以利用。

(4)野生鞣料植物的识别与测定

能制栲胶的富含单宁的植物资源就是鞣料植物资源。栲胶是一种由多种不同物质组成的复杂混合物,单宁是其中的主要成分。不同鞣料植物所富含单宁的部位不同,有的是树皮,有的是木质部,有的是果实,有的是根皮,有的是叶。简易的实验只能测定是否含有鞣质,而不能确定能否作为工业资源。

最简易的测定方法,是用铁制的小刀(不能用不锈钢的)切开植物体时,在切面上和刀口上出现黑色反应,则证明该植物体内含有鞣质。如需准确的判断则要进行简易的化学试剂的测定,最简便的方法是三价铁盐(三氧化铁)溶液,滴在植物的切片上,切片很快变黑,即证明有鞣质存在。

(5)树脂树胶植物的识别与测定

树脂是重要的工业原料,其中以松脂和生漆的用途最广,存在于树脂植物特殊的管道、乳管、瘤以及其他不同部位的贮藏器官中,在根、茎、叶、籽和木质部中均易找到。当树脂植物被人为或自然的机械损伤后,树脂即分泌出来。因此最简单的识别方法是,折断或砍伤植物体后,观察伤口是否有无色或棕黄色的透明液体,而且当这些液体暴露在空气中会逐渐变黏至最后干燥成块,则可证明是树脂植物。

树胶是另一类重要的工业原料,有些也像树脂一样从树木中流出或提取,有些则可以从草本植物或果实中分离提取。树胶刚从植物体内分泌出来,和树脂一样也是流质的胶体,但具有黏性,与日光、空气接触后逐渐固化。橡胶就是树胶的一种。野外观察时,可以收集一点植物乳汁,用手研磨,利用手的温度使水分蒸发,残余的物质放在食指和拇指之间轻拉一下,如出现弹丝,可证明有弹性橡胶存在;有的植物如杜仲,当撕断植物的枝、叶或树皮时,有细丝出现,一般可说明有硬橡胶存在。当然,为了精确了解橡胶的含量和质量,还需要在实验室进行分析。

(6)药用植物(生物碱)的识别与测定

药用植物资源除中草药植物资源外,还包括植物农药资源和有毒植物资源。研究药用植物的化学成分特别是有效成分,对于发掘和利用中药资源有着重要的作用。其中,生物碱是一类碱性含氮有机化合物,通常具有复杂结构的杂环化合物,有强烈的药理活性,是中草药中重要的有效成分之一。

提取纯化和分析测定中草药中生物碱的成分和含量是一个复杂的过程,但在野外可以用一些简单的化学分析方法判断植物体内是否含有生物碱,如生物碱对沉淀试剂的反应。如氯化汞 1.35g 和碘化钾 49g,共溶于 1000mL 水中,如遇生物碱会发生淡黄色沉淀。或用碘化铋 16g、碘化钾 30g 和盐酸 3g,共溶于 1000mL 水中,如遇生物碱会出现红棕色沉淀。此外,也可用沉淀试剂制成试纸,操作更为简便。

附:野菜种类调查

野菜是野生蔬菜的简称,是指可用作蔬菜的一切野生植物,是食用植物资源中的一个重要类群。可设计实验,通过野外观察、采集和鉴定,认识一定种类的野菜,提高寻找、鉴别、利用野菜的技能,巩固所学理论知识,培养绿色食品意识。操作方法如下。

用具:放大镜、标本夹、采集袋、枝剪、铲子、记录本等。

(1)确定时间 早春气候回升,是多数野菜蓬勃生长的季节。因此,这是采集野菜的最合适时期。当然,各地区气候条件不尽相同,应根据当地实际确定时间。

(2)选择地点 可选择校园内或校园周边林缘、田间地头或荒地,一般应选择远离污染源和较空旷的地点。

(3)资料准备 实验之前可通过查阅资料、走访调查等形式对野菜种类进行一定的了解,包括它们的形态、生境习性、食用部位、食用方法等。资料准备过程中,还应特别关注本地区野生植物中有哪些是野生有毒植物,它们的形态如何,以避免误采误食。

(4)野菜采集 采集碰到的所有野菜。每个物种的采集量和采集方法依采集目的而定:作种类调查的,草本要采全株,木本要采老枝,各采 2~3 份标本即可;作野菜品尝的,除按前述采集标本外,还要多采幼嫩部位。

(5)种类鉴定 通过查阅资料或咨询相关教师进行种类鉴定。在此基础上完成一份关于当地野菜资源的调查报告。

(6)其他 如有条件,可结合采集的野菜,进一步开展野菜品尝活动。

第二十八章　入侵植物的调查与评价

入侵生物是指某物种从原来的分布区扩展到一个新的地区,在新的区域里引起危害并有一定的发生面积。生物入侵对环境及生物多样性具有极其严重的危害性,它可以在基因、个体、种群、群落、生态系统等各个水平上产生影响,造成物种濒危甚至灭绝,进而导致物种多样性丧失,并严重影响原有生态系统的结构和功能,打破生态系统的稳定性和自然界平衡。如豚草、飞机草、水葫芦、大米草、牛膝菊等就是常见的入侵植物,一旦入侵就肆意蔓延,造成难以控制的局面。

一、目的要求

通过对周边环境中入侵植物种类的调查,学习调查入侵植物的基本方法,并认识一定数量的入侵植物,了解其入侵途径及生境。

二、材料准备

用具:放大镜、标本夹、采集袋、枝剪、记录本等。

三、内容和方法

(1)查阅资料

根据南京农业大学杂草研究室发布的《中国外来入侵植物名录》,系统查阅《中国植物志》对这些外来入侵植物原产地的记述,初步筛选出周边环境入侵植物的初步种类。

(2)入侵植物种类调查

选定一定范围的调查区域,在年度周期内进行实地调查,通过野外观察、记录、拍照、采集标本等,通过查阅资料,确定物种名称。在此基础上,结合生境环境的调查,分析入侵植物的入侵途径及其与周围生境间的关系。

(3)入侵植物的危害现状

根据调查记录,列表分析入侵植物的分布及危害现状。内容应包括:分布地点、危害地类型、危害程度(轻、中、重)、出现频度、受害植物种类等。

(4)调查报告

结合调查的结果,查阅相关资料、论文,综述本地区入侵植物的种类、危害现状及综合防治对策,提交调查报告1份。

附录一:裸子植物分科检索表

1. 乔木或灌木,或呈棕榈状;叶针形、锥形、刺形、鳞形、条形、披针形、卵形、椭圆形或扇形单叶,或羽状复叶;花无假花被,胚珠无细长的珠被管,完全裸生或珠孔裸露;次生木质部无导管,具管胞,有或多或少的树脂。(次1项见下页)
2. 叶常绿,也羽状复叶,聚生于树干上部或块茎上;树干短而常不分枝,植物体呈棕榈状;大孢子叶上部或深或浅的羽状分裂,其下方两侧有2~10枚胚珠,成组生于树干(或块茎)顶部羽状叶与鳞状叶之间,不形成球花;或大孢子叶近盾形,两侧生2枚胚珠,螺旋状排列于中轴上,呈球花状,生于树干或块茎顶端;种子核果状,无柄 ………………………………………………………… 苏铁科 Cycadaceae
2. 常绿或落叶性,也为单叶,树干分支,植物体不呈棕榈状。
   3. 叶扇形,具长柄,有多数叉状并列细脉,落叶性;雌球花具长梗,顶端常2叉(稀3~5叉或不分叉),叉端生1盘状珠座,其上生一直立胚珠;种子核果状,具长柄(仅1属1种)……………………………………………………………………………… 银杏科 Ginkgoceae
   3. 叶针形、锥形、刺形、鳞形、条形、披针形、卵形、椭圆形,常绿或落叶性;雌球花发育成球果,熟时张开,或因种鳞合生而使球果呈浆果状,熟时不张开或顶端微张开;或雌球花不发育成球果,而发育成核果状或坚果状种子。
      4. 雌球花的珠鳞两侧对称,生于苞鳞腋部(稀缺珠鳞或苞鳞),胚珠生于珠鳞腹面,多数至3枚珠鳞组成雌球花;雌球花发育成球果,种鳞有背腹面、扁或盾形,熟时种鳞张开,或因种鳞合生而使球果呈浆果状,熟时不张开或顶端微张开;种子无肉质套被或假种皮,有翅或无翅。
         5. 雌雄同株,稀异株;雄蕊具2~9背腹面排列的花粉囊;球果的种鳞腹(上)面下部或基部(稀种鳞之间)着生1至多粒种子。
            6. 球果的种鳞与苞鳞离生(仅基部合生),每种鳞具2粒种子;种子上端具翅、无翅或近于无翅;雄蕊具有2花粉囊,花粉有气囊或无气囊,或具退化气囊;叶的基部不下延;种鳞与叶均螺旋状排列 ………………………………………………………… 松科 Pinaceae
            6. 球果的种鳞与苞鳞半合生或完全合生,稀种鳞极小而苞鳞极大或无苞鳞,每种鳞具1至多粒种子;种子两侧具窄翅或无翅,或下部具翅,或上部具一大一小不等的翅;雄蕊具有2~9个花粉囊,花粉无气囊;叶的基部通常下延;种鳞与叶均螺旋状排列或交互对生,或轮生。
               7. 种鳞与叶均螺旋状排列,稀交互对生,每种鳞具2~9枚种子;种子两侧具窄翅或下部具翅;叶披针形、条形、钻形或鳞形,常绿或落叶性 …………… 杉科 Taxodiaceae
               7. 种鳞与叶均为交互对生或轮生,每种鳞具1至多粒种子;种子两侧具窄翅或无翅,或上部有一大一小不等的翅;叶鳞形、刺形或披针形,常绿性 …………… 柏科 Cupressaceae
         5. 雌雄异株,稀同株;雄蕊具4~20个悬挂的花粉囊,花粉无气囊;球果的苞鳞(无种鳞)腹(上)面仅有1粒种子;种子与苞鳞合生或离生,两侧有翅或无翅;叶钻形、卵形或披针形,常绿性 ………………………………………………………………… 南洋杉科 Araucariaceae
      4. 雌球花的胚珠1~2(稀多数)生于花梗上部或顶端的苞腋,被辐射对称或近辐射对称的囊状或杯状套被所包;或胚珠单生于花轴顶端或侧生短轴顶端,具辐射对称的瓶状或杯状假种皮;或花梗上部的花轴具数对交互对生的苞片,每苞腋着生2胚珠,胚珠被瓶状珠皮所包;上述3类雌球花均不发育成球果,而发育成核果状或坚果状种子,全部或部分包于肉质套被或假种皮中。

 8. 胚珠倒生或半倒生,1～2(稀多数)生于花梗上部或顶端的苞腋,被辐射对称或近辐射对称的囊状或杯状套被所包,有梗或无梗;雄蕊有 2 花粉囊,花粉有气囊;种子核果状,生于杯状肉质或较薄而干的套被中,无肉质种托 ………………………………………… 罗汉松科 Podocarpaceae

 8. 胚珠直立,雄蕊有 3～9 花粉囊,花粉有气囊;种子核果状,2～8 个生于柄端,或两个成对生于苞腋,全部包于肉质假种皮中,或顶端尖头漏出;或种子坚果状,单生叶腋或苞腋,包于杯状肉质假种皮中。

  9. 雌球花具长梗,生于小枝基部的苞腋,稀生枝顶,有数对交互对生的苞片,每苞腋着生 2 胚珠,胚珠包于瓶状珠皮中;种子核果状,2～8 个生于柄端,全部包于肉质假种皮中;雄球花单生叶腋 ………………………………………………………… 三尖杉科 Cephalotaxaceae

  9. 雌球花具短梗或无梗,单生或两个成对生于叶腋或苞腋,基部有多数覆瓦状排列或交互对生的苞片,胚珠单生于花轴顶端或侧生短轴顶端,其下具辐射对称的瓶状或杯状假种皮;种子核果状,全部包于肉质假种皮中,或顶端尖头漏出;或种子坚果状,生于杯状肉质假种皮中;雄球花单生叶腋,或多数排成穗状花序集生于枝顶 ……… 红豆杉科 Taxaceae

1. 木质藤本或丛生小灌木;花具假花被,胚珠的珠被顶端延伸成细长的珠被管;次生木质部具导管,无树脂。

 10. 丛生小灌木、半灌木或草本状;叶退化为膜质鞘状,下部合生,上部 2～3 裂;球花近圆形,具 2～8 对交互对生或轮生的苞片;雌球花仅最上端 1～3 枚苞片腋部生有雌花,胚珠具 1 层珠被;雄球花每一苞片的腹面生 1 雄花,雄花具 2～8 枚花丝合生成 1～2 束的雄蕊;种子坚果状
……………………………………………………………………………………… 麻黄科 Ephedraceae

 10. 木质藤本;叶宽大似双子叶植物之叶,具羽状侧脉与网状细脉,对生,有柄;球花排成穗状,总苞浅杯状,多轮排列于花序轴上;雌球花序每轮总苞有雌花 3～12,排成 1 轮,胚珠有 2 层珠被;雄球花序每轮总苞有多数雄花,排成 2～4 轮,雄花具 1～2 枚花丝合生的雄蕊;种子核果状
……………………………………………………………………………………… 买麻藤科 Gnetaceae

附录二:被子植物分科检索表

1. 子叶 2 个,极稀可为 1 个或较多;茎具中央髓部;多年生的木本植物具有年轮;叶片常具网状脉;花常为五出或四出数。(I. 双子叶植物 Dicotyledoneae)(次 1 项在 171 页)
   2. 花无真正的花冠(花被片逐渐变化,呈覆瓦状排列成 2 至数层的,也可以在此检索);有或无花萼,有时且可类似花冠。(次 2 项在 152 页)
     3. 花单性,雌雄同株或异株,其中雄花,或雄花和雌花均可成荑葇花序或类似荑葇状花序。
       4. 无花萼,或在雄花中存在。
         5. 雌花以花梗着生于椭圆形膜质苞片的中脉上;心皮 1
            ………………………………………… 漆树科 Anacardiaceae(九子不离母属 Dobinea)
         5. 雌花情形非如上述;心皮 2 或更多数。
           6. 多为木质藤本;叶为全缘单叶,具掌状脉;果实为浆果 ………… 胡椒科 Piperaceae
           6. 乔木或灌木;叶可呈各种型式,但常为羽状脉;果实不为浆果。
             7. 旱生性植物,有具节的分枝和极退化的叶片,后者在每节上且连合成具齿的鞘状物
                ………………………………………… 木麻黄科 Casuarinaceae(木麻黄属 Casuarina)
             7. 植物体为其他情形者。
               8. 果实为具多数种子的蒴果;种子有丝状毛茸 ………… 杨柳科 Salicaceae
               8. 果实为具有 1 个种子的小坚果、核果或核果状坚果。
                 9. 叶为羽状复叶;雄花有花被 ……………………… 胡桃科 Juglandaceae
                 9. 叶为单叶(有时在杨梅科中可为羽状分裂)。
                   10. 果实为肉质核果;雄花无花被 …………………… 杨梅科 Myricaceae
                   10. 果实为小坚果;雄花有花被 …………………… 桦木科 Betetulaceae
       4. 有花萼,或在雄花中不存在。
         11. 子房下位。
           12. 叶对生,叶柄基部互相连合 ………………………… 金粟兰科 Chloranthaceae
           12. 叶互生。
             13. 叶为羽状复叶 ……………………………………… 胡桃科 Juglandaceae
             13. 叶为单叶。
               14. 果实为蒴果 ……………………………… 金缕梅科 Hamamelidaceae
               14. 果实为坚果。
                 15. 坚果封藏于一变大呈叶状的总苞中 …………… 桦木科 Betulaceae
                 15. 坚果有 1 壳斗下托,或封藏于一多刺的果壳中 ………… 壳斗科 Fagaceae
         11. 子房上位。
           16. 植物体中具白色乳汁。
             17. 子房 1 室;果实为聚花果 …………………………… 桑科 Moraceae
             17. 子房 2~3 室;果实为蒴果 …………………… 大戟科 Euphorbiaceae
           16. 植物体中无乳汁,或在大戟科的重阳木属 *Bischofia* 中具红色乳汁。
             18. 子房为单心皮所成;雄蕊的花丝在花蕾中向内屈曲 ………… 荨麻科 Urticaceae
             18. 子房为 2 枚以上的连合心皮所成,雄蕊的花丝在花蕾中常直立(但在大戟科的重阳木属 *Bischofia* 及巴豆属 *Croton* 中则向前屈曲)。

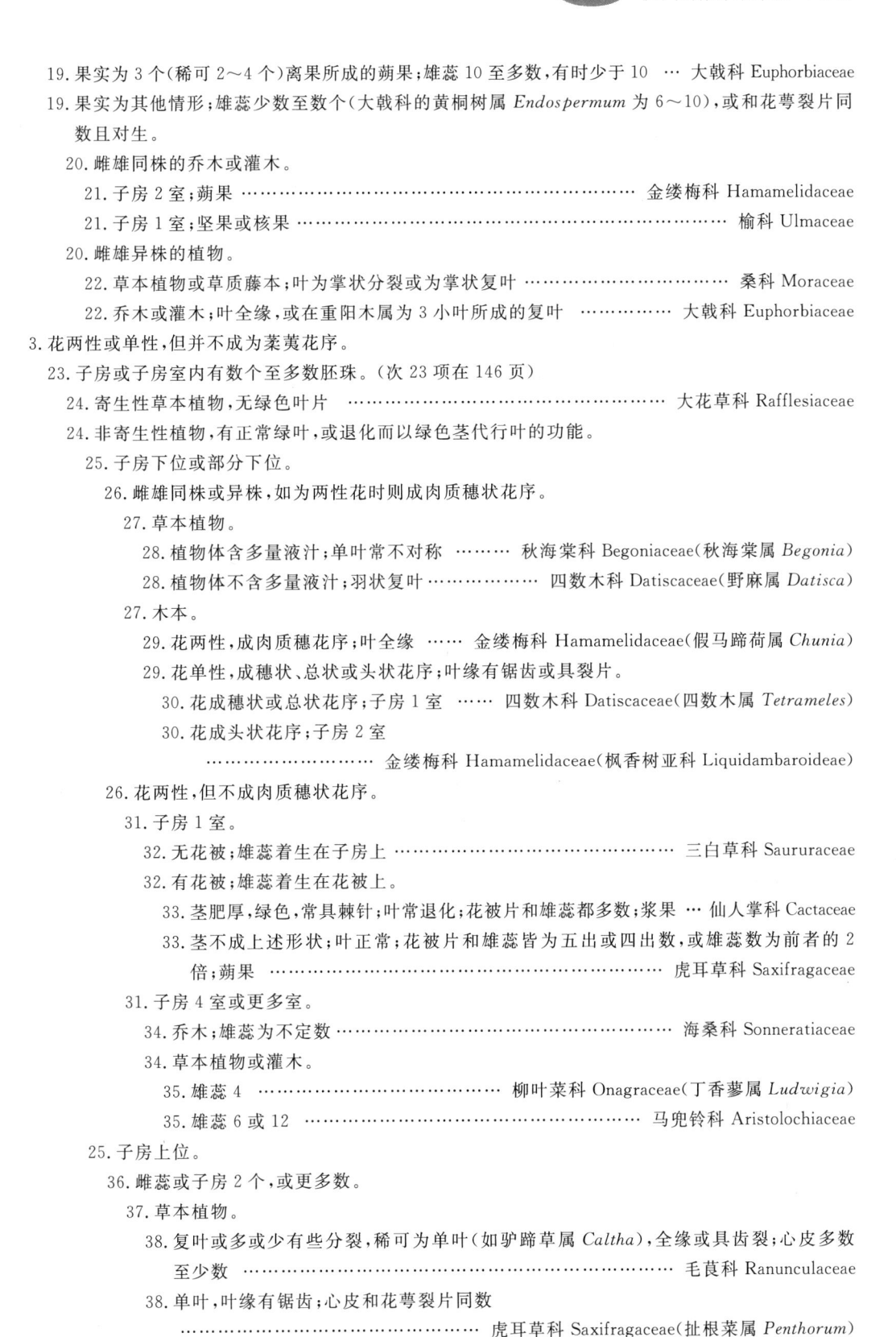

19. 果实为 3 个(稀可 2~4 个)离果所成的蒴果;雄蕊 10 至多数,有时少于 10 ⋯ 大戟科 Euphorbiaceae
19. 果实为其他情形;雄蕊少数至数个(大戟科的黄桐树属 *Endospermum* 为 6~10),或和花萼裂片同数且对生。
　　20. 雌雄同株的乔木或灌木。
　　　　21. 子房 2 室;蒴果 ⋯⋯⋯⋯⋯⋯⋯⋯⋯⋯⋯⋯⋯⋯⋯⋯⋯⋯⋯⋯ 金缕梅科 Hamamelidaceae
　　　　21. 子房 1 室;坚果或核果 ⋯⋯⋯⋯⋯⋯⋯⋯⋯⋯⋯⋯⋯⋯⋯⋯⋯⋯⋯⋯⋯⋯⋯ 榆科 Ulmaceae
　　20. 雌雄异株的植物。
　　　　22. 草本植物或草质藤本;叶为掌状分裂或为掌状复叶 ⋯⋯⋯⋯⋯⋯⋯⋯⋯⋯ 桑科 Moraceae
　　　　22. 乔木或灌木;叶全缘,或在重阳木属为 3 小叶所成的复叶 ⋯⋯⋯⋯⋯ 大戟科 Euphorbiaceae
3. 花两性或单性,但并不成为菜荑花序。
　　23. 子房或子房室内有数个至多数胚珠。(次 23 项在 146 页)
　　　　24. 寄生性草本植物,无绿色叶片 ⋯⋯⋯⋯⋯⋯⋯⋯⋯⋯⋯⋯⋯⋯⋯ 大花草科 Rafflesiaceae
　　　　24. 非寄生性植物,有正常绿叶,或退化而以绿色茎代行叶的功能。
　　　　　　25. 子房下位或部分下位。
　　　　　　　　26. 雌雄同株或异株,如为两性花时则成肉质穗状花序。
　　　　　　　　　　27. 草本植物。
　　　　　　　　　　　　28. 植物体含多量液汁;单叶常不对称 ⋯⋯⋯⋯⋯ 秋海棠科 Begoniaceae(秋海棠属 *Begonia*)
　　　　　　　　　　　　28. 植物体不含多量液汁;羽状复叶 ⋯⋯⋯⋯⋯⋯⋯ 四数木科 Datiscaceae(野麻属 *Datisca*)
　　　　　　　　　　27. 木本。
　　　　　　　　　　　　29. 花两性,成肉质穗花序;叶全缘 ⋯⋯⋯ 金缕梅科 Hamamelidaceae(假马蹄荷属 *Chunia*)
　　　　　　　　　　　　29. 花单性,成穗状、总状或头状花序;叶缘有锯齿或具裂片。
　　　　　　　　　　　　　　30. 花成穗状或总状花序;子房 1 室 ⋯⋯⋯ 四数木科 Datiscaceae(四数木属 *Tetrameles*)
　　　　　　　　　　　　　　30. 花成头状花序;子房 2 室
　　　　　　　　　　　　　　　　⋯⋯⋯⋯⋯⋯⋯⋯⋯ 金缕梅科 Hamamelidaceae(枫香树亚科 Liquidambaroideae)
　　　　　　　　26. 花两性,但不成肉质穗状花序。
　　　　　　　　　　31. 子房 1 室。
　　　　　　　　　　　　32. 无花被;雄蕊着生在子房上 ⋯⋯⋯⋯⋯⋯⋯⋯⋯⋯⋯⋯⋯ 三白草科 Saururaceae
　　　　　　　　　　　　32. 有花被;雄蕊着生在花被上。
　　　　　　　　　　　　　　33. 茎肥厚,绿色,常具棘针;叶常退化;花被片和雄蕊都多数;浆果 ⋯ 仙人掌科 Cactaceae
　　　　　　　　　　　　　　33. 茎不成上述形状;叶正常;花被片和雄蕊皆为五出或四出数,或雄蕊数为前者的 2 倍;蒴果 ⋯⋯⋯⋯⋯⋯⋯⋯⋯⋯⋯⋯⋯⋯⋯⋯⋯⋯⋯⋯⋯⋯⋯⋯ 虎耳草科 Saxifragaceae
　　　　　　　　　　31. 子房 4 室或更多室。
　　　　　　　　　　　　34. 乔木;雄蕊为不定数 ⋯⋯⋯⋯⋯⋯⋯⋯⋯⋯⋯⋯⋯⋯⋯⋯ 海桑科 Sonneratiaceae
　　　　　　　　　　　　34. 草本植物或灌木。
　　　　　　　　　　　　　　35. 雄蕊 4 ⋯⋯⋯⋯⋯⋯⋯⋯⋯⋯⋯ 柳叶菜科 Onagraceae(丁香蓼属 *Ludwigia*)
　　　　　　　　　　　　　　35. 雄蕊 6 或 12 ⋯⋯⋯⋯⋯⋯⋯⋯⋯⋯⋯⋯⋯⋯⋯⋯ 马兜铃科 Aristolochiaceae
　　　　　　25. 子房上位。
　　　　　　　　36. 雌蕊或子房 2 个,或更多数。
　　　　　　　　　　37. 草本植物。
　　　　　　　　　　　　38. 复叶或多或少有些分裂,稀可为单叶(如驴蹄草属 *Caltha*),全缘或具齿裂;心皮多数至少数 ⋯⋯⋯⋯⋯⋯⋯⋯⋯⋯⋯⋯⋯⋯⋯⋯⋯⋯⋯⋯⋯⋯⋯ 毛茛科 Ranunculaceae
　　　　　　　　　　　　38. 单叶,叶缘有锯齿;心皮和花萼裂片同数
　　　　　　　　　　　　　　⋯⋯⋯⋯⋯⋯⋯⋯⋯⋯⋯⋯⋯⋯⋯ 虎耳草科 Saxifragaceae(扯根菜属 *Penthorum*)
　　　　　　　　　　37. 木本植物。

39.花的各部为整齐的三出数 ……………………………………………… 木通科 Lardizabalaceae
　　　39.花为其他情形。
　　　　40.雄蕊数个至多数,连合成单体 …………………… 梧桐科 Sterculiaceae(苹婆族 Sterculieae)
　　　　40.雄蕊多数,离生。
　　　　　41.花两性,无花被 …………………………… 昆栏树科 Trochodendraceae(昆栏树属 *Trochodendron*)
　　　　　41.花雌雄异株,具4个小形萼片 …… 连香树科 Cercidiphyllaceae(连香树属 *Cercidiphyllum*)
　36.雌蕊或子房单独1个。
　　42.雄蕊周位,即着生于萼筒或杯状花托上。
　　　43.有不育雄蕊,且和8~12能育雄蕊互生 …… 大风子科 Flacourtiaceae(山羊角树属 *Casearia*)
　　　43.无不育雄蕊。
　　　　44.多汁草本植物;花萼裂片呈覆瓦状排列,成花瓣状,宿存;蒴果盖裂
　　　　　 ……………………………………………………………… 番杏科 Aizoaceae(海马齿属 *Sesuvium*)
　　　　44.植物体为其他情形;花萼裂片不成花瓣状。
　　　　　45.叶为双数羽状复叶,互生;花萼裂片呈覆瓦状排列,果实为荚果;常绿乔木
　　　　　　 …………………………………………………………………………… 苏木科 Caesalpiniaceae
　　　　　45.叶对生或轮生单叶,花萼裂片呈镊合状排列,非荚果。
　　　　　　46.雄蕊为不定数;子房10室或更多室;果实浆果状 ………… 海桑科 Sonneratiaceae
　　　　　　46.雄蕊4~12(不超过花萼裂片的2倍);子房1室至数室;果实蒴果状。
　　　　　　　47.花杂性或雌雄异株,微小,成穗状花序,再成总状或圆锥状排列
　　　　　　　　 ……………………………………………… 隐翼科 Crypteroniaceae(隐翼属 *Crypteronia*)
　　　　　　　47.雄蕊4~12(不超过花萼裂片的2倍);子房1室至数室;果实蒴果状
　　　　　　　　 …………………………………………………………………………… 千屈菜科 Lythraceae
　　42.雄蕊下位,即着生于扁平或凸起的花托上。
　　　48.木本植物,叶为单叶。
　　　　49.乔木或灌木;雄蕊常多数,离生;胚珠生于侧膜胎座或隔膜上 …… 大风子科 Flacourtiaceae
　　　　49.木质藤本;雄蕊4或5,基部连合成杯状或环状;胚珠基生(即位于子房室的基底)
　　　　　 ………………………………………………………… 苋科 Amaranthaceae(浆果苋属 *Deeringia*)
　　　48.草本或亚灌木。
　　　　50.植物体沉没水中,常为1具背腹面呈原叶体的构造,像苔藓 …… 河苔草科 Podostemaceae
　　　　50.植物体非如上情形。
　　　　　51.子房3~5室。
　　　　　　52.食虫植物;叶互生;雌雄异株 ………… 猪笼草科 Nepenthaceae(猪笼草属 *Nepenthes*)
　　　　　　52.非食虫植物;叶对生或轮生;花两性 …… 番杏科 Aizoaceae(粟米草属 *Mollugo*)
　　　　　51.子房1~2室。
　　　　　　53.叶为复叶或多少有些分裂 ……………………………………… 毛茛科 Ranunculaceae
　　　　　　53.叶为单叶。
　　　　　　　54.侧膜胎座。
　　　　　　　　55.花无花被 ……………………………………………………… 三白草科 Saururaceae
　　　　　　　　55.花具4离生萼片 ………………………………………………… 十字花科 Cruciferae
　　　　　　　54.特立中央胎座。
　　　　　　　　56.花序非聚伞状;萼片草质 ……………………………………… 石竹科 Caryophyllaceae
　　　　　　　　56.花序呈在穗状、头状或圆锥状;萼片多少为干膜质 ………… 苋科 Amaranthaceae
　23.子房或其子房室内仅有1至数个胚珠。
　　57.叶片中常有透明微点。

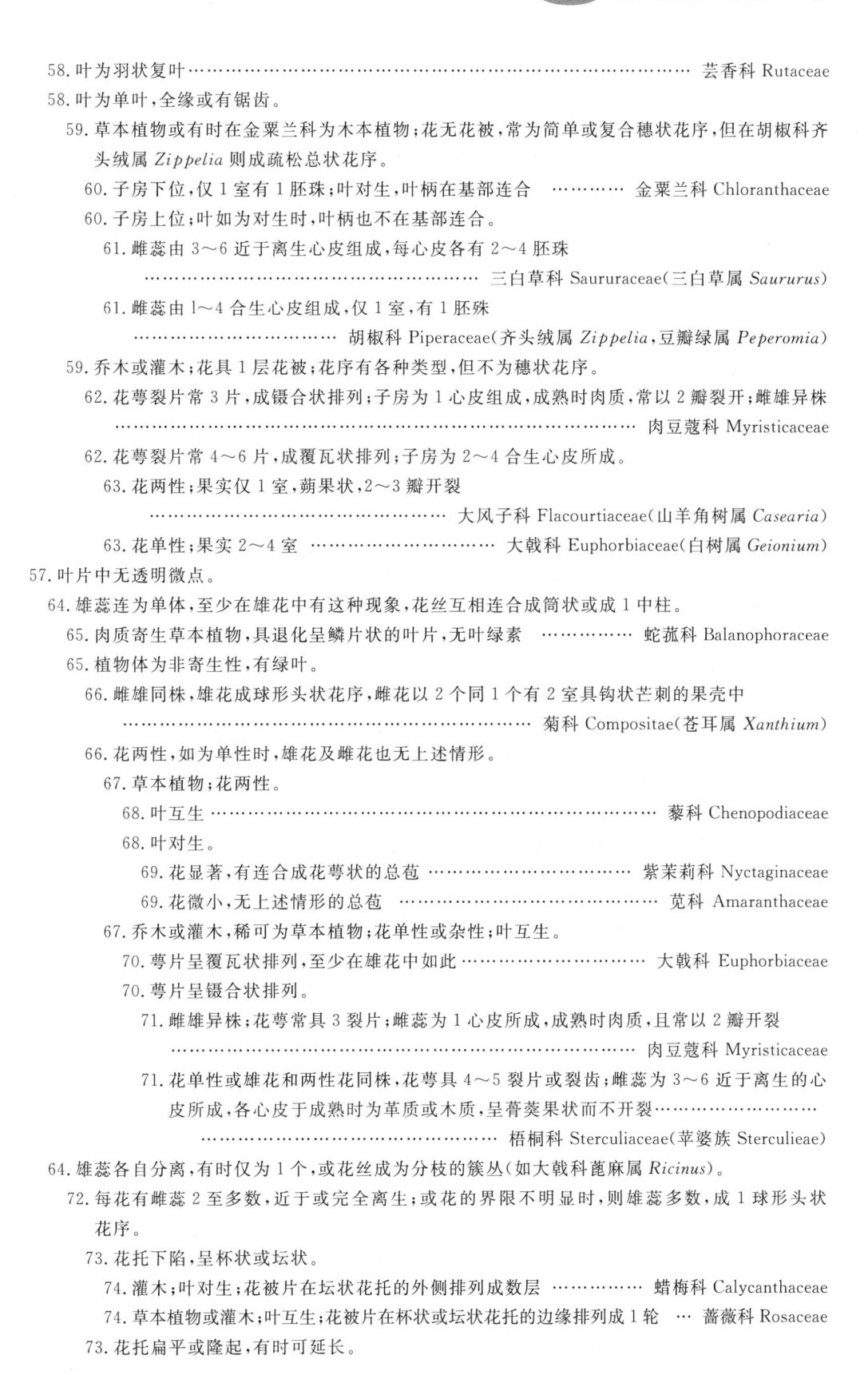

58. 叶为羽状复叶 ·· 芸香科 Rutaceae
58. 叶为单叶,全缘或有锯齿。
　　59. 草本植物或有时在金粟兰科为木本植物;花无花被,常为简单或复合穗状花序,但在胡椒科齐
　　　　头绒属 Zippelia 则成疏松总状花序。
　　　　60. 子房下位,仅 1 室有 1 胚珠;叶对生,叶柄在基部连合 ············ 金粟兰科 Chloranthaceae
　　　　60. 子房上位,叶如为对生时,叶柄也不在基部连合。
　　　　　　61. 雌蕊由 3～6 近于离生心皮组成,每心皮各有 2～4 胚珠
　　　　　　　　·· 三白草科 Saururaceae(三白草属 Saururus)
　　　　　　61. 雌蕊由 1～4 合生心皮组成,仅 1 室,有 1 胚珠
　　　　　　　　······················· 胡椒科 Piperaceae(齐头绒属 Zippelia,豆瓣绿属 Peperomia)
　　59. 乔木或灌木;花具 1 层花被;花序有各种类型,但不为穗状花序。
　　　　62. 花萼裂片常 3 片,成镊合状排列;子房为 1 心皮组成,成熟时肉质,常以 2 瓣裂开;雌雄异株
　　　　　　·· 肉豆蔻科 Myristicaceae
　　　　62. 花萼裂片常 4～6 片,成覆瓦状排列;子房为 2～4 合生心皮所成。
　　　　　　63. 花两性;果实仅 1 室,蒴果状,2～3 瓣开裂
　　　　　　　　·· 大风子科 Flacourtiaceae(山羊角树属 Casearia)
　　　　　　63. 花单性;果实 2～4 室 ············ 大戟科 Euphorbiaceae(白树属 Geionium)
57. 叶片中无透明微点。
　　64. 雄蕊连为单体,至少在雄花中有这种现象,花丝互相连合成筒状或成 1 中柱。
　　　　65. 肉质寄生草本植物,具退化呈鳞片状的叶片,无叶绿素 ············ 蛇菰科 Balanophoraceae
　　　　65. 植物体为非寄生性,有绿叶。
　　　　　　66. 雌雄同株,雄花成球形头状花序,雌花以 2 个同 1 个有 2 室具钩状芒刺的果壳中
　　　　　　　　·· 菊科 Compositae(苍耳属 Xanthium)
　　　　　　66. 花两性,如为单性时,雄花及雌花也无上述情形。
　　　　　　　　67. 草本植物;花两性。
　　　　　　　　　　68. 叶互生 ·· 藜科 Chenopodiaceae
　　　　　　　　　　68. 叶对生。
　　　　　　　　　　　　69. 花显著,有连合成花萼状的总苞 ············ 紫茉莉科 Nyctaginaceae
　　　　　　　　　　　　69. 花微小,无上述情形的总苞 ············ 苋科 Amaranthaceae
　　　　　　　　67. 乔木或灌木,稀可为草本植物;花单性或杂性;叶互生。
　　　　　　　　　　70. 萼片呈覆瓦状排列,至少在雄花中如此 ············ 大戟科 Euphorbiaceae
　　　　　　　　　　70. 萼片呈镊合状排列。
　　　　　　　　　　　　71. 雌雄异株;花萼常具 3 裂片;雌蕊为 1 心皮所成,成熟时肉质,且常以 2 瓣开裂
　　　　　　　　　　　　　　·· 肉豆蔻科 Myristicaceae
　　　　　　　　　　　　71. 花单性或雄花和两性花同株,花萼具 4～5 裂片或裂齿;雌蕊为 3～6 近于离生的心
　　　　　　　　　　　　　　皮所成,各心皮于成熟时为革质或木质,呈蓇葖果状而不开裂 ············
　　　　　　　　　　　　　　·· 梧桐科 Sterculiaceae(苹婆族 Sterculieae)
64. 雄蕊各自分离,有时仅为 1 个,或花丝成为分枝的簇丛(如大戟科蓖麻属 Ricinus)。
　　72. 每花有雌蕊 2 至多数,近于或完全离生;或花的界限不明显时,则雄蕊多数,成 1 球形头状
　　　　花序。
　　　　73. 花托下陷,呈杯状或坛状。
　　　　　　74. 灌木;叶对生;花被片在坛状花托的外侧排列成数层 ············ 蜡梅科 Calycanthaceae
　　　　　　74. 草本植物或灌木;叶互生;花被片在杯状或坛状花托的边缘排列成 1 轮 ············ 蔷薇科 Rosaceae
　　　　73. 花托扁平或隆起,有时可延长。

75. 乔木、灌木或木质藤本。
　　76. 花有花被 ································· 木兰科 Magnoliaceae
　　76. 花无花被。
　　　　77. 落叶灌木或小乔木；叶卵形,具羽状脉和锯齿缘,无托叶；花两性或杂性,在叶腋中丛生；翅果无毛,有柄 ················· 昆栏树科 Trochodendraceae(领春木属 *Euptelea*)
　　　　77. 落叶乔木；叶广阔,掌状分裂,叶缘有缺刻或大锯齿,有托叶围茎成鞘,易脱落；花单性,雌雄同株,分别聚成球形头状花序；小坚果,围以长柔毛而无柄
　　　　　　　　　　　　　　　　 ········· 悬铃木科 Platanaceae(悬铃木属 *Platanus*)
75. 草本植物,稀亚灌木,有时为攀援性。
　　78. 胚珠倒生或直生。
　　　　79. 叶片多少有些分裂或为复叶；无托叶或极微小；有花被(花萼)；胚珠倒生；花单生或成各种类型的花序 ······························ 毛茛科 Ranunculaceae
　　　　79. 叶为全缘单叶；有托叶；无花被,胚珠直立；花成穗状总状花序
　　　　　　　　　　　　　　　　　　　　　　 ············· 三白草科 Saururaceae
　　78. 胚珠常弯生；叶为全缘单叶。
　　　　80. 直立草本植物；叶互生,非肉质 ············· 商陆科 Phytolaccaceae
　　　　80. 平卧草本植物；叶对生或近轮生,肉质 ········ 番杏科 Aizoaceae(针晶粟草属 *Gisekia*)
72. 每花仅有1个复合或单雌蕊,心皮有时于成熟后各自分离。
　　81. 子房下位或半下位。
　　　　82. 草本植物。
　　　　　　83. 水生或小形沼泽植物。
　　　　　　　　84. 花柱2个或更多；叶片(尤其沉没水中的)常为羽状细裂或为复叶
　　　　　　　　　　　　　　　　　　 ···················· 小二仙草科 Haloragidaceae
　　　　　　　　84. 花柱1个；叶为线形全缘单叶 ··············· 杉叶藻科 Hippuridaceae
　　　　　　83. 陆生草本植物。
　　　　　　　　85. 寄生性肉质草本植物,无绿叶。
　　　　　　　　　　86. 花单性,雌花常无花被；无珠被及种皮 ········· 蛇菰科 Balanophoraceae
　　　　　　　　　　86. 花杂性,有1层花被,两性花有1雄蕊；有珠被及种皮
　　　　　　　　　　　　　　　 ···························· 锁阳科 Cynomoriaceae(锁阳属 *Cynomorium*)
　　　　　　　　85. 非寄生性植物,或于白蕊草属 *Thesium* 为半寄生性,但都有绿叶。
　　　　　　　　　　87. 叶对生,其形广而有锯齿缘 ············ 金粟兰科 Chloranthaceae
　　　　　　　　　　87. 叶互生。
　　　　　　　　　　　　88. 平铺草本植物(限我国植物),叶片宽,三角形,多少有些肉质
　　　　　　　　　　　　　　　 ························· 番杏科 Aizoaceae(番杏属 *Tetragonia*)
　　　　　　　　　　　　88. 直立草本植物；叶片窄面细长 ······· 檀香科 Santalaceae(白蕊草属 *Thesium*)
　　　　82. 灌木或乔木。
　　　　　　89. 子房3~10室。
　　　　　　　　90. 坚果1~2个,同生在1个木质且可裂为4瓣的壳斗里
　　　　　　　　　　　　　　　　　 ···················· 壳斗科 Fagaceae(水青冈属 *Fagus*)
　　　　　　　　90. 核果,并不生在壳斗里。
　　　　　　　　　　91. 雌雄异株,成顶生圆锥花序,后者并不为叶状苞片所托
　　　　　　　　　　　　　　 ······················ 山茱萸科 Cornaceae(鞘柄木属 *Torricellia*)
　　　　　　　　　　91. 花杂性,形成球形头状花序,后者为2~3片白色叶状苞片所托
　　　　　　　　　　　　　　　　　　 ··············· 珙桐科 Nyssaceae(珙桐属 *Davidia*)

89.子房1～2室,或在铁青树科的青皮木属 Schoepfia 中子房的基部可为3室。
　　92.花柱2个。
　　　　93.蒴果,2瓣开裂 ………………………………………………… 金缕梅科 Hamamelidaceae
　　　　93.果实呈核果状,或为蒴果状的瘦果,不开裂 …………………… 鼠李科 Rhamnaceae
　　92.花柱1个或无花柱。
　　　　94.叶片下面多少有些具皮屑状或鳞片状的附属物 ……………… 胡颓子科 Elaeagnaceae
　　　　94.叶片下面无皮屑状或鳞片状的附属物。
　　　　　　95.叶缘有锯齿或圆锯齿,稀可在荨麻科的紫麻属 Oreocnide 中有全缘者。
　　　　　　　　96.叶对生,具羽状脉;雄花裸露,有雄蕊1～3个 ………… 金粟兰科 Chloranthaceae
　　　　　　　　96.叶互生,大都于叶基具三出脉;雄花具花被及雄蕊4个(稀可为3或5个)
　　　　　　　　　　………………………………………………………………… 荨麻科 Urticaceae
　　　　　　95.叶全缘,互生或对生。
　　　　　　　　97.植物体寄生在乔木的树干或枝条上;果实呈浆果状 ……… 桑寄生科 Loranthaceae
　　　　　　　　97.植物体大都陆生,或有时可为寄生性;果实呈坚果状或核果状;胚珠1～5个。
　　　　　　　　　　98.花多为单性;胚珠垂悬于基底胎座上 ………………… 檀香科 Santalaceae
　　　　　　　　　　98.花两性或单性;胚珠悬垂于子房室的顶端或中央胎座的顶端。
　　　　　　　　　　　　99.雄蕊10个,为花萼片数的2倍数 …… 使君子科 Combretaceae(榄仁树属 Terminalia)
　　　　　　　　　　　　99.雄蕊4或5个,和花萼片同数且对生 ……………… 铁青树科 Olacaceae
81.子房上位。
　100.托叶鞘围抱茎的各节;草本植物,稀可为灌木 …………………………… 蓼科 Polygonaceae
　100.无托叶鞘,在悬铃木科有托叶但易早落。
　　　101.草木,或有时在悬铃木科及紫茉莉科中为亚灌木。
　　　　　102.无花被。
　　　　　　　103.花两性或单性;子房1室,内仅有1个基生胚珠。
　　　　　　　　　104.叶基生,由3小叶而成;穗状花序在一个细长基生无叶的花梗上 … 小檗科 Berberidaceae
　　　　　　　　　104.叶茎生,单叶;穗状花序顶生或腋生,但常和叶相对生 … 胡椒科 Piperaceae(胡椒属 Piper)
　　　　　　　103.花单性;子房2室或3室。
　　　　　　　　　105.水生或微小的沼泽植物,无乳汁;子房2室,每室内含2个胚珠
　　　　　　　　　　　………………………………………………… 水马齿科 Callitrichaceae(水马齿属 Callitriche)
　　　　　　　　　105.陆生植物,有乳汁;子房3室,每室内仅含1个胚珠 ……… 大戟科 Euphorbiaceae
　　　　　102.有花被,当花为单性时,特别是雄花是如此。
　　　　　　　106.花萼呈花瓣状,且呈管状。
　　　　　　　　　107.花有总苞,有时这苞类似花萼 ……………………………… 紫茉莉科 Nyctaginaceae
　　　　　　　　　107.花无总苞。
　　　　　　　　　　　108.胚珠1个,在子房的近顶端处 ……………………… 瑞香科 Thymelaeaceae
　　　　　　　　　　　108.胚珠多数,生在特立中央胎座上 ……… 报春花科 Primulaceae(海乳草属 Glaux)
　　　　　　　106.花萼非如上情形。
　　　　　　　　　109.雄蕊周位,即位于花被上。
　　　　　　　　　　　110.叶互生,羽状复叶而由草质的托叶;花无膜质苞片,瘦果
　　　　　　　　　　　　　………………………………………… 蔷薇科 Rosaceae(地榆族 Sanguisorbieae)
　　　　　　　　　　　110.叶对生,或在蓼科的冰岛蓼属 Koenigia 为互生,单叶而无草质托叶;花有膜质苞片。
　　　　　　　　　　　　　111.花被片和雄蕊各为4或5个,对生;囊果;托叶膜质 …… 石竹科 Caryophyllaceae
　　　　　　　　　　　　　111.花被片和雄蕊各为3个,互生;坚果;无托叶
　　　　　　　　　　　　　　　………………………………………… 蓼科 Polygonaceae(冰岛蓼属 Koenigia)

109. 雄蕊下位,即位于子房下。
　112. 花柱或其分枝为 2 或数个,内侧常为柱头面。
　　113. 子房常为数个至多数心皮连合而成 ················· 商陆科 Phytolaccaceae
　　113. 子房常为 2 或 3(或 5)心皮连合而成。
　　　114. 子房 3 室,稀可 2 或 4 室 ··················· 大戟科 Euphorbiaceae
　　　114. 子房 1 或 2 室。
　　　　115. 叶为掌状复叶或具掌状脉而有宿存托叶 ······ 桑科 Moraceae(大亚麻科 Cannaboideae)
　　　　115. 叶具羽状脉,或稀可为掌状脉而无托叶,也可在藜科中退化为鳞片或为肉质而形如圆筒。
　　　　　116. 花有草质而带绿色或灰绿色的花被和苞片 ············ 藜科 Chenopodiaceae
　　　　　116. 花有干膜质而常有色泽的花被和苞片 ················ 苋科 Amaranthaceae
　112. 花柱 1 个,常顶端有柱头,也可无花柱。
　　117. 花两性。
　　　118. 雌蕊为单心皮;花萼由 2 膜质且宿存的萼片组成;雄蕊 2 个
　　　　　················· 毛茛科 Ranunculaceae(星叶草属 Circaeaster)
　　　118. 雌蕊由 2 心皮组成。
　　　　119. 萼片 2 片;雄蕊多数 ············· 罂粟科 Papaveraceae(博落回属 Macleaya)
　　　　119. 萼片 4 片;雄蕊 2 或 4 ············ 十字花科 Crucifera(独行菜属 Lepidium)
　　117. 花单性。
　　　120. 沉没于淡水中的水生植物;叶细裂成丝状
　　　　　················· 金鱼藻科 Ceratophyllaccae(金鱼藻属 Ceratophyllum)
　　　120. 陆生植物;叶为其他情形。
　　　　121. 叶含多量水分;托叶连接叶柄的基部;雄花的花被 2 片;雄蕊多数
　　　　　　················· 假牛繁缕科 Theligonaceae(假牛繁缕属 Theligonum)
　　　　121. 叶不含多量水分;如有托叶时,也不连接叶柄的基部;雄花的花被片和雄蕊均各为 4 或 5 个,二者相对生 ·························· 荨麻科 Urticaceae
101. 木本植物或亚灌木。
　122. 耐寒旱性的灌木,或在藜科的锁阳属 Haloxyon 为乔木;叶微小,细长或呈鳞片状,也可有时(如藜科)为肉质而成圆筒形或半圆筒形。
　　123. 雌雄异株或花杂性;花萼为 3 出数,萼片微呈花瓣状,和雄蕊同数且互生;花柱 1,极短,常有 6~9 放射性且有齿裂的柱头;核果;胚体直;常绿而基部偃卧的灌木;叶互生,无托叶
　　　　　················· 岩高兰科 Empetraceae(岩高兰属 Empetrum)
　　123. 花两性或单性,花萼为 5 出数,稀可 3 出或 4 出数,萼片或花萼裂片草质或革质,和雄蕊同数且对生,或在藜科中雄蕊由于退化而数较少,甚或 1 个;花柱或花柱分枝 2 或 3 个,内侧常为柱头面;胞果或坚果;胚体弯曲如环或弯曲呈螺旋形。
　　　124. 花无膜质苞片;雄蕊下位;叶互生或对生;无托叶;枝条常具关节 ····· 藜科 Chenopodiaceae
　　　124. 花有膜质苞片;雄蕊周位,叶对生,基部互相连合,有膜质托叶;枝条不具关节
　　　　　················· 石竹科 Caryophyllaceae
　122. 不是上述植物;叶片矩圆形至披针形,或宽广至圆形。
　　125. 果实及子房均为 2 至数室,或在大风子科中为不完全的 2 至数室。
　　　126. 花常为两性。
　　　　127. 萼片 4 或 5 片,稀可 3 片,呈覆瓦状排列。
　　　　　128. 雄蕊 4 个,4 室的蒴果 ············ 水青树科 Tetracentraceae(水青树属 Tetracentron)
　　　　　128. 雄蕊多数,浆果状的核果 ··················· 大戟科 Euphorbiaceae

127. 萼片多于 5 片,呈镊合状排列。
　　129. 雄蕊多数,具刺的蒴果··杜英科 Elaeocarpaceae(猴欢喜属 *Sloanea*)
　　129. 雄蕊与萼片同数;坚果或核果。
　　　　130. 雄蕊和萼片对生,各为 3～6 ··铁青树科 Olacaceae
　　　　130. 雄蕊和萼片互生,各为 4 或 5 ··鼠李科 Rhamnaceae
126. 花单性(雌雄同株或异株)或杂性。
　　131. 果实各种;种子无胚乳或有少量胚乳。
　　　　132. 雄蕊常 8 个;果实坚果状或有翅的蒴果;羽状复叶或单叶 ··············无患子科 Sapindaceae
　　　　132. 雄蕊 5 或 4 个,且和萼片互生;核果有 2～4 个小核;单叶
　　　　　　··鼠李科 Rhamnaceae(鼠李属 *Rhamnus*)
　　131. 果实多呈蒴果状,无翅,种子常有胚乳。
　　　　133. 果实为具 2 室的蒴果,有木质或革质的外种皮及角质的内果皮
　　　　　　···金缕梅科 Hamamelidaceae
　　　　133. 果实纵为蒴果时,也不像上述情形。
　　　　　　134. 胚珠具腹脊;果实有多种类型,但多为胞间开裂的蒴果 ··············大戟科 Euphorbiaceae
　　　　　　134. 胚珠具 1 背脊;果实为胞背开裂的蒴果,或有时呈核果状 ··············黄杨科 Buxaceae
125. 果实及子房均为 1～2 室,稀可在无患子科的荔枝属 *Litchi* 及韶子属 *Nephelium* 中为 3 室,或在卫矛科的十齿花属 *Dipentodon* 及铁青树科的铁青树属 *Olax* 中,子房的下部为 3 室,而上部为 1 室。
　　135. 花萼具显著的萼筒,且常呈花瓣状。
　　　　136. 叶背无毛或下面有柔毛;萼筒整个脱落 ·······································瑞香科 Thymelaeaceae
　　　　136. 叶下面具银白色或棕色的鳞片;萼筒或其下部永久宿存,当果实成熟时,变为肉质而紧密包裹着子房 ···胡颓子科 Elaeagnaceae
　　135. 花萼不像上述情形,或无花被。
　　　　137. 花药以 2 或 4 舌瓣裂开 ···樟科 Lauraceae
　　　　137. 花药不以舌瓣裂开。
　　　　　　138. 叶对生。
　　　　　　　　139. 果实为有双翅或呈圆形的翅果 ·······································槭树科 Aceraceae
　　　　　　　　139. 果实为有单翅或长形兼矩圆形的翅果 ·······································木犀科 Oleaceae
　　　　　　138. 叶互生。
　　　　　　　　140. 叶为羽状复叶。
　　　　　　　　　　141. 叶为二回羽状复叶,或退化仅叶状柄(特称为叶状叶柄 Phyllodia)
　　　　　　　　　　　　···豆目 Fabales(金合欢属 *Acacia*)
　　　　　　　　　　141. 叶为一回羽状复叶。
　　　　　　　　　　　　142. 小叶边缘有锯齿,果实有翅 ············马尾树科 Rhoipteleaceae(马尾树属 *Rhoiptellea*)
　　　　　　　　　　　　142. 小叶全缘,果实无翅。
　　　　　　　　　　　　　　143. 花两性或杂性 ···无患子科 Sapindaceae
　　　　　　　　　　　　　　143. 雌雄异株 ·······································漆树科 Anacardiaceae(黄连木属 *Pistacia*)
　　　　　　　　140. 叶为单叶。
　　　　　　　　　　144. 花均无花被。
　　　　　　　　　　　　145. 多为木质藤本;叶全缘;花两性或杂性,成紧密的穗状花序
　　　　　　　　　　　　　　···胡椒科 Piperaceae(胡椒属 *Piper*)
　　　　　　　　　　　　145. 乔木;叶缘有齿或缺刻;花单性。

146. 叶宽广,具掌状脉及掌状分裂,叶缘具缺刻或大锯齿;有托叶,围茎成鞘,但易脱落;雌雄同株,雌花和雄花分别成球形的头状花序;雌蕊为单心皮而成;小坚果为倒圆锥形而有棱角,无翅也无梗,但围以长柔毛 ………………… 悬铃木科 Platanaceae(悬铃木属 *Platanus*)
146. 叶椭圆形至卵形,具羽状脉及锯齿缘;无托叶;雌雄异株,雄花聚成疏松有苞片的簇丛,雌花单生于苞片的腋内;雌蕊为2心皮而成,小坚果扁平,具翅且有柄,但无毛 ………………………………………………… 杜仲科 Eucommiaceae(杜仲属 *Eucommis*)
144. 花常有花萼,尤其在雄花。
 147. 植物体内有乳汁 …………………………………………………… 桑科 Moraceae
 147. 植物体内无乳汁。
  148. 花柱或其分枝2至数个,但在大戟科的核实树属 *Drypetes* 中则柱头几无柄,呈盾状或肾脏形。
   149. 雌雄异株或有时为同株;叶全缘或具波状齿。
    150. 矮小灌木或亚灌木;果实干燥,包藏于具有长柔毛而互相连合成双角状的2苞片中;胚体弯曲如环 ……………………… 藜科 Chenopodiaceae(优若藜属 *Eurotia*)
    150. 乔木或灌木;果实呈核果状,常为1室含1种子,不包藏于苞片内;胚体直 …………………………………………………………… 大戟科 Euphorbiaceae
   149. 花两性或单性;叶缘多有锯齿或具齿裂,稀可全缘。
    151. 雄蕊多数 ……………………………………………… 大风子科 Flacourtiaceae
    151. 雄蕊10个或较少。
     152. 子房2室,每室有1个至数个胚珠;果实为木质蒴果 … 金缕梅科 Hamamelidaceae
     152. 子房1室,仅含1胚珠;果实不是木质蒴果 ……………………… 榆科 Ulmaceae
  148. 花柱1个,也可有时(如荨麻科)不存,而柱头呈画笔状。
   153. 叶缘有锯齿;子房为1心皮而成。
    154. 花两性 ……………………………………………………… 山龙眼科 Proteaceae
    154. 雌雄异株或同株。
     155. 花生于当年新枝上;雄蕊多数 ……… 蔷薇科 Rosaceae(假稠李属 *Maddenia*)
     155. 花生于老枝上;雄蕊和萼片同数 ……………………………… 荨麻科 Urticaceae
   153. 叶全缘或边缘有锯齿;子房为2个以上连合心皮所成。
    156. 果实呈核果状或坚果状,内有1种子;无托叶。
     157. 子房具2或2个胚珠;果实成熟后由萼筒包围 ……………… 铁青树科 Olacaceae
     157. 子房具1个胚珠;果实与花萼相分离,或仅果实基部由花萼衬托之 …………………………………………………………………… 山柚仔科 Opiliaceae
    156. 果实呈蒴果状或浆果状,内含数个或1个种子。
     158. 花下位,雌雄异株,稀可杂性;雄蕊多数;果实浆果状;无托叶 …………………………………………………… 大风子科 Flacourtiaceae(柞木属 *Xylosma*)
     158. 花周位,两性;雄蕊5~12个;果实蒴果状;有托叶,但易脱落。
      159. 花为腋生的簇丛或头状花序;萼片4~6片 ………………………………………………………… 大风子科 Flacourtiaceae(山羊角树属 *Casearia*)
      159. 花为腋生的伞形花序,萼片10~14片 … 卫矛科 Celastraceae(十齿花属 *Dipentodon*)
2. 花具花萼也具花冠,或有2层以上的花被片,有时花冠可为蜜腺叶所代替。
 160. 花冠常为离生的花瓣所组成。(次160项在166页)
  161. 成熟雄蕊(或雄蕊合生成单体花药)多在10个以上,通常多数,或其数超过花瓣的2倍。(次项在157页)

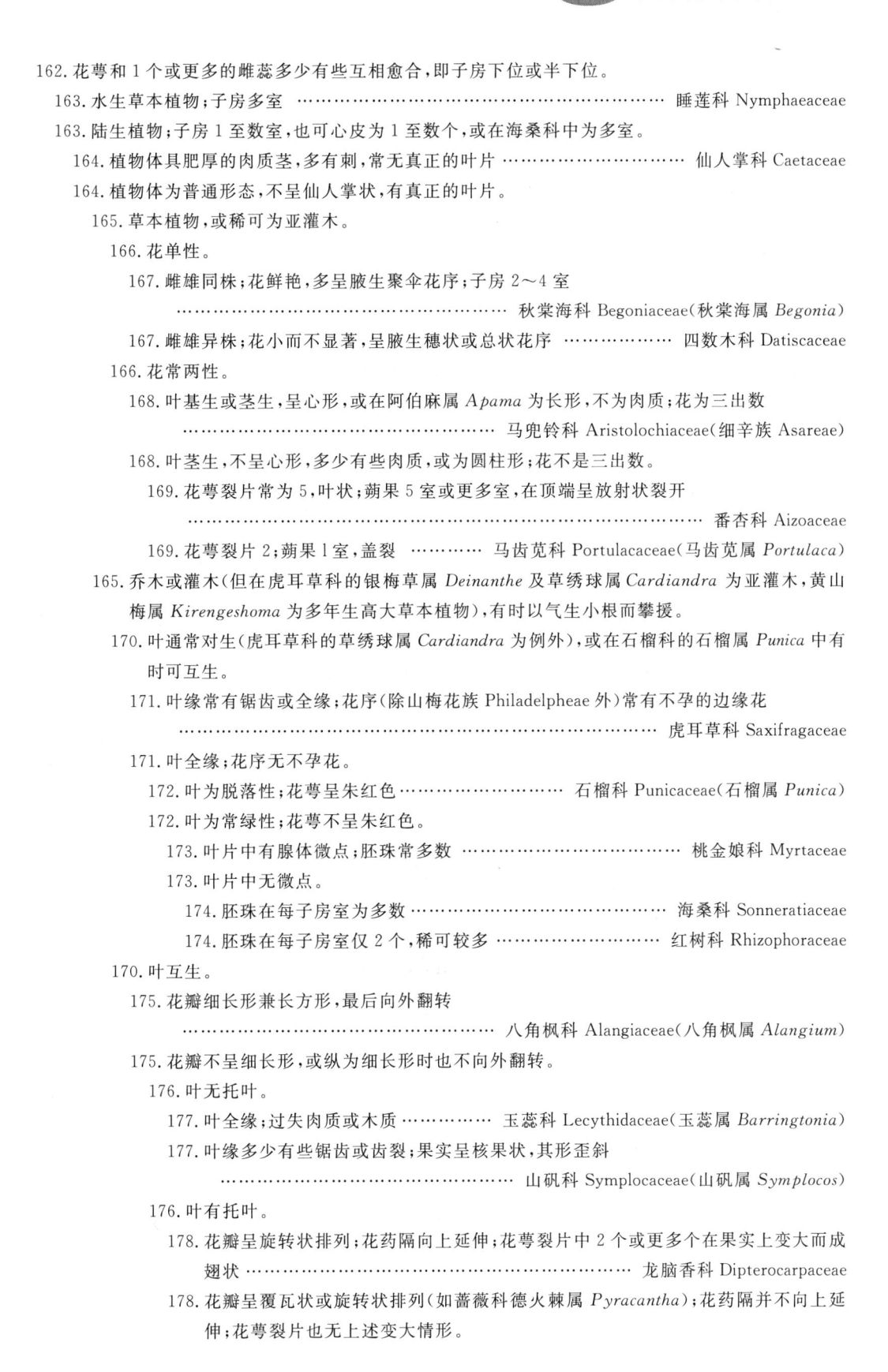

162. 花萼和 1 个或更多的雌蕊多少有些互相愈合,即子房下位或半下位。
　　163. 水生草本植物;子房多室 ………………………………………………… 睡莲科 Nymphaeaceae
　　163. 陆生植物;子房 1 至数室,也可心皮为 1 至数个,或在海桑科中为多室。
　　　　164. 植物体具肥厚的肉质茎,多有刺,常无真正的叶片 ……………………… 仙人掌科 Caetaceae
　　　　164. 植物体为普通形态,不呈仙人掌状,有真正的叶片。
　　　　　　165. 草本植物,或稀可为亚灌木。
　　　　　　　　166. 花单性。
　　　　　　　　　　167. 雌雄同株;花鲜艳,多呈腋生聚伞花序;子房 2～4 室
　　　　　　　　　　　　 ……………………………………………… 秋棠海科 Begoniaceae(秋棠海属 Begonia)
　　　　　　　　　　167. 雌雄异株;花小而不显著,呈腋生穗状或总状花序 ………… 四数木科 Datiscaceae
　　　　　　　　166. 花常两性。
　　　　　　　　　　168. 叶基生或茎生,呈心形,或在阿伯麻属 Apama 为长形,不为肉质;花为三出数
　　　　　　　　　　　　 …………………………………………… 马兜铃科 Aristolochiaceae(细辛族 Asareae)
　　　　　　　　　　168. 叶茎生,不呈心形,多少有些肉质,或为圆柱形;花不是三出数。
　　　　　　　　　　　　169. 花萼裂片常为 5,叶状;蒴果 5 室或更多室,在顶端呈放射状裂开
　　　　　　　　　　　　　　 ……………………………………………………………………… 番杏科 Aizoaceae
　　　　　　　　　　　　169. 花萼裂片 2;蒴果 1 室,盖裂 ………… 马齿苋科 Portulacaceae(马齿苋属 Portulaca)
　　　　　　165. 乔木或灌木(但在虎耳草科的银梅草属 Deinanthe 及草绣球属 Cardiandra 为亚灌木,黄山
梅属 Kirengeshoma 为多年生高大草本植物),有时以气生小根而攀援。
　　　　　　　　170. 叶通常对生(虎耳草科的草绣球属 Cardiandra 为例外),或在石榴科的石榴属 Punica 中有
时可互生。
　　　　　　　　　　171. 叶缘常有锯齿或全缘;花序(除山梅花族 Philadelpheae 外)常有不孕的边缘花
　　　　　　　　　　　　 …………………………………………………………………… 虎耳草科 Saxifragaceae
　　　　　　　　　　171. 叶全缘;花序无不孕花。
　　　　　　　　　　　　172. 叶为脱落性;花萼呈朱红色 …………………………… 石榴科 Punicaceae(石榴属 Punica)
　　　　　　　　　　　　172. 叶为常绿性;花萼不呈朱红色。
　　　　　　　　　　　　　　173. 叶片中有腺体微点;胚珠常多数 ……………………………… 桃金娘科 Myrtaceae
　　　　　　　　　　　　　　173. 叶片中无微点。
　　　　　　　　　　　　　　　　174. 胚珠在每子房室为多数 ………………………………… 海桑科 Sonneratiaceae
　　　　　　　　　　　　　　　　174. 胚珠在每子房室仅 2 个,稀可较多 ……………………… 红树科 Rhizophoraceae
　　　　　　　　170. 叶互生。
　　　　　　　　　　175. 花瓣细长形兼长方形,最后向外翻转
　　　　　　　　　　　　 ………………………………………… 八角枫科 Alangiaceae(八角枫属 Alangium)
　　　　　　　　　　175. 花瓣不呈细长形,或纵为细长形时也不向外翻转。
　　　　　　　　　　　　176. 叶无托叶。
　　　　　　　　　　　　　　177. 叶全缘;过失肉质或木质 ………… 玉蕊科 Lecythidaceae(玉蕊属 Barringtonia)
　　　　　　　　　　　　　　177. 叶缘多少有些锯齿或齿裂;果实呈核果状,其形歪斜
　　　　　　　　　　　　　　　　 …………………………………………… 山矾科 Symplocaceae(山矾属 Symplocos)
　　　　　　　　　　　　176. 叶有托叶。
　　　　　　　　　　　　　　178. 花瓣呈旋转状排列;花药隔向上延伸;花萼裂片中 2 个或更多个在果实上变大而成
翅状 ……………………………………………………………… 龙脑香科 Dipterocarpaceae
　　　　　　　　　　　　　　178. 花瓣呈覆瓦状或旋转状排列(如蔷薇科德火棘属 Pyracantha);花药隔并不向上延
伸;花萼裂片也无上述变大情形。

179. 子房1室,内具2~6侧膜胎座,各有1个至多数胚珠;果实为革质蒴果,自顶端以2~6片开裂 ……………………………………………… 大风子科 Flacourtiaceae(天料木属 *Homalium*)
179. 子房2~5室,内具中轴胎座,或其心皮在腹面相互分离而具边缘胎座。
　180. 花呈伞房、伞形、圆锥或总状花序等,稀可单性;子房2~5室,或心皮2~5个,下位,每室或每心皮有胚珠1~2个,稀可有时为3~10个或为多数;果实为肉质或木质假果;种子无翅 …… ……………………………………………… 蔷薇科 Rosaceae(梨亚科 Pomoideae)
　180. 花呈头状或穗状花序;子房2室,半下位,每室有胚珠2~6个;果实为木质蒴果;种子有或无翅 ……………………… 金缕梅科 Hamamelidaceae(马蹄荷亚科 Bueklandioideae)
162. 花萼和1个或更多的雌蕊互相分离,即子房上位。
　181. 花为周位花。
　　182. 萼片和花瓣相似,覆瓦状排列成数层,着生于坛状花托的外侧 ……………………………………………… 蜡梅科 Calycanthaceae(洋蜡梅属 *Calycanthus*)
　　182. 萼片和花瓣有分化,在萼筒或花托的边缘排列成2层。
　　　183. 叶对生或轮生,有时上部或可互生,但均为全缘叶;花瓣常在蕾中呈皱折状。
　　　　184. 花瓣无爪,形小,或细长;浆果 ……………… 海桑科 Sonneratiaceae
　　　　184. 花瓣有细爪,边缘具腐蚀状的波纹或具流苏;蒴果 ……… 千屈菜科 Lythraceae
　　　183. 叶互生,单叶或复叶;花瓣不呈皱折状。
　　　　185. 花瓣宿存;雄蕊的下部连成1管 ……………… 亚麻科 Linaceae(粘木属 *Ixonanthes*)
　　　　185. 花瓣脱落性;雄蕊互相分离。
　　　　　186. 草本植物;具二出数的花朵;萼片2片,早落性;花瓣4个 ……………………………………………… 罂粟科 Papaveraceae(花菱草属 *Eschscholzia*)
　　　　　186. 草本植物或木本植物;具五出或四出数的花朵。
　　　　　　187. 花瓣呈覆瓦状排列;果实为核果、蓇葖果或瘦果;叶为单叶或复叶;心皮1个至多数 ……………………………………………… 蔷薇科 Rosaceae
　　　　　　187. 花瓣呈镊合状排列;果实为荚果;叶为二回羽状复叶,有时叶片退化,而叶柄发育成叶状柄;心皮1个 ……………………………………………… 含羞草科 Mimosaceae
　181. 花为下位花,或至少在果实时花托扁平或隆起。
　　188. 雌蕊少数至多数,互相分离或稍有连合。
　　　189. 水生植物。
　　　　190. 叶片呈盾状,全缘 ……………… 睡莲科 Nymphaeaceae
　　　　190. 叶片不呈盾状,多少有些分裂或复叶 ……… 毛茛科 Ranunculaceae
　　　189. 陆生植物。
　　　　191. 茎为攀援性。
　　　　　192. 草质藤本。
　　　　　　193. 花显著,为两性花 ……………… 毛茛科 Ranunculaceae
　　　　　　193. 花小形,为单性,雌雄异株 ……… 防己科 Menispermaceae
　　　　　192. 木质藤本或蔓生灌木。
　　　　　　194. 叶对生,复叶由3片小叶所成,或顶端小叶形成卷须 ……………………………………………… 毛茛科 Ranuuculaceae(锡兰莲属 *Naravelia*)
　　　　　　194. 叶互生,单叶。
　　　　　　　195. 花单性。
　　　　　　　　196. 心皮多数,结果时聚生成1球状肉质体或散布于极延长的花托上 ……………………………………………… 木兰科 Magnoliaceae(五味子亚科 Schisandroideae)

196. 心皮 3~6,果为核果或核果状 …………………………………………… 防已科 Menispermaceae
195. 花两性或杂性;心皮数个,果实为蓇葖果 ………… 五桠果科 Dilleniaceae(锡叶藤属 *Tetracera*)
191. 茎直立,不为攀援性。
 197. 雄蕊的花丝连成单体 ………………………………………………………… 锦葵科 alvaceae
 197. 雄蕊的花丝互相分离。
  198. 草本植物,稀可为亚灌木;叶片多少有些分裂或复叶。
   199. 叶无托叶;种子有胚乳 ……………………………………………… 毛茛科 Ranunculaceae
   199. 叶多有托叶;种子无胚乳 ……………………………………………… 蔷薇科 Rosaceae
  198. 木本植物;叶片全缘或边缘有锯齿,也稀有分裂者。
   200. 萼片及花瓣均为镊合状排列;胚乳具嚼痕 ………………………… 番荔枝科 Annonaceae
   200. 萼片及花瓣均为覆瓦状排列;胚乳无嚼痕。
    201. 萼片和花瓣相同,三出数,排列成 3 层或多层,均可脱落 ………… 木兰科 Magnoliaceae
    201. 萼片和花瓣甚有分化,多为五出数,排列成 2 层,萼片宿存。
     202. 心皮 3 个至多数;花柱互相分离;胚珠为不定数 ………… 五桠果科 Dilleniaceae
     202. 心皮 3~10 个;花柱完全合生;胚珠单生 ……… 金莲木科 Ochnaceae(金莲木属 *Ochna*)
188. 雌蕊 1 个,但花柱或柱头可 1 至多数。
 203. 叶片中具透明微点。
  204. 叶互生,羽状复叶或退化为仅有 1 顶生小叶 ……………………………… 芸香科 Rutaceae
  204. 叶对生,单生 ………………………………………………………………… 藤黄科 Guttiferae
 203. 叶片中无透明微点。
  205. 子房单纯,具 1 子房室。
   206. 乔木或灌木;花瓣成镊合状排列;果实为荚果 …………………………… 含羞草科 Mimosaceae
   206. 草本植物;花瓣成覆瓦状排列;果实不为荚果。
    207. 花五出数;蓇葖果 …………………………………………………… 毛茛科 Ranunculaceae
    207. 花三出数;浆果 ……………………………………………………… 小檗科 Berberidaceae
  205. 子房为复合性。
   208. 子房 1 室,或在马齿苋科的土人参属 *Talinum* 中子房基部为 3 室。
    209. 特立中央胎座。
     210. 草本植物;叶互生或对生;子房基部为 3 室,有多数胚珠
       ……………………………………………… 马齿苋科 Portulaceae(土人参属 *Talinum*)
     210. 灌木;叶对生;子房 1 室,内有成为 3 对的 6 个胚珠
       ………………………………………………… 红树科 Rhizophoraceae(秋茄树属 *Kandelia*)
    209. 侧膜胎座。
     211. 灌木或小乔木(在半日花科中常为亚灌木或草本植物),子房柄不存在或极短;果实为蒴果或浆果。
      212. 叶对生;萼片不相等,外面 2 片较小,或有时退化,内面 3 片呈旋转状排列
        ………………………………………… 半日花科 Cistaceae(半日花属 *Helianthemum*)
      212. 叶常互生;萼片相等,成覆瓦状或镊合状排列。
       213. 植物体内含有色泽的汁液;叶具掌状脉;萼片 5 片,互相分离,基部有腺体;种皮肉质,红色 …………………………………………… 红木科 Bixaceae(红木属 *Bixa*)
       213. 植物体内不含有色泽的汁液;叶具羽状脉或掌状脉,叶缘有锯齿或全缘;萼片 3~8 片,离生或合生;种皮坚硬,干燥 ……………… 大风子科 Flacourtiaceae
     211. 草本植物,若为木本植物时则具显著的子房柄;果实为浆果或核果。
      214. 植物体内含乳汁;萼片 2~3 ……………………………………… 罂粟科 Papaveraceae

214. 植物体内不含乳汁；萼片 4～8。
　　215. 叶为单叶或掌状复叶；花瓣完整；长角果 ………………………… 白花菜科 Capparidaceae
　　215. 叶为单叶，或为羽状复叶或分裂；花瓣具缺刻或细裂；蒴果仅于顶端开裂
　　　　　……………………………………………………………………… 木犀草科 Resedaceae
208. 子房 2 至多室，或为不完全的 2 至多室。
　216. 草本植物；具多少有些呈花瓣状的萼片。
　　217. 水生植物；花瓣为多数雄蕊或鳞片状的蜜腺叶所代替
　　　　　………………………………………………………… 睡莲科 Nymphaeaceae(萍蓬草属 *Nuphar*)
　　217. 陆生植物；花瓣不为蜜腺叶所代替
　　　　218. 一年生草本植物；叶呈羽状细裂；花两性 …… 毛茛科 Ranunculaceae(黑种草属 *Nigella*)
　　　　218. 多年生草本植物；叶全缘而成掌状分裂；雌雄同株
　　　　　　………………………………………………………… 大戟科 Euphorbiaceae(麻风树属 *Jatropha*)
　216. 木本植物，或陆生草本植物，常不具呈花瓣状的萼片。
　　219. 萼片于花蕾内呈镊合状排列。
　　　220. 雄蕊互相分离或连成数束。
　　　　221. 花药 1 室或数室；叶为掌状复叶或单叶，全缘，具羽状脉 ………… 木棉科 Bombacaceae
　　　　221. 花药 2 室；叶为单叶，叶缘有锯齿或全缘。
　　　　　222. 花药以顶端 2 孔开裂 ………………………………………… 杜英科 Elaeocarpaceae
　　　　　222. 花药纵长开裂 ……………………………………………………… 椴树科 Tiliaceae
　　　220. 雄蕊连为单体，至少内层者如此，并且多少有些连成管状。
　　　　223. 花单性；萼片 2 或 3 片 ……………………… 大戟科 Euphorbiaceae(油桐属 *Aleurites*)
　　　　223. 花常两性；萼片多 5 片，稀可较少。
　　　　　224. 花药 2 室或更多室。
　　　　　　225. 无副萼；多有不育雄蕊；花药 2 室；叶为单叶或掌状分裂 …… 梧桐科 Sterculiaceae
　　　　　　225. 有副萼；无不育雄蕊；花药数室；叶为单叶，全缘且具羽状脉
　　　　　　　……………………………………………………… 木棉科 Bombacaceae(榴莲属 *Durio*)
　　　　　224. 花药 1 室。
　　　　　　226. 花粉粒表面平滑；叶为掌状复叶 …… 木棉科 Bombacaceae(木棉属 *Gossampinus*)
　　　　　　226. 花粉粒表面有刺；叶有各种情形 ………………………………… 锦葵科 Malvaceae
　　219. 萼片于花蕾内呈覆瓦状或旋转状排列，或有时(如在大戟科的巴豆属 *Croton*)呈镊合状排列。
　　　227. 雌雄同株或稀可异株；果实为蒴果，由 2～4 个各自裂为 2 片的离果所成
　　　　　………………………………………………………………………… 大戟科 Euphorbiaceae
　　　227. 花常两性，或在猕猴桃科的猕猴桃属 *Actinidia* 中为杂性或雌雄异株；果实为其他情形。
　　　　228. 萼片在果实时增大且成翅状；雄蕊具伸长的花药隔 ……… 龙脑香科 Dipterocarpaceae
　　　　228. 萼片及雄蕊二者无上述变化。
　　　　　229. 雄蕊排列成 2 层，外层 10 个和花瓣对生，内层 5 个和萼片对生
　　　　　　………………………………………………… 蒺藜科 Zygophyllaceae(骆驼蓬属 *Peganum*)
　　　　　229. 雄蕊的排列为其他情形。
　　　　　　230. 食虫植物；叶基生，呈管状，其上再具有小叶片 ………… 瓶子草科 Sarraceniaceae
　　　　　　230. 不是食虫植物；叶茎生或基生，但不呈管状。
　　　　　　　231. 植物体呈耐寒旱状；叶为单叶全缘。
　　　　　　　　232. 叶对生或上部互生；萼片 5 片，互不相等，外面 2 片较小或有时退化，内面 3 片
　　　　　　　　　较大，成旋转状排列，宿存；花瓣早落 ………………………… 半日花科 Cistaceae

232.叶互生;萼片5片,大小相等;花瓣宿存;在内侧基部各有2舌状物
.... 柽柳科 Tamaricaceae(琵琶柴属 Reaumuria)
231.植物体不是耐寒旱状;叶常互生;萼片2~5片,彼此相等;呈覆瓦状或稀可呈镊合状排列。
233.草本植物或木本植物;花为四出数,或其萼片多为2片且早落。
234.植物体内含乳汁;无或有极短子房柄;种子有丰富胚乳 .... 罂粟科 Papaveraceae
234.植物体内无乳汁;有细长的子房柄;种子无或有少量胚乳 .... 白花菜科 Capparidaceae
233.木本植物;花常为五出数;萼片宿存或脱落。
235.果实为具5个棱角的蒴果,分成5个骨质各含1或2种子的心皮后,再各沿其缝线而2瓣开裂 .... 蔷薇科 Rosaceae(白鹃梅属 Exochorda)
235.果实不为蒴果,如为蒴果时则为胞背裂开。
236.蔓生或攀援的灌木;雄蕊互相分离;子房5室或更多室;浆果,常可食
.... 猕猴桃科 Actinidiaceae
236.直立乔木或灌木;雄蕊至少在外层者连为单体,或连成3~5束而着生于花瓣的基部;子房5~3室。
237.花药能转动,以顶端孔裂开;浆果,胚乳颇丰富 .... 水冬哥科 Saurauiaceae
237.花药能或不能转动,常纵长裂开;果实有各种情形;胚乳通常量微少
.... 山茶科 Theaceae
161.成熟雄蕊10个或较少,如多于10个时,其数目不超过花瓣的2倍。
238.雄蕊和花瓣同数,且和它对生。
239.雌蕊3个至多数,离生。
240.直立草本或亚灌木;花两性,五出数 .... 蔷薇科 Rosaceae(地蔷薇属 Chamaerhodos)
240.木质或草质藤本;花单性,常为三出数。
241.叶常为单叶;花小型;核果;心皮3~6个,呈星状排列,各含1个胚珠
.... 防己科 Menispermaceae
241.叶为掌状复叶或由3小叶组成;花中型;浆果;心皮3个至多数,轮状或螺旋状排列,各含1个或多数胚珠 .... 木通科 Lardizabaceae
239.雌蕊1个。
242.子房2至数室。
243.花萼裂齿不明显或微小;以卷须缠绕它物的灌木或草本植物 .... 葡萄科 Vitaceae
243.花萼具4~5裂片;乔木、灌木或草本植物,有时虽也可为缠绕性,但无卷须。
244.雄蕊合生成单体。
245.叶为单叶;每子房室内含胚珠2~6个(或可在可可树亚族 Theobromineae 中为多数)
.... 梧桐科 Sterculiaceae
245.叶为掌状复叶;每子房室内含胚珠多数 .... 木棉科 Bombacaceae(吉贝属 Ceiba)
244.雄蕊互相分离,或稀可在下部连成1管。
246.叶无托叶;萼片各不相等,呈覆瓦状排列;花瓣不相等,在内层的2片常很小
.... 清风藤科 Sabiaceae
246.叶常有托叶;萼片等大,成镊合状排列;花瓣均大小同形。
247.叶为单叶 .... 鼠李科 Rhamnaceae
247.叶为1~3回羽状复叶 .... 葡萄科 Vitaceae(火筒树属 Leea)
242.子房1室(在马齿苋科的土人参属 Talinum 及铁青树科的铁青树属 Olax 中则子房下部多少有些呈3室)。
248.子房下位或半下位。
249.叶互生,边缘常有锯齿;蒴果 .... 大风子科 Flacourtiaceae(天料木属 Homalium)

249.叶多对生或轮生,全缘;浆果或核果 …………………………… 桑寄生科 Loranthaceae
　248.子房上位。
　　　250.花药以舌瓣裂开 ……………………………………………………… 小檗科 Berberidaceae
　　　250.花药不以舌瓣裂开。
　　　　　251.缠绕草本;胚珠1个;叶肥厚,肉质 …………………… 落葵科 Basellaceae(落葵属 *Basella*)
　　　　　251.直立草本,或有时为木本;胚珠1个至多数。
　　　　　　　252.雄蕊合生成单体;胚珠2个 ………………… 梧桐科 Sterculiaceae(蛇婆子属 *Waltheria*)
　　　　　　　252.雄蕊相互分离;胚珠1个至多数。
　　　　　　　　　253.花瓣6～9片;雌蕊单纯 …………………………………… 小檗科 Berberidaceae
　　　　　　　　　253.花瓣4～8片;雌蕊复合。
　　　　　　　　　　　254.常为草本;花萼有2个分离萼片。
　　　　　　　　　　　　　255.花瓣4片,侧膜胎座 ………………… 罂粟科 Papaveraceae(角茴香属 *Hypecoum*)
　　　　　　　　　　　　　255.花瓣常5片,基底胎座 ……………………………… 马齿苋科 Portulacaceae
　　　　　　　　　　　254.乔木或灌木,常蔓生;花萼呈倒圆锥形或杯状。
　　　　　　　　　　　　　256.通常雌雄同株;花萼裂片4～5;花瓣呈覆瓦状排列;无不育雄蕊;胚珠有2层珠被
　　　　　　　　　　　　　　　…………………………………………… 紫金牛科 Myrsinaceae(信筒子属 *Embelia*)
　　　　　　　　　　　　　256.花两性;花萼于开花时微小,而具不明显的齿裂;花瓣多为镊合状排列;有不育雄蕊
　　　　　　　　　　　　　　　(有时代以蜜腺);胚珠无珠被。
　　　　　　　　　　　　　　　257.花萼于果时增大;子房的下部为3室,上部为1室,内含3个胚珠
　　　　　　　　　　　　　　　　　………………………………………… 铁青树科 Olacaceae(铁青树属 *Olax*)
　　　　　　　　　　　　　　　257.花萼于果时不增大;子房1室,内仅含1个胚珠………… 山柚仔科 Opiliaceae
238.成熟雄蕊和花瓣不同数,如同数时则雄蕊和它互生。
　　258.雌雄异株;雄蕊8个,不相同,其中5个较长,有伸出花外的花丝,且和花瓣相互生,另3个则较短
　　　　而藏于花内;灌木或灌木状草本;互生或对生单叶;心皮单生;雌花无花被,无梗,贴生于宽圆形的
　　　　叶状苞片上 …………………………………… 漆树科 Anacardiacece(九子不离母属 *Dobinea*)
　　258.花两性或单性,纵为雌雄异株时,其雄花中也无上述情形的雄蕊。
　　　　259.花萼或其筒部和子房多少有些连合。
　　　　　　260.每子房室内含胚珠或种子2个至多数。
　　　　　　　　261.花药以顶端孔裂开;草本或木本植物;叶对生或轮生,大都于叶片基部具3～9脉
　　　　　　　　　　………………………………………………………………… 野牡丹科 Melastomaceae
　　　　　　　　261.花药纵长开裂。
　　　　　　　　　　262.草本或亚灌木;有时为攀援性。
　　　　　　　　　　　　263.具卷须的攀援草本;花单性 ……………………………… 葫芦科 Cucurbitaceae
　　　　　　　　　　　　263.无卷须的植物;花常两性。
　　　　　　　　　　　　　　264.萼片或花萼裂片2片;植物体多少肉质而多水分
　　　　　　　　　　　　　　　　………………………………………… 马齿苋科 Portulacaceae(马齿苋属 *Portulaca*)
　　　　　　　　　　　　　　264.萼片或花萼裂片4～5片;植物体常不为肉质。
　　　　　　　　　　　　　　　　265.花萼裂片呈覆瓦状或镊合状排列;花柱2个或更多;种子具胚乳
　　　　　　　　　　　　　　　　　　………………………………………………………… 虎耳草科 Saxifragaceae
　　　　　　　　　　　　　　　　265.花萼裂片呈镊合状排列;花柱1个,具2～4裂,或为1呈头状的柱头;种子无胚
　　　　　　　　　　　　　　　　　　乳 ………………………………………………………… 柳叶菜科 Onagraceae
　　　　　　　　　　262.乔本或灌木;有时为攀援性。
　　　　　　　　　　　　266.叶互生。

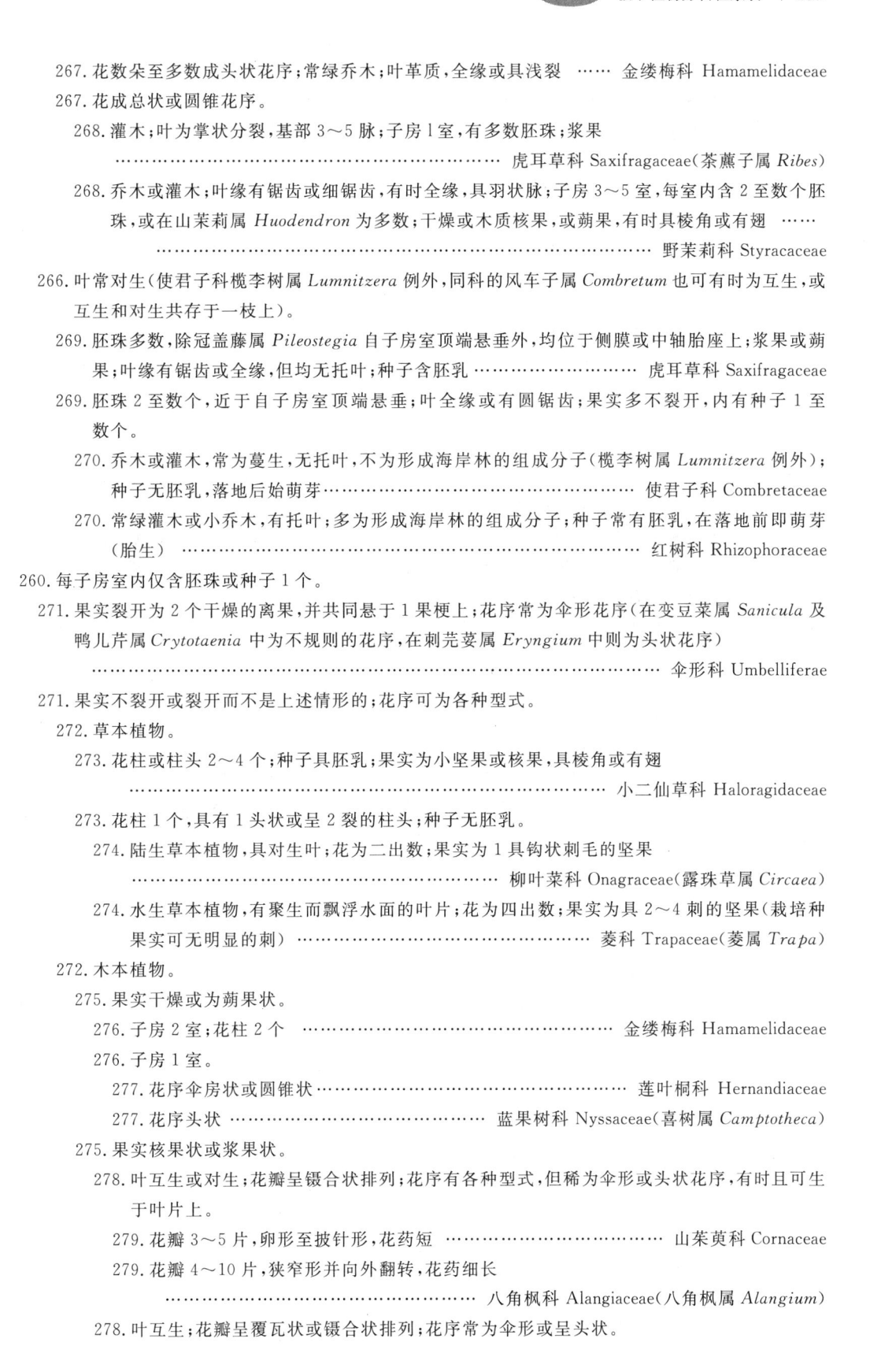

267. 花数朵至多数成头状花序;常绿乔木;叶革质,全缘或具浅裂 …… 金缕梅科 Hamamelidaceae
267. 花成总状或圆锥花序。
　　268. 灌木;叶为掌状分裂,基部 3~5 脉;子房 1 室,有多数胚珠;浆果
　　　　　………………………………………………… 虎耳草科 Saxifragaceae(茶藨子属 *Ribes*)
　　268. 乔木或灌木;叶缘有锯齿或细锯齿,有时全缘,具羽状脉;子房 3~5 室,每室内含 2 至数个胚珠,或在山茉莉属 *Huodendron* 为多数;干燥或木质核果,或蒴果,有时具棱角或有翅 ……
　　　　　………………………………………………………………………… 野茉莉科 Styracaceae
266. 叶常对生(使君子科榄李树属 *Lumnitzera* 例外,同科的风车子属 *Combretum* 也可有时为互生,或互生和对生共存于一枝上)。
　　269. 胚珠多数,除冠盖藤属 *Pileostegia* 自子房室顶端悬垂外,均位于侧膜或中轴胎座上;浆果或蒴果;叶缘有锯齿或全缘,但均无托叶;种子含胚乳 ………………… 虎耳草科 Saxifragaceae
　　269. 胚珠 2 至数个,近于自子房室顶端悬垂;叶全缘或有圆锯齿;果实多不裂开,内有种子 1 至数个。
　　　　　270. 乔木或灌木,常为蔓生,无托叶,不为形成海岸林的组成分子(榄李树属 *Lumnitzera* 例外);种子无胚乳,落地后始萌芽 ……………………………………… 使君子科 Combretaceae
　　　　　270. 常绿灌木或小乔木,有托叶;多为形成海岸林的组成分子;种子常有胚乳,在落地前即萌芽(胎生) …………………………………………………………… 红树科 Rhizophoraceae
260. 每子房室内仅含胚珠或种子 1 个。
　　271. 果实裂开为 2 个干燥的离果,并共同悬于 1 果梗上;花序常为伞形花序(在变豆菜属 *Sanicula* 及鸭儿芹属 *Crytotaenia* 中为不规则的花序,在刺芫荽属 *Eryngium* 中则为头状花序)
　　　　　………………………………………………………………………………… 伞形科 Umbelliferae
　　271. 果实不裂开或裂开而不是上述情形的;花序可为各种型式。
　　　　　272. 草本植物。
　　　　　　　273. 花柱或柱头 2~4 个;种子具胚乳;果实为小坚果或核果,具棱角或有翅
　　　　　　　　　………………………………………………………… 小二仙草科 Haloragidaceae
　　　　　　　273. 花柱 1 个,具有 1 头状或呈 2 裂的柱头;种子无胚乳。
　　　　　　　　　274. 陆生草本植物,具对生叶;花为二出数;果实为 1 具钩状刺毛的坚果
　　　　　　　　　　　…………………………………………… 柳叶菜科 Onagraceae(露珠草属 *Circaea*)
　　　　　　　　　274. 水生草本植物,有聚生而飘浮水面的叶片;花为四出数;果实为具 2~4 刺的坚果(栽培种果实可无明显的刺) ……………………………… 菱科 Trapaceae(菱属 *Trapa*)
　　　　　272. 木本植物。
　　　　　　　275. 果实干燥或为蒴果状。
　　　　　　　　　276. 子房 2 室;花柱 2 个 ………………………………… 金缕梅科 Hamamelidaceae
　　　　　　　　　276. 子房 1 室。
　　　　　　　　　　　277. 花序伞房状或圆锥状 ………………………………… 莲叶桐科 Hernandiaceae
　　　　　　　　　　　277. 花序头状 ……………………… 蓝果树科 Nyssaceae(喜树属 *Camptotheca*)
　　　　　　　275. 果实核果状或浆果状。
　　　　　　　　　278. 叶互生或对生;花瓣呈镊合状排列;花序有各种型式,但稀为伞形或头状花序,有时且可生于叶片上。
　　　　　　　　　　　279. 花瓣 3~5 片,卵形至披针形,花药短 ……………………… 山茱萸科 Cornaceae
　　　　　　　　　　　279. 花瓣 4~10 片,狭窄形并向外翻转,花药细长
　　　　　　　　　　　　　………………………………… 八角枫科 Alangiaceae(八角枫属 *Alangium*)
　　　　　　　　　278. 叶互生;花瓣呈覆瓦状或镊合状排列;花序常为伞形或呈头状。

280. 子房1室;花柱1个;花杂性兼雌雄异株,雌花单生或以少数多至数朵聚生,雌花多数,腋生为有花梗的簇丛……………………………………………………………………………… 蓝果树科 Nyssaceae
280. 子房2室或更多室;花柱2~5个;若子房为1室而具1花柱时(例如马蹄参属 *Diplopanax*)则为两性花,形成顶生类似穗状的花序 ………………………………………………… 五加科 Araliaceae
259. 花萼和子房相分离。
　281. 叶片中有透明微点。
　　282. 花整齐或不整齐;果实为荚果 ……………………………………………… 豆目 Fabales
　　282. 花整齐,稀可两侧对称;果实不为荚果 …………………………………… 芸香科 Rutaceae
　281. 叶片中无透明微点。
　　283. 雌蕊2个或更多,互相分离或仅有局部的连合,也可子房分离而花柱连合成一个。
　　　284. 多水分的草木,具肉质的茎及叶 ……………………………………… 景天科 Crassulaceae
　　　284. 植物体为其他情形。
　　　　285. 花为周位花。
　　　　　286. 花的各部分呈螺旋状排列,萼片逐渐变为花瓣;雄蕊5或6个;雌蕊多数
　　　　　　………………………………………… 蜡梅科 Calycanthaceae(蜡梅属 *Chimonanthus*)
　　　　　286. 花的各部分呈轮状排列,萼片和花瓣甚有分化。
　　　　　　287. 雌蕊2个至多数,各有1至数个胚珠;种子无胚乳;有或无托叶 …… 蔷薇科 Rosaceae
　　　　　　287. 雌蕊2~4个,各有多数胚珠;种子有胚乳;无托叶 ……… 虎耳草科 Saxifragaceae
　　　　285. 花为下位花,稀在悬铃木科中微呈周位。
　　　　　288. 草本或亚灌木。
　　　　　　289. 各子房的花柱互相分离。
　　　　　　　290. 叶常互生或基生,多少有些分裂;花瓣脱落性,较萼片为大,或于天葵属 *Semiaquilegia* 稍小于成花瓣状的萼片 …………………………………………… 毛茛科 Ranunculaceae
　　　　　　　290. 叶对生或轮生,为全缘单叶;花瓣宿存性,较萼片小
　　　　　　　　……………………………………………………… 马桑科 Coriariaceae(马桑属 *Coriaria*)
　　　　　　289. 各子房合具1共同的花柱或柱头;叶为羽状复叶;花为五出数;花萼宿存;花中有和花瓣互生的腺体;雄蕊10个 ……… 牻牛儿苗科 Geraniaceae(熏倒牛属 *Biebersteinia*)
　　　　　288. 乔木、灌木或木本的攀援植物。
　　　　　　291. 叶为单叶。
　　　　　　　292. 叶对生或轮生 …………………………………… 马桑科 Coriariaceae(马桑属 *Coriaria*)
　　　　　　　292. 叶互生。
　　　　　　　　293. 叶为脱落性,具掌状脉;叶柄基部扩张成帽状以覆盖腋芽
　　　　　　　　　……………………………………………… 悬铃木科 Platanaceae(悬铃木属 *Platanus*)
　　　　　　　　293. 叶为常绿性或脱落性,具羽状脉。
　　　　　　　　　294. 雌蕊7个至多数(稀可少至5个);直立或缠绕性灌木;花两性或单性
　　　　　　　　　　………………………………………………………………… 木兰科 Magnoliaceae
　　　　　　　　　294. 雌蕊4~6;乔木或灌木;花两性。
　　　　　　　　　　295. 子房5或6个,以1共同的花柱而连合,各子房均可成熟为核果
　　　　　　　　　　　……………………………………………… 金莲木科 Ochnaceae(赛金莲木属 *Ouratia*)
　　　　　　　　　　295. 子房4~6个,各具1花柱,仅有1子房成熟为核果
　　　　　　　　　　　…………………………………………… 漆树科 Anacardiaceae(山檨仔属 *Buchanania*)
　　　　　　291. 叶为复叶。
　　　　　　　296. 叶对生 ……………………………………………………… 省沽油科 Staphyleaceae
　　　　　　　296. 叶互生。

297. 木质藤本；叶为掌状复叶或三出复叶 …………………………………………… 木通科 Lardizabalaceae
297. 乔木或灌木(有时在牛栓藤科中有缠绕性者)；叶为羽状复叶。
　　298. 果实为1含多数种子的浆果，状似猫屎 ……… 木通科 Lardizabalaceae(猫儿屎属 *Decaisnea*)
　　298. 果实为其他形状。
　　　　299. 果实为蓇葖果 ……………………………………………………………… 牛栓藤科 Connaraceae
　　　　299. 果实为离果，或在臭椿属 *Ailanthus* 中为翅果 …………………………… 苦木科 Simaroubaceae
283. 雌蕊1个，或至少其子房为1个。
　　300. 雌蕊或子房是单纯的，仅1室。
　　　　301. 果实为核果或浆果。
　　　　　　302. 花为三出数，稀可二出数；花药以舌瓣裂开 ………………………………… 樟科 Lauraceae
　　　　　　302. 花为五出或四出数；花药纵长裂开。
　　　　　　　　303. 落叶具刺灌木；雄蕊10个，周位，均可发育 …… 薔薇科 Rosaceae(扁核木属 *Prinsepia*)
　　　　　　　　303. 常绿乔木；雄蕊1～5个，下位，常仅其中1或2个可发育
　　　　　　　　　　…………………………………………… 漆树科 Anacardiaceae(杧果属 *Mangifera*)
　　　　301. 果实为蓇葖果或荚果。
　　　　　　304. 果实为蓇葖果。
　　　　　　　　305. 落叶灌木；叶为单叶；蓇葖果内含2至数个种子 … 薔薇科 Rosaceae(绣线菊亚科 Spiraeoideae)
　　　　　　　　305. 常为木质藤本；叶多为单数复叶或具3小叶，有时因退化而只有1小叶；蓇葖果内仅含1个种子 ………………………………………………………………… 牛栓藤科 Connaraceae
　　　　　　304. 果实为荚果 ……………………………………………………………………………… 豆目 Fabales
　　300. 雌蕊或子房并非单纯者，有1个以上的子房室或花柱、柱头、胎座等部分。
　　　　306. 子房1室或因有1假隔膜的发育而成2室，有时下部2～5室，上部1室。(次306项在163页)
　　　　　　307. 花下位，花瓣4片，稀可更多。
　　　　　　　　308. 萼片2片 ………………………………………………………………… 罂粟科 Papaveraceae
　　　　　　　　308. 萼片4～8片。
　　　　　　　　　　309. 子房柄常细长，呈线状 …………………………………………… 白花菜科 Copparidaceae
　　　　　　　　　　309. 子房柄极短或不存在。
　　　　　　　　　　　　310. 子房为2个心皮连合组成，常具2子房室及1假隔膜 ……… 十字花科 Cruciferae
　　　　　　　　　　　　310. 子房3～6个心皮连合组成，仅1子房室。
　　　　　　　　　　　　　　311. 叶对生，微小，为耐寒旱性；花为辐射对称；花瓣完整，具瓣爪，其内侧有舌状的鳞片附属物 ……………………… 瓣鳞花科 Frankeniaceae(瓣鳞花属 *Frankenia*)
　　　　　　　　　　　　　　311. 叶互生，显著，不为耐寒旱性；花为两侧对称；花瓣常分裂，但其内侧并无鳞片状的附属物 …………………… 木犀草科 Resedaceae(瓣林花属 *Frankenia*)
　　　　　　307. 花周位或下位，花瓣3～5，稀2片或更多。
　　　　　　　　312. 每子房室内仅有胚珠1个。
　　　　　　　　　　313. 乔木，或稀为灌木；叶常为羽状复叶。
　　　　　　　　　　　　314. 叶常为羽状复叶，具托叶及小托叶 …… 省沽油科 Staphleaceae(银缺树属 *Tapiseia*)
　　　　　　　　　　　　314. 叶为羽状复叶或单叶，无托叶及小托叶 …………………… 漆树科 Anacardiaceae
　　　　　　　　　　313. 木本或草本；叶为单叶。
　　　　　　　　　　　　315. 通常均为木本，稀可在樟科的无根藤属 *Cassytha* 则为缠绕性寄生草本；叶常互生，无膜质托叶。
　　　　　　　　　　　　　　316. 乔木或灌木；无托叶；花为三出或二出数，萼片和花瓣同形，稀可花瓣较大；花药以舌瓣裂开；浆果或核果 ………………………………………………………… 樟科 Lauraceae

316. 蔓生性灌木,茎为合轴型,具钩状的分枝;托叶小而早落;花为五出数,萼片和花瓣不同形,前者且于结实时增大成翅状;花药纵长开裂,坚果 ………………………………………… 钩枝藤科 Ancistrocladaceae(钩枝藤属 *Ancistroclad*)
315. 草本或亚灌木;叶对生或互生,具膜质托叶 ………………………………… 蓼科 Polygonaceae
312. 每子房室内有胚珠 2 个至多数。
  317. 乔木、灌木或木质藤本。
    318. 花瓣及雄蕊均着生于花萼上 ………………………………………… 千屈菜科 Lythraceae
    318. 花瓣及雄蕊均着生于花托上(或在西番莲科中雄蕊着生于子房柄上)。
      319. 核果或翅果,仅有 1 种子。
        320. 花萼呈截平头或具不明显的萼齿,微小,但能在果实上增大 ………………………………………… 铁青树科 Olacaceae(铁青树属 *Olax*)
        320. 花萼具显著的 4~5 裂片或裂齿,微小而不能长大 ………… 茶茱萸科 Icacinaceae
      319. 蒴果或浆果,内有 2 个至数个种子。
        321. 花两侧对称。
          322. 叶为 2~3 回羽状复叶;雄蕊 5 个 ………… 辣木科 Moringaceae(辣木属 *Moringa*)
          322. 叶为全缘单叶;雄蕊 8 个 ……………………………… 远志科 Polygalaceae
        321. 花辐射对称;叶为单叶或掌状分裂。
          323. 花瓣具有直立而常彼此衔接的瓣爪 …… 海桐花科 Pittosporaceae(海桐花属 *Pittosporum*)
          323. 花瓣不具细长的瓣爪。
            324. 植物体为耐寒旱性植物;有鳞片状或细长形的叶片;花无小苞片 …… 柽柳科 Tamaricaceae
            324. 植物体不为耐寒旱性植物;具有较宽大的叶片。
              325. 花两性。
                326. 花萼和花瓣不甚分化,且前者较大 ………………………………………… 大风子科 Flacourtiaceae(红子木属 *Erythrospermum*)
                326. 花萼和花瓣很有分化,前者很小 ………… 堇菜科 Violaceae(雷诺木属 *Rinorea*)
            325. 雌雄异株或花杂性。
              327. 乔木;花的每一花瓣基部各具位于内方的 1 鳞片;无子房柄 ………………………………………… 大风子科 Flacourtiaceae(大风子属 *Hydnocarpus*)
              327. 多为具有卷须而攀援的灌木;花常具 1 为 5 鳞片所成的副冠,各鳞片和萼片相对 ………………………………………… 西番莲科 Passifloraceae(蒴莲属 *Adenia*)
  317. 草本或亚灌木。
    328. 胎座位于子房室的中央或基底。
      329. 花瓣着生于花萼的喉部 ………………………………………… 千屈菜科 Lythraceae
      329. 花瓣着生于花托上。
        330. 萼片 2 片;叶互生,稀可对生 ……………………… 马齿苋科 Portulacaceae
        330. 萼片 5 或 4 片;叶对生 ………………………………… 石竹科 Caryophyllaceae
    328. 胎座为侧膜胎座。
      331. 食虫植物;具生有腺体刚毛的叶片 ………………………… 茅膏菜科 Dorseraceae
      331. 非食虫植物;无生有腺体毛茸的叶片。
        332. 花两侧对称。
          333. 花有 1 位于前方的距状物;蒴果 3 瓣裂开 ………………………… 堇菜科 Violaceae
          333. 花有 1 位于后方的大型花盘;蒴果仅于顶端裂开 ………………… 木犀草科 Resedaceae
        332. 花整齐或近于整齐。

334.植物体为耐寒旱性;花瓣内侧各有1舌状的鳞片 ··· 瓣鳞花科 Frankeniaceae(瓣鳞花属 *Frankenia*)
334.植物体不为耐寒旱性;花瓣内侧无鳞片的舌状附属物。
　335.花中具副花冠及子房柄 ·················· 西番莲科 Passifloraceae(西番莲属 *Passiflora*)
　335.花中无副花冠及子房柄 ·· 虎耳草科 Saxifragaceae
306.子房2室或更多室。
　336.花瓣形状极不相等。
　　337.每子房室内有数个至多数胚珠。
　　　338.子房2室 ·· 虎耳草科 Saxifragaceae
　　　338.子房5室 ·· 凤仙花科 Balsaminaceae
　　337.每子房室内仅有1个胚珠。
　　　339.叶盾状,叶缘具棱角或波纹;子房3室;雄蕊离生
　　　　·· 旱金莲科 Tropaeolaceae(旱金莲属 *Tropaeolum*)
　　　339.叶不呈盾形,全缘;子房2室(稀可为1或3室);雄蕊合生为1单体 ··· 远志科 Polygalaceae
　336.花瓣形状彼此相同或微有不等,且有时花也可为两侧对称。
　　340.雄蕊数和花瓣数既不相等,也不是它的倍数。
　　　341.叶对生。
　　　　342.雄蕊4~10个,常8个。
　　　　　343.蒴果 ··· 七叶树科 Hippocastanaceae
　　　　　343.翅果 ··· 槭树科 Aceraceae
　　　　342.雄蕊2或3个,稀4或5个。
　　　　　344.萼片和花瓣均为五出数;雄蕊多为3个 ·············· 翅子藤科 Hippocrateaceae
　　　　　344.萼片和花瓣均为四出数;雄蕊2个,稀可3个 ················ 木犀科 Oleaceae
　　　341.叶互生。
　　　　345.叶为单叶,多全缘,或在油桐属 *Vernicia* 中可具3~7裂片;花单性 ··· 大戟科 Euphorbiaceae
　　　　345.叶为单叶或复叶;花两性或杂性。
　　　　　346.萼片为镊合状排列;雄蕊合生成单体 ······················ 梧桐科 Sterculiaceae
　　　　　346.萼片为覆瓦状排列;雄蕊各自分离。
　　　　　　347.子房4或5室,每子房室内有8~12胚珠;种子具翅 ··· 楝科 Meliaceae(香椿属 *Toona*)
　　　　　　347.子房常3室,每子房室内有1至数个胚珠;种子无翅。
　　　　　　　348.花小型或中型,下位,萼片互相分离或微有合生 ············ 无患子科 Sapindaceae
　　　　　　　348.花大型,美丽,周位,萼片互相连合成1钟形的花萼
　　　　　　　　·· 钟萼木科 Bretschneideraceae(钟萼木属 *Bretschneidera*)
　　340.雄蕊和花瓣数相等,或是它的倍数。
　　　349.每子房室内有胚珠或种子3个至多数。
　　　　350.叶为复叶。
　　　　　351.雄蕊合生成为单体 ·· 酢浆草科 Oxalidaceae
　　　　　351.雄蕊彼此互相分离。
　　　　　　352.叶互生。
　　　　　　　353.叶为2~3回的三出复叶,或为掌状叶 ··············· 虎耳草科 Saxifragaceae
　　　　　　　353.叶为1回羽状复叶 ·· 楝科 Meliaceae
　　　　　　352.叶对生。
　　　　　　　354.双数羽状复叶 ··· 蒺藜科 Zygophyllaceae
　　　　　　　354.单数羽状复叶 ··· 省沽油科 Staphyleaceae

350. 单叶。
    355. 草本或亚灌木。
        356. 花周位；花托多少有些中空。
            357. 雄蕊着生于杯状花托的边缘 ·················· 虎耳草科 Saxifragaceae
            357. 雄蕊着生于杯状或管状花萼(或即花托)的内侧 ············ 千屈菜科 Lythraceae
        356. 花下位，花托常扁平。
            358. 叶对生或轮生，常全缘。
                359. 水生或沼泽草本，有时(例如田繁缕属 *Bergia*)为亚灌木；有托叶 ··· 沟繁缕科 Elatinaceae
                359. 陆生草本植物；无托叶 ·················· 石竹科 Cryophyllaceae
            358. 叶互生或基生，稀可对生，叶缘有锯齿，或叶退化为无绿色组织的鳞片。
                360. 草本或亚灌木；有托叶；萼片成镊合状排列，脱落性
                    ·················· 椴树科 Tiliaceae(黄麻属 *Corchorus*，田麻属 *Corchoropsis*)
                360. 多年生常绿草本，或为死物寄生植物而无绿色组织；无托叶；萼片呈覆瓦状排列，宿存性
                  ·················· 鹿蹄草科 Pyrolaceae
    355. 木本植物。
        361. 花瓣常有彼此衔接或其边缘互相依附的柄状瓣爪
            ·················· 海桐花科 Pittospororaceae(海桐花属 *Pittosporum*)
        361. 花瓣无瓣爪，或仅具互相分离的细长柄状瓣爪。
            362. 花托空凹；萼片呈镊合状或覆瓦状排列。
                363. 叶常绿，互生，叶缘有锯齿 ·············· 虎耳草科 Saxifragaceac(鼠刺属 *Itea*)
                363. 叶脱落性，对生或互生，全缘。
                    364. 子房 2~6 室，仅具 1 花柱；胚珠多数，着生于中轴胎座上 ······ 千屈菜科 Lythraceae
                    364. 子房 2 室，具 2 花柱；胚珠数个，垂悬于中轴胎座上
                    ·················· 金缕梅科 Hamamelidaceae(双花木属 *Disanthus*)
            362. 花托扁平或微凸起；萼片呈覆瓦状或于杜英科中呈镊合状排列。
                365. 花为四出数，果实呈浆果状或核果状；花药纵长裂开或顶端舌瓣裂开。
                    366. 穗状花序生于当年新枝上，花瓣先端有齿裂
                      ·················· 杜英科 Elaeocarpaceae(杜英属 *Elaeocarpus*)
                    366. 穗状花序生于昔年老枝上，花瓣完整 ··· 旌节花科 Stachyuraceae(旌节花属 *Stachyurus*)
                365. 花为五出数；果实呈蒴果状；花药顶端孔裂。
                    367. 花粉粒单纯；子房 3 室 ·········· 山柳科(桤叶树科)Clethraceae(桤叶树属 *Clethra*)
                    367. 花粉粒复合，成为四合体；子房 5 室 ·············· 杜鹃花科 Ericaceae
349. 每子房室内有胚珠或种子 1 或 2 个。
    368. 草本植物，有时基部呈灌木状。
        369. 花单性、杂性或雌雄异株。
            370. 叶为二回三出复叶；具卷须的藤本 ······ 无患子科 Sapindaceae(倒地铃属 *Cardiospermum*)
            370. 叶为单叶；直立草本或亚灌木 ·················· 大戟科 Euphorbiaceae
        369. 花两性。
            371. 萼片呈镊合状排列；果实有刺 ············ 椴树科 Tiliaceae(刺蒴麻属 *Triumfetta*)
            371. 萼片呈覆瓦状排列；果实无刺。
                372. 雄蕊彼此分离，花柱互相合生 ·············· 牻牛儿苗科 Geraniaceae
                372. 雄蕊互相合生，花柱彼此分离 ················ 亚麻科 Linaceae
    368. 木本植物。

373. 叶肉质,通常仅为 1 对小叶所组成的复叶 ………………………… 蒺藜科 Zygophyllaceae
373. 叶为其他情形。
　　374. 叶对生;果实为 1,2 或 3 个翅果所组成。
　　　　375. 花瓣细裂或具齿裂;每果实有 3 个翅果 ………………… 金虎尾科 Malpighiaceae
　　　　375. 花瓣全缘;每果实具 2 个或连合为 1 个的翅果 …………………… 槭树科 Aceraceae
　　374. 叶互生,如对生时,则果实不为翅果。
　　　　376. 叶为复叶,或稀可为单叶而有具翅的果实。
　　　　　　377. 雄蕊合生为单体。
　　　　　　　　378. 萼片和花瓣均为三出数;花药 6 个,花丝着生于雄蕊管的口部 …… 橄榄科 Burseraceae
　　　　　　　　378. 萼片和花瓣均为四出至六出数;花药 8～12 个,无花丝,直接着生于雄蕊管的喉部或裂齿之间 ……………………………………………………………… 楝科 Meliaceae
　　　　　　377. 雄蕊各自分离。
　　　　　　　　379. 叶为单叶;果实为 1 具 3 翅而其内仅有 1 个种子的小坚果
　　　　　　　　　　………………………… 卫矛科 Celastraceae(雷公藤属 $Tripterygium$)
　　　　　　　　379. 叶为复叶;果实无翅。
　　　　　　　　　　380. 花柱 3～5 个;叶常互生,脱落性 ……………………… 漆树科 Anacardiaceae
　　　　　　　　　　380. 花柱 1 个;叶对生或互生。
　　　　　　　　　　　　381. 叶为羽状复叶,互生,常绿性或脱落性;果实有各种类型 … 无患子科 Sapindaceae
　　　　　　　　　　　　381. 叶为掌状复叶,对生,脱落性;果实为蒴果 ………… 七叶树科 Hippocastanaceae
　　　　376. 叶为单叶;果实无翅。
　　　　　　382. 雄蕊合生成单体,或如为 2 轮时,至少其内轮者如此;有时其花药无花丝(例如大戟科的三宝木属 $Trigonostemon$)。
　　　　　　　　383. 花单性;萼片或花萼裂片 2～6 片,呈镊合状或覆瓦状排列 … 大戟科 Euphorbiaceae
　　　　　　　　383. 花两性;萼片 5 片,呈覆瓦状排列。
　　　　　　　　　　384. 果实呈蒴果状;子房 3～5 室,各室均可成熟 ………………… 亚麻科 Linaceae
　　　　　　　　　　384. 果实呈核果状;子房 3 室,大都其中的 2 室为不孕性,仅另 1 室可成熟,而有 1 或 2 个胚珠 ………………………… 古柯科 Erythroxylaceae(古柯属 $Erythroxylum$)
　　　　　　382. 雄蕊各自分离,有时在毒鼠子科中可和花瓣相连合而形成 1 管状物。
　　　　　　　　385. 果呈蒴果状。
　　　　　　　　　　386. 叶互生或稀可对生;花下位。
　　　　　　　　　　　　387. 叶常绿性或脱落性;花两性或单性,子房 3 室,稀可 2 或 4 室,有时可多至 15 室(例如算盘子属 $Glochidion$) …………………………… 大戟科 Euphorbiaceae
　　　　　　　　　　　　387. 叶常绿性;花两性,子房 5 室 … 五列木科 Penlaphylacaceae(五列木属 $Penlaphylax$)
　　　　　　　　　　386. 叶对生或互生;花周位 ………………………………………… 卫矛科 Celastraceae
　　　　　　　　385. 果呈核果状,有时木质化,或呈浆果状。
　　　　　　　　　　388. 种子无胚乳,胚体肥大而多肉质。
　　　　　　　　　　　　389. 雄蕊 10 个 ……………………………………………… 蒺藜科 Zygophyllaceae
　　　　　　　　　　　　389. 雄蕊 4～5 个。
　　　　　　　　　　　　　　390. 叶互生;花瓣 5 片,各 2 裂或分成 2 部分
　　　　　　　　　　　　　　　　………………………… 毒鼠子科 Dichapetalaceae(毒鼠子属 $Dichapetalaceae$)
　　　　　　　　　　　　　　390. 叶对生;花瓣 4 片,均完整 ……… 刺茉莉科 Salyadoraceae(刺茉莉属 $Azima$)
　　　　　　　　　　388. 种子有胚乳,胚体有时很小。
　　　　　　　　　　　　391. 植物体为耐寒旱性;花单性,二出或三出数 … 岩高兰科 Empetraceae(岩高兰属 $Empetrum$)

391. 植物体为普通形状；花两性或单性，五出或四出数。
　　392. 花瓣呈镊合状排列。
　　　　393. 雄蕊和花瓣同数 ………………………………………………… 茶茱萸科 Icacinaceae
　　　　393. 雄蕊为花瓣的倍数。
　　　　　　394. 枝条无刺，而有对生的叶片 ………………… 红树科 Rhizophoraceae(红树族 Gynotrocheae)
　　　　　　394. 枝条有刺，而有互生的叶片 ………………… 铁青树科 Olacaceae(海檀木属 *Ximenia*)
　　392. 花瓣呈覆瓦状排列，或在大戟科的小束花属 *Microdesmis* 中为扭转兼覆瓦状排列。
　　　　395. 花单性，雌雄异株，花瓣较小于萼片 …………… 大戟科 Euphorbiaceae(小盘木属 *Microdesmis*)
　　　　395. 花两性或单性；花瓣常较大于萼片。
　　　　　　396. 落叶攀援灌木；雄蕊10个；子房5室，每室内有胚珠2个
　　　　　　　　 …………………………………………… 猕猴桃科 Actinidiaceae(藤山柳属 *Clematoclethra*)
　　　　　　396. 多为常绿乔木或灌木；雄蕊4或5个。
　　　　　　　　397. 花下位，雌雄异株或杂性；无花盘 ……………… 冬青科 Aquifoliaceae(冬青属 *Ilex*)
　　　　　　　　397. 花周位，两性或杂性；有花盘 …………… 卫矛科 Cetastraceae(异卫矛亚科 Cassinioideae)
160. 花瓣多少有些合生。
　　398. 成熟雄蕊或单体雄蕊的花药数多于花冠裂片。
　　　　399. 心皮1个至数个，互相分离或大致分离。
　　　　　　400. 叶为单叶或有时可为羽状分裂，对生，肉质 ……………………… 景天科 Crassulaceae
　　　　　　400. 叶为2回羽状复叶，互生，不是肉质 …………………………… 含羞草科 Mimosaceae
　　　　399. 心皮2个或更多，合生成1复合性子房。
　　　　　　401. 雌雄同株或异株，有时为杂性。
　　　　　　　　402. 无分枝而呈棕榈状的小乔木；子房1室 ………… 番木瓜科 Caricaceae(番木瓜属 *Carica*)
　　　　　　　　402. 具分枝得乔木或灌木；子房2至更多室。
　　　　　　　　　　403. 雄蕊合生成单体，或至少内层雄蕊如此；蒴果
　　　　　　　　　　　　 ……………………………………… 大戟科 Euphorbiaceae(麻风树属 *Jatropha*)
　　　　　　　　　　403. 雄蕊各自分离；浆果 ……………………………………… 柿树科 Ebenaceae
　　　　　　401. 花两性。
　　　　　　　　404. 花瓣合生成1盖状物，或花萼裂片及花瓣均可合成为1~2层的盖状物。
　　　　　　　　　　405. 叶为单叶，有透明微点 ……………………………………… 桃金娘科 Myrtaceae
　　　　　　　　　　405. 叶为掌状复叶，无透明微点 …………… 五加科 Araliaceae(多蕊木属 *Tupidanthus*)
　　　　　　　　404. 花瓣及花萼裂片均不合生成盖状物。
　　　　　　　　　　406. 每子房室中有3个至多数胚珠。
　　　　　　　　　　　　407. 雄蕊5~10个或其数不超过花冠裂片的2倍，稀可在野茉莉科的银钟花属 *Halesia* 其数可达16个，而为花冠裂片的4倍。
　　　　　　　　　　　　　　408. 雄蕊合生成单体或其花丝于基部互相合生，花药纵裂；花粉粒单生。
　　　　　　　　　　　　　　　　409. 叶为复叶；子房上位；花柱5个 ……………… 酢浆草科 Oxalidaceae
　　　　　　　　　　　　　　　　409. 叶为单叶；子房下位或半下位；花柱1个；乔木或灌木，常有星状毛
　　　　　　　　　　　　　　　　　　 ……………………………………………………… 野茉莉科 Styracaceae
　　　　　　　　　　　　　　408. 雄蕊各自分离，花药顶端孔裂；花粉粒为四合型 …………… 杜鹃花科 Ericacea
　　　　　　　　　　　　407. 雄蕊多数。
　　　　　　　　　　　　　　410. 萼片和花瓣常各为多数，而无显著的区分；子房下位；植物体肉质，绿色，常具棘刺，而其叶退化 ……………………………………………………… 仙人掌科 Cactaceae
　　　　　　　　　　　　　　410. 萼片和花瓣各为5片，有显著的区分；子房上位。

411. 萼片呈镊合状排列;雄蕊连成单体 ················· 锦葵科 Maivaceae
411. 萼片呈覆瓦状排列。
　　412. 雄蕊合生成 5 束,且每束着生于 1 花瓣的基部;花药顶端孔裂;浆果
　　　　　　 ················· 猕猴桃科 Actnidiaceae(水冬哥属 Saurauia)
　　412. 雄蕊的基部合生成单体;花药纵长开裂;蒴果 ······· 山茶科 Theaceae(紫茎木属 Stewartia)
406. 每子房室中常仅有 1 或 2 个胚珠。
　　413. 花萼中的 2 片多在结实时能长大成翅状 ············· 龙脑香科 Dipterocarpaceae
　　413. 花萼裂片无上述变大的情形。
　　　　414. 植物体常有星状毛茸 ······················ 野茉莉科 Styracaceae
　　　　414. 植物体无星状毛茸。
　　　　　　415. 子房下位或半下位;果实歪斜 ········· 山矾科 Symplocaceae(山矾属 Symplocos)
　　　　　　415. 子房上位。
　　　　　　　　416. 雄蕊相互合生成单体;果实成熟时分裂成离果 ············ 锦葵科 Malvaceae
　　　　　　　　416. 雄蕊各自分离;果实不是离果。
　　　　　　　　　　417. 子房 2 室;蒴果 ················ 瑞香科 Thymelaeaceae(沉香属 Aquilaria)
　　　　　　　　　　417. 子房 6~8 室;浆果 ··············· 山榄科 Sapotaceae(紫荆木属 Madhuca)
398. 雄蕊不多于花冠裂片或有时因花丝的分裂则可过之。
418. 雄蕊和花冠裂片同数且对生。
　　419. 植物体内有乳汁 ························· 山榄科 Sapotaceae
　　419. 植物体内不含乳汁。
　　　　420. 果实内有数个至多数种子。
　　　　　　421. 乔木或灌木;果实呈浆果状或核果状 ············· 紫金牛科 Myrsinaceae
　　　　　　421. 草本;果实呈蒴果状 ····················· 报春花科 Primulaceae
　　　　420. 果实内仅有 1 个种子。
　　　　　　422. 子房下位或半下位。
　　　　　　　　423. 乔木或攀援性灌木;叶互生 ················ 铁青树科 Olacaceae
　　　　　　　　423. 常为半寄生性灌木;叶对生 ··············· 桑寄生科 Loranthaceae
　　　　　　422. 子房上位。
　　　　　　　　424. 花两性。
　　　　　　　　　　425. 攀援性草本;萼片 2;果为肉质宿存花萼所包围 ··· 落葵科 Basellaceae(落葵属 Basella)
　　　　　　　　　　425. 直立草本或亚灌木,有时为攀援性;萼片或萼裂片 5;果实为蒴果或瘦果,不为花萼所
　　　　　　　　　　　　 包围 ····················· 蓝雪科(白花丹科)Plumbaginaceae
　　　　　　　　424. 花单性,雌雄异株;攀援性灌木。
　　　　　　　　　　426. 雄蕊合生成单体,雌蕊单纯性 ······ 防己科 Menispermaceae(锡生藤亚族 Cissampelinae)
　　　　　　　　　　426. 雄蕊各自分离,雌蕊复合性 ············ 茶茱萸科 Icacinaceae(微滑藤属 Lodes)
418. 雄蕊和花冠裂片同数且互生,或雄蕊数较花冠裂片为少。
　　427. 子房下位。
　　　　428. 植物体常以卷须而攀援或蔓生;胚珠及种子皆水平生长于侧膜胎座上 ··· 葫芦科 Cucurbitaceae
　　　　428. 植物体直立,若为攀援时也无卷须;胚珠及种子并不为水平生长。
　　　　　　429. 雄蕊互相合生。
　　　　　　　　430. 花整齐或两侧对称,成头状花序,或在苍耳属 Xanthium 中,雌花序为 1 仅含 2 花的果
　　　　　　　　　　 壳,其外生有钩状刺毛;子房 1 室,内仅含 1 个胚珠 ············ 菊科 Compositae
　　　　　　　　430. 花多两侧对称,单生或成总状或伞房花序;子房 2 或 3 室,内含多数胚珠。

431.花冠裂片呈镊合状排列;雄蕊5个,具分离的花丝及合生的花药
   ·· 桔梗科 Campanulaceae(半边莲亚科 Lobelioideae)
  431.花冠裂片呈覆瓦状排列;雄蕊2个,具合生的花丝及分离的花药
   ·· 花柱草科 Stylidiaceae(花柱草属 Stylidium)
 429.雄蕊各自分离。
  432.雄蕊和花冠相分离或近于分离。
   433.灌木或亚灌木;花药顶端孔裂开;花粉粒连合成四合体
    ·· 杜鹃花科 Eurcaceae(乌饭树亚科 Vaccinioideae)
   433.多为草本;花药纵长开裂;花粉粒单纯。
    434.花冠整齐,子房2~5室,内有多数胚珠 ·············· 桔梗科 Campanulaceae
    434.花冠不整齐,子房1~2室,每子房室内仅有1或2个胚珠 ········ 草海桐科 Goodeniaceae
  432.雄蕊着生于花冠上。
   435.雄蕊4或5个,和花冠裂片同数。
    436.叶互生;每子房室内有多数胚珠 ·················· 桔梗科 Campanulaceae
    436.叶对生或轮生;每子房室内有1个至多数胚珠。
     437.叶轮生,如为对生时,则有托叶存在 ············· 茜草科 Rubiaceae
     437.叶对生,无托叶或稀可有明显的托叶。
      438.花序多为聚伞花序 ·················· 忍冬科 Caprifoilaceae
      438.花序为头状花序 ··················· 川续断科 Dipsacaceae
   435.雄蕊1~4个,其数较花冠裂片为少。
    439.子房1室。
     440.胚珠多数,生于侧膜胎座上 ················ 苦苣苔科 Gesneriaceae
     440.胚珠1个,悬垂于子房的顶端 ················ 川续断科 Dipsacaceae
    439.子房2室或更多室,具中轴胎座。
     441.子房2~4室,所有的子房均可成熟;水生草本 ····· 胡麻科 Pedaliaceae(茶菱属 Trapelle)
     441.子房3或4室,仅其中1或2室可成熟。
      442.落叶或常绿的灌木;叶片常全缘或边缘有锯齿············ 忍冬科 Caprifoliaceae
      442.陆生草本;叶片常有很多的裂片 ············· 败酱科 Valerianaceae
427.子房上位。
 443.子房深裂为2~4部分;花柱或数花柱均自子房裂片之间伸出。
  444.叶对生;花冠两侧对称或稀可整齐 ····················· 唇形科 Labiatae
  444.叶互生;花冠整齐。
   445.花柱2个;多年生葡萄性小草本;叶片呈圆肾形 ··· 旋花科 Convolvulaceae(马蹄金属 Dichondra)
   445.花柱1个 ······································· 紫草科 Boraginaceae
 443.子房完整或微有分割,或为2个分离的心皮所组成;花柱自子房顶端伸出。
  446.雄蕊的花丝分裂。
   447.雄蕊2个,各分为3裂 ························· 紫堇科 Fumarioideae
   447.雄蕊5个,各分为2裂 ···················· 五福花科 Adoxaceae(五福花属 Adoxa)
  446.雄蕊的花丝单纯。
   448.花冠不整齐,常多少有些呈二唇形。
    449.成熟雄蕊5个。
     450.雄蕊和花冠离生 ························· 杜鹃花科 Ericaceae
     450.雄蕊着生于花冠上 ······················ 紫草科 Boraginaceae

449. 成熟雄蕊 2 或 4 个,退化雄蕊有时也可存在。
　　451. 每子房室内仅含 1 或 2 个胚珠(如为后一情形时,也可在次 451 项检索之)。
　　　　452. 叶对生或轮生;雄蕊 4 个,稀可 2 个;胚珠直立,稀可悬垂。
　　　　　　453. 子房 2~4 室,共有 2 个或更多胚珠 ·· 马鞭草科 Verbenaceae
　　　　　　453. 子房 1 室,仅含 1 个胚珠 ·············· 透骨草科 Phrymaceae(透骨草属 *Phryma*)
　　　　452. 叶互生或基生;雄蕊 2 或 4 个;胚珠悬垂;子房 2 室,每子房室仅含 1 个胚珠
　　　　　　 ·· 玄参科 Scrophulariaceae
　　451. 每子房室内有 2 至多胚珠。
　　　　454. 子房 1 室具侧膜胎座或中央胎座(有时可因侧膜胎座的深入而为 2 室)。
　　　　　　455. 草本或木本植物,不为寄生性,也非食虫性。
　　　　　　　　456. 多为乔木或木质藤本;叶为单叶或复叶,对生或轮生,稀可互生;种子有翅,但无胚乳
　　　　　　　　　　 ··· 紫葳科 Bignoniaceae
　　　　　　　　456. 多为草本;叶为单叶,基生或对生;种子无翅,有或无胚乳 ·········· 苦苣苔科 Gesneriaceae
　　　　　　455. 草本植物,为寄生性或食虫性。
　　　　　　　　457. 植物体寄生于其他植物的根部,而无绿叶存在;雄蕊 4 个;侧膜胎座
　　　　　　　　　　 ··· 列当科 Orobanchaceae
　　　　　　　　457. 植物体位食虫性;有绿叶存在;雄蕊 2 个;特立中央胎座;多为水生或沼泽植物,且有具
　　　　　　　　　　 距的花冠 ··· 狸藻科 Lentibulariaceae
　　　　454. 子房 2~4 室,具中轴胎座,或于角胡麻科中为子房 1 室而具侧膜胎座。
　　　　　　458. 植物体常具分泌粘液的腺体毛茸;种子无胚乳或具一薄层胚乳。
　　　　　　　　459. 子房最后成为 4 室;蒴果的果皮薄而不延伸为长喙;油料植物
　　　　　　　　　　 ··· 胡麻科 Pedaliaceae(胡麻属 *Sesamum*)
　　　　　　　　459. 子房 1 室;蒴果的内皮坚硬而呈木质,延伸为钩状长喙;栽培花卉
　　　　　　　　　　 ·· 角胡麻科 Martyniaceae(角胡麻属 *Pooboscidea*)
　　　　　　458. 植物体不具上述的毛茸;子房 2 室。
　　　　　　　　460. 叶对生;种子无胚乳,位于胎座的钩状突起上 ················· 爵床科 Acanthaceae
　　　　　　　　460. 叶互生或对生;种子有胚乳,位于中轴胎座上。
　　　　　　　　　　461. 花冠裂片具深缺刻;成熟雄蕊 2 个 ············ 茄科 Solanaceae(蝴蝶花属 *Schizanthus*)
　　　　　　　　　　461. 花冠裂片全缘或仅其先端有一凹陷;成熟雄蕊 2 或 4 个 ··· 玄参科 Scrophulariaceae
448. 花冠整齐或近于整齐。
　　462. 雄蕊数较花冠裂片为少。
　　　　463. 子房 2~4 室,每室含 1 或 2 个胚珠。
　　　　　　464. 雄蕊 2 个 ··· 木犀科 Oleaceae
　　　　　　464. 雄蕊 4 个。
　　　　　　　　465. 叶互生,有透明微点腺体存在 ·· 苦槛蓝科 Myoporaceae
　　　　　　　　465. 叶对生,无透明微点 ·· 马鞭草科 Verbenaceae
　　　　463. 子房 1 或 2 室,每室有数个至多数胚珠。
　　　　　　466. 雄蕊 2 个;每子房室内有 4~10 个胚珠垂悬于室的顶端
　　　　　　　　 ··· 木犀科 Oleaceae(连翘属 *Forsythia*)
　　　　　　466. 雄蕊 4 或 2 个;每子房室内有多数胚珠着生于中轴或侧膜胎座上。
　　　　　　　　467. 子房 1 室,内具分歧的侧膜胎座,或因胎座深入而使子房成 2 室 ······ 苦苣苔科 Gesneriaceae
　　　　　　　　467. 子房为完全的 2 室,内具中轴胎座。
　　　　　　　　　　468. 花冠于花蕾中常折叠;子房 2 心皮的位置偏斜 ················· 茄科 Solanaceae

468. 花冠于花蕾中不折叠,而呈覆瓦状排列;子房的2心皮位于前后方 ……… 玄参科 Scrophulariaceae
462. 雄蕊和花冠裂片同数。
 469. 子房2个,或为1个而成熟后呈双角状。
  470. 雄蕊各自分离,花粉粒也彼此分离 ……………………………… 夹竹桃科 Apocynaceae
  470. 雄蕊互相连合,花粉粒连成花粉块 ……………………… 萝藦科 Asclepiadaceae
 469. 子房1个,不呈双角状。
  471. 子房1室或因2侧膜胎座的深入而成2室。
   472. 子房为1心皮所成。
    473. 花显著,呈漏斗形而簇生;果实为1瘦果,有棱或有翅
    …………………………… 紫茉莉科 Nyctaginaceae(紫茉莉属 *Mirabilis*)
    473. 花小型而形成球形的头状花序;果实为1荚果,成熟后则裂为仅含1种子的节荚
    …………………………………………… 豆目 Fabales(含羞草属 *Mimosa*)
   472. 子房为2个以上的连合心皮所成。
    474. 乔木或攀援性灌木,稀可为1攀援性草本,而体内具有乳汁(例如心翼果属 *Cardiopteris*);果实呈核果状(但在心翼果属则为干燥的翅果),内有1个种子 ………… 茶茱萸科 Icacinaceae
    474. 草本或亚灌木,或于旋花科的麻辣仔藤属 *Erycibe* 中为攀援灌木;果实呈蒴果状(或于麻辣仔藤属 *Erycibe* 中呈浆果状),内有2个或更多的种子。
     475. 花冠裂片呈覆瓦状排列。
      476. 叶茎生,羽状分裂或为羽状复叶(限于我国植物如此)
      ……………………… 田基麻科 Hydrophyllaceae(水叶族 Hydrophylleae)
      476. 叶基生,单叶,边缘具齿裂
      …………… 苦苣苔科 Gesneriaceae(苦苣苔属 *Conandron*,黔苣苔属 *Tengia*)
     475. 花冠裂片呈旋转状或内折的镊合状排列。
      477. 攀援性灌木;果实呈浆果状,内有少数种子
      ………………………………… 旋花科 Convolvulaceae(麻辣仔藤属 *Erycibe*)
      477. 直立陆生或漂浮水生的草本;果实呈蒴果状,内有少数至多数种子
      ………………………………………………………………… 龙胆科 Gentianaceae
  471. 子房2~10室。
   478. 无绿叶而为缠绕性寄生植物 ……………… 旋花科 Convolvulaceae(菟丝子亚科 Cuscutoideae)
   478. 不是上述的无叶寄生植物。
    479. 叶常对生,且多在两叶之间具有托叶所成的连接线或附属物 ……… 马钱科 Loganiaceae
    479. 叶常互生,或有时基生,如为对生时,其两叶之间也无托叶所成的连系物,有时其叶也可轮生。
     480. 雄蕊和花冠离生或近于离生。
      481. 灌木或亚灌木;花药顶端孔裂;花粉粒为四合体;子房常5室 … 杜鹃花科 Ericaceae
      481. 一年或多年生草本,常为缠绕性;花药纵长开裂;花粉粒单纯;子房常3~5室
      ……………………………………………………………… 桔梗科 Campanulaceae
     480. 雄蕊着生于花冠的筒部。
      482. 雄蕊4个,稀可在冬青科为5个或更多。
       483. 无主茎的草本,具由少数至多数花朵所形成的穗状花序生于1基生花葶上
       ………………………………… 车前科 Plantagillaceae(车前属 *Plantago*)
       483. 乔木、灌木或有主茎的草本。
        484. 叶互生,多常绿 ……………………………… 冬青科 Aquifoliaceae(冬青属 *Ilex*)
        484. 叶对生或轮生。

485.子房2室,每室内有多数胚珠 ···················· 玄参科 Scrophulariacea
485.子房2室至多室,每室1或2个胚珠 ················ 马鞭草科 Verbenaceae
482.雄蕊常5个,稀可更多。
486.每子房室内仅1或2个胚珠。
487.子房2或3室,胚珠自子房室顶端悬垂;木本植物;叶全缘。
488.每花瓣2裂或2分,花柱1个;子房无柄,2或3室,每室内各有2个胚珠;核果;有托叶
·················· 毒鼠子科 Dichapetalaceae(毒鼠子属 *Dichapetalaceae*)
488.每花瓣均完整,花柱2个;子房具柄,2室,每室内仅有1个胚珠;翅果;无托叶
··· 茶茱萸科 Icacinaceae
487.子房1~4室,胚珠在子房基底或中轴的基部直立或上举,无托叶;花柱1个,稀可2个,有时在紫草科的破布木属 *Cordia* 中其先端可成两次的2分。
489.果实为核果;花冠有明显的裂片,并在花蕾中呈覆瓦状或旋转状排列;叶全缘或有锯齿;通常均为直立木本或草本 ·················· 紫草科 Boraginaceae
489.果实为蒴果;花瓣常完整或具裂片;叶全缘或具裂片,但无锯齿缘。
490.通常为缠绕性稀可为直立草本,或为半木质的攀援性植物至大型木质藤本(例如盾苞藤属 *Neuropeltis*);萼片多互相分离;花冠常完整而几无裂片,于蕾中呈旋转状排列,也可有时深裂而其裂片成内折的镊合状排列(例如盾苞藤属) ········· 旋花科 Convolvulaceae
490.通常均为直立草本;萼片合生成钟形或筒状;花冠有明显的裂片,位于蕾中也成旋转状排列 ··· 花荵科 Polemoniaceae
486.每子房室内有多数胚珠,或在花荵科中有时为1至数个;多无托叶。
491.高山区生长的耐寒旱性低矮多年生草本或丛生亚灌木;叶常绿,多小型,紧密排列成覆瓦状或莲座式;花无花盘;花单生至聚集成几为头状花序;花冠裂片成覆瓦状排列;子房3室;花柱1个;柱头3裂;蒴果室背开裂 ·················· 岩梅科 Diapensiaceae
491.草本或木本,不为耐寒旱性;叶脱落性,常为大型或中型,疏松排列而各自展开;花多有位于子房下方的花盘。
492.花冠不于花蕾中折叠,其裂片呈旋转状排列或在田基麻科中为覆瓦状排列。
493.叶为单叶,或在花荵属 *P.plemonium* 为羽状分裂或为羽状复叶;子房常3室(稀可2室),花柱1个,柱头3裂;蒴果多室背开裂 ············ 花荵科 Polemoniaceae
493.叶为单叶,且在田基麻属 *Hydrolea* 为全缘;子房2室,花柱2个,柱头头状;蒴果室间开裂 ············ 田基麻科 Hydrophyllaceae(田基麻族 Hydroleeae)
492.花冠裂片呈镊合状或覆瓦状排列,或花冠于花蕾中折叠,且成旋转状排列;花萼常宿存;子房2室,或在茄科中为假3室至假5室;花柱1个,柱头完整或2裂。
494.花冠多于花蕾中折叠,其裂片呈镊合状排列;或在曼陀罗属 *Datura* 成旋转状排列,稀可在爱枸杞属 *Lycium* 和颠茄属 *Atropa* 等属中,并不于蕾中折叠,而呈覆瓦状排列;雄蕊的花丝无毛;浆果,或为纵裂或横裂的蒴果 ················ 茄科 Solanaceae
494.花冠不于花蕾中折叠,其裂片呈覆瓦状排列;雄蕊的花丝具毛茸(尤以后方的3个如此)。
495.室间开裂的蒴果 ············ 玄参科 Scrophulariaceae(毛蕊花属 *Verbasum*)
495.浆果;有刺灌木 ·················· 茄科 Solanaceae(枸杞属 *Lycium*)
1.子叶1片;茎无中央髓部,也无呈年轮状的生长;叶多具平行叶脉;花为三出数,有时为四出数,但极少为五出数(II. 单子叶植物 Monocotyledoneae)。
496.木本植物;或其叶于芽中呈折叠状。
497.灌木或乔木;叶细长或剑状,在芽中不呈折叠状 ·············· 露兜树科 Pandanaceae

497. 木本植物或草本植物；叶甚宽，常为羽状或扇形的分裂，在芽中呈折叠状而有强韧的平行脉或射出脉。
 498. 植物体多甚高达，成棕榈状，具简单或分枝少的主干；花为圆锥或穗状花序，托以佛焰状苞片 ……………………………………………………………………… 棕榈科 Palmae
 498. 植物体常为无主茎的多年生草本植物，具常深裂为2片的叶片；花为紧密的穗状花序 ……………………………………… 环花科 Cyclanthaceae(巴拿马草属 *Carludovica*)
496. 草本植物或稀可为木质茎，但其叶在芽中不呈折叠状。
 499. 无花被或在眼子菜科中很小。(次499项在173页)
  500. 花包藏于或附托以成覆瓦状排列的壳状鳞片(特称为颖)中，由多花至1花形成小穗(自形态学观点而言，此小穗实即为简单的穗状花序)。
   501. 秆多少有些三棱形，实心；茎生叶呈三行排列；叶鞘封闭；花药以基底附着花丝；果实为瘦果或囊果 ……………………………………………………… 莎草科 Cyperaceae
   501. 秆常呈圆筒形，中空；茎生叶呈2行排列；叶鞘常在一侧纵裂开；花药以其中部附着花丝；果实通常为颖果 ……………………………………………………… 禾本科 Gramineae
  500. 花虽有时排列为具总苞的头状花序，但并不包藏于成壳状的鳞片中。
   502. 植物体微小，无真正的叶片，仅具无茎而飘浮水面或沉没水中的叶状体 … 浮萍科 Lemnaceae
   502. 植物体常具茎，也有叶，其叶有时可呈鳞片状。
    503. 水生植物，具沉没水中或飘浮水面的叶。
     504. 花单性，不排列成穗状花序。
      505. 叶互生；花成球形的头状花序 …… 黑三棱科 Sparganiaceae(黑三棱属 *Sparganium*)
      505. 叶多对生或轮生；花单生或在叶腋间形成聚伞花序。
       506. 多年生草本植物；雌蕊为1个或更多而互相离生的心皮所成；胚珠自子房室顶端垂悬 ……………………… 眼子菜科 Potamogetonaceae(角果藻族 Zannichellieae)
       506. 一年生草本植物；雌蕊1个，具2～4柱头；胚珠直立于子房室的基底 …………………………………………… 茨藻科 Najadaceae(茨藻属 *Najas*)
     504. 花两性或单性，排成简单或分歧的穗状花序。
      507. 花排列于1扁平穗轴的一侧。
       508. 海水植物；穗状花序不分歧，但具雌雄同株或异株的单性花；雄蕊1个，具无花丝而为1室的花药；雌蕊1个，具2柱头；胚珠1个，垂悬于子房室的顶端 …………… …………………………………… 眼子菜科 Potamogetonaceae(大叶藻属 *Zostera*)
       508. 淡水植物；穗状花序常分为二歧而具两性花；雄蕊6个或更多，具极细长的花丝和2室的花药；雌蕊3～6个离生心皮所成，胚珠在每室内2个或更多，基生 …………………………………………… 水蕹科 Aponogetonaceae(水蕹属 *Aponogeton*)
      507. 花排列于穗轴的周围，多为两性花；胚珠常仅1个 …… 眼子菜科 Potamogetonaceae
    503. 陆生或沼泽植物，常有位于空气中的叶片。
     509. 叶有柄，全缘或有各种形状的分裂，具网状脉；花形成一肉穗花序，后者常有1大型而常具色彩的佛焰苞片 ………………………………………… 天南星科 Araceae
     509. 叶无柄，细长形、剑形，或退化为鳞片状，其叶片常具平行脉。
      510. 花形成紧密的穗状花序或在帚灯草科为疏松的圆锥花序。
       511. 陆生或沼泽植物；花序为由位于苞腋间的小穗所组成的疏散圆锥花序，雌雄异株；叶多退化呈鞘状 ………………… 帚灯草科 Restionaceae(薄果草属 *Leptocarpus*)
       511. 水生或沼泽植物，花序为紧密的穗状花序。

512. 穗状花序位于 1 呈二棱形的基生花葶的一侧,而另一侧则延伸为叶状的佛焰苞片,花两性 ·················· 天南星科 Araceae(石菖蒲属 *Acbrus*)
512. 穗状花序位于 1 圆柱形花梗顶端,形如蜡烛而无佛焰苞 ············ 香蒲科 Typhaceae
510. 花序有各种型式。
513. 花单性,成头状花序。
514. 头状花序单生于基生无叶的花葶顶端;叶狭窄,呈禾草状,有时叶为膜质 ·················· 谷精草科 Eriocaulaceae(谷精草属 *Eriocaulon*)
514. 头状花序散生于具叶的主茎或枝条的上部,雄性者在上,雌性者在下;叶细长,呈扁三棱形,直立或飘浮水面,基部成鞘状 ·········· 黑三棱科 Sparganiaceae(黑三棱草属 *Sparganium*)
513. 花常两性。
515. 花序呈穗状或头状,包藏于 2 个互生的叶状苞片中;无花被;叶小,细长形或呈丝状;雄蕊 1 个或 2 个;子房上位,1~3 室,每子房室内仅有 1 个垂悬胚珠 ··· 刺鳞草科 Centrolepidaceae
515. 花序不包藏于叶状苞片中,有花被。
516. 子房 3~6 个,至少在成熟时互相分离 ··· 水麦冬科 Juncaginaceae(水麦冬属 *Triglochin*)
516. 子房 1 个,由 3 心皮合生所组成 ························· 灯心草科 Juncaceae
499. 有花被,常显著且呈花瓣状。
517. 雌蕊 3 个至多数,互相离生。
518. 死物寄生性植物,具呈鳞片状而无绿色叶片。
519. 花两性,具 2 层花被片;心皮 3 个,各有多数胚珠 ····· 百合科 Liliaceae(无叶莲属 *Petrosavia*)
519. 花单性或稀可杂性,具 1 层花被片;心皮数个,各仅有 1 胚珠 ·················· 霉草科 Triuridaceae(喜阴草属 *Sciaphila*)
518. 非死物寄生性植物,常为水生或沼泽植物,具有发育正常的绿叶。
520. 花被裂片彼此相同;叶细长,基部具鞘 ····· 水麦冬科 Juncaginaceae(芝菜属 *Scneuchzeria*)
520. 花被裂片分化为萼片和花瓣 2 轮。
521. 叶(限于我国植物)呈细长形,直立;花单生或成伞形花序;蓇葖果 ··· 花蔺科 Butomaceae
521. 叶呈细长兼披针形至卵圆形,常为箭簇状而具长柄;花常轮生,成总状或圆锥花序;瘦果 ·················· 泽泻科 Alismataceae
517. 雌蕊 1 个,复合性或于百合科的岩菖蒲属 *Tofieldia* 中其心皮近于分离。
522. 子房上位,或花被和子房相分离。
523. 花两侧对称;雄蕊 1 个,位于前方,即着生于远轴的 1 个花被片的基部 ·················· 田葱科 Phollydraceae(田葱属 *Philydrum*)
523. 花辐射对称,稀可为两侧对称;雄蕊 3 或更多。
524. 花被分化为花萼和花冠 2 轮,后者于百合科的重楼族中,有时为细长形或线形的花瓣组成,稀可缺。
525. 花形成紧密而具鳞片的头状花序;雄蕊 3 个;子房 1 室 ·················· 黄眼草科 Xyridaceae(黄眼草属 *Xyris*)
525. 花不形成头状花序;雄蕊数在 3 个以上。
526. 叶互生,基部具鞘;平行脉;花为腋生或顶生的聚伞花序;雄蕊 6 个,或因退化而数较少 ·················· 鸭跖草科 Commelinaceae
526. 叶以 3 个或更多生于茎的顶端而成一轮,网状脉而于基部具 3~5 脉;花单独顶生;雄蕊 6 个、8 个或 10 个 ·················· 百合科 liliaceae(重楼族 Parideae)

524. 花被裂片彼此相同或近于相同,或于百合科的白丝草属 *Chinographis* 中极不相同,又在同科的油点草属 *Tricyrtis* 中其外层 3 个花被片的基部呈囊状。
　　527. 花小型,花被绿色或棕色。
　　　　528. 花位于 1 穗形总状花序上;蒴果自一宿存的中轴上裂为 3～6 瓣,每瓣内仅 1 个种子 ·· 水麦冬科 Juncaginaceae(水麦冬属 *Triglochin*)
　　　　528. 花位于各种型式的花序上;蒴果室背开裂为 3 瓣,内有多数至 3 个种子 ·· 灯心草科 Juncaceae
　　527. 花大型或中型,或有时为小型,花被裂片多少有些具鲜明的色彩。
　　　　529. 叶(限于我国植物)的顶端变为卷须;并有闭合的叶鞘;胚珠在每室内仅为 1 个;花排列为顶生的圆锥花序 ·················· 须叶藤科 Flagellariaceae(须叶藤属 *Flagellaria*)
　　　　529. 叶的顶端不变为卷须;胚珠在每子房室内为多数,稀可仅为 1 或 2 个。
　　　　　　530. 直立或漂浮的水生植物;雄蕊 6 个,彼此不相同,或有时有不育者 ·· 雨久花科 Pontederiaceae
　　　　　　530. 陆生植物;雄蕊 6 个、4 个或 2 个,彼此相同。
　　　　　　　　531. 花为四出数,叶(限于我国植物)对生或轮生,具由显著纵脉及密生的横脉 ·· 百部科 Stemonaceae(百部属 *Stemona*)
　　　　　　　　531. 花为三出或四出数;叶常基生或互生 ·· 百合科 Liliaceae
522. 子房下位,或花被多少有些与子房相愈合。
　　532. 花两侧对称或为不对称形。
　　　　533. 花被片均呈花瓣状;雄蕊和花柱多少有些连合 ················ 兰科 Orchidaceae
　　　　533. 花被片并不是均呈花瓣状,其外层者形如萼片;雄蕊和花柱分离。
　　　　　　534. 后方的 1 个雄蕊常为不育性,其余 5 个均发育而具花药。
　　　　　　　　535. 叶和苞片排列成螺旋状;花常因退化而为单性;浆果;花冠呈管状,其一侧不久即开裂 ·· 芭蕉科 Musaceae(芭蕉属 *Musa*)
　　　　　　　　535. 叶和苞片排列成 2 行;花单性,蒴果。
　　　　　　　　　　536. 萼片互相分离或至多可和花冠相连合;居中的 1 花瓣并不成唇瓣 ·· 芭蕉科 Musaceae(鹤望兰属 *Strelizia*)
　　　　　　　　　　536. 萼片互相连合生成管状;居中(位于远轴方向)的 1 花瓣为大形而成唇瓣 ·· 芭蕉科 Musaceae(兰花蕉属 *Orchidautha*)
　　　　　　534. 后方的 1 个雄蕊发育而具有花药,其余 5 个退化,或变成花瓣状。
　　　　　　　　537. 花药 2 室;萼片互相合生为 1 萼筒,有时呈佛焰苞状 ·············· 姜科 Zingiberaceae
　　　　　　　　537. 花药 1 室;萼片互相分离或至多彼此相衔接。
　　　　　　　　　　538. 子房 3 室,每子房室内有多数胚珠位于中轴胎座上;各不育雄蕊呈花瓣状,互相于基部简短合生 ·· 美人蕉科 Cannaceae(美人蕉属 *Canna*)
　　　　　　　　　　538. 子房 3 室或因退化而成 1 室,每子房室内仅含 1 个基生胚珠;各不育雄蕊也呈花瓣状,唯多少有些合生 ·· 竹芋科 Marantaceae
　　532. 花常辐射对称,也即花整齐或近于整齐。
　　　　539. 水生草本植物,植物体部分或全部沉没水中 ·············· 水鳖科 Hydrocharitaceae
　　　　539. 陆生草本植物。
　　　　　　540. 植物体为攀援性;叶片宽广,具网状脉(还有数主脉)和叶柄 ············ 薯蓣科 Dioscoreaceae
　　　　　　540. 植物体不为攀援性;叶具平行叶脉。

541. 雄蕊 3 个。

  542. 叶 2 行排列，两侧扁平而无背腹面之分，由下向上重叠跨覆；雄蕊和花被的外层裂片相对生 ·· 鸢尾科 Iridaceae

  542. 叶不为 2 行排列；茎生叶呈鳞片状；雄蕊和花被的内层裂片相对生 ·· 水玉簪科 Burmanniaceae

541. 雄蕊 6 个。

  543. 果实为浆果或蒴果，而花被残留物多少与它相合生，或果实为 1 聚花果，花被的内层裂片各于其基部有 2 舌状物；叶呈长带形，边缘有刺齿或全缘 ············ 凤梨科 Bromeliaceae

  543. 果实为蒴果或浆果，仅为 1 花所成；花被裂片无附属物。

    544. 子房 1 室，内有多数胚珠位于侧膜胎座上；花序为伞形，具长丝状的总苞片 ·· 蒟蒻薯科 Taccaceae

    544. 子房 3 室，内有多数至少数胚珠位于中轴胎座上。

      545. 子房部分下位 ········ 百合科 Liliaceae(肺筋草属 *Aletris*，沿阶草属 *Ophiopogon*，球子草属 *Peliosanthes*)

      545. 子房完全下位 ·· 石蒜科 Amaryllidaccac

参考文献

[1] 戴宝合. 野生植物资源学(第2版). 北京:中国农业出版社,2011.
[2] 贺学礼. 植物学. 北京:科学出版社,2008.
[3] 金银根. 植物学(第2版). 北京:科学出版社,2010.
[4] 李宏庆,王幼芳,马炜梁. 植物学实验指导. 北京:高等教育出版社,2007.
[5] 陆时万,徐祥生,沈敏健. 植物学(上册). 北京:高等教育出版社,1991.
[6] 马炜梁. 高等植物及其多样性. 北京:高等教育出版社;海德堡:施普体格出版社,1998.
[7] 马炜梁. 植物学. 北京:高等教育出版社,2009.
[8] 强胜. 植物学. 北京:高等教育出版社,2006.
[9] 汪劲武. 种子植物分类学(第2版). 北京:高等教育出版社,2009.
[10] 王明书,孙敏,白志川. 结构植物学实验指导. 重庆:西南师范大学出版社,2003.
[11] 王全喜,张小平. 植物学. 北京:科学出版社,2004.
[12] 王幼芳,李宏庆,马炜梁. 植物学实验指导. 北京:高等教育出版社,2007.
[13] 吴国芳,冯志坚,马炜梁,等. 植物学(下册). 北京:高等教育出版社,1992.
[14] 杨继. 植物生物学(第2版). 北京:高等教育出版社,2007.
[15] 杨世杰. 植物生物学(第2版). 北京:高等教育出版社,2010.
[16] 叶创兴,朱念德,廖文波,等. 植物学. 北京:高等教育出版社,2007.
[17] 尹祖棠. 种子植物实验与实习. 北京:北京师范大学出版社,2004.
[18] 赵桂仿. 植物学. 北京:科学出版社,2009.
[19] 周云龙. 植物生物学(第3版). 北京:高等教育出版社,2011.
[20] Singh G. (古尔恰兰·辛格)编著,刘全儒,郭延平,于明译. 植物系统分类学——综合理论及方法. 北京:化学工业出版社,2008.

图书在版编目(CIP)数据

植物学实验教程/邓洪平,孙敏,张家辉主编.—重庆:西南师范大学出版社,2012.3
ISBN 978-7-5621-5659-8

Ⅰ.①植… Ⅱ.①邓… ②孙… ③张… Ⅲ.①植物学—实验—高等学校—教材 Ⅳ.①Q94-33

中国版本图书馆 CIP 数据核字(2012)第 008452 号

植物学实验教程

邓洪平　孙　敏　张家辉　主编

责任编辑：杜珍辉
特邀编辑：王莉娟
封面设计：戴永曦
照　　排：文明清
出版发行：西南师范大学出版社
　　　　　重庆·北碚　邮编：400715
　　　　　网址：www.xscbs.com
印　刷　者：重庆紫石东南印务有限公司
开　　本：787mm×1092mm　1/16
印　　张：11.5
字　　数：270 千字
版　　次：2012 年 2 月　第 1 版
印　　次：2017 年 3 月　第 3 次印刷
书　　号：ISBN 978-7-5621-5659-8
定　　价：29.00 元